Okinawa

설렘두배
오키나와

Information x Impression

설렘두배
오키나와
Information x Impression

저자 문신기

초판 1쇄 발행일 2018년 1월 15일
2쇄 발행일 2018년 7월 1일

기획 및 발행 유명종
편집 이지혜
디자인 이다혜
조판 신우인쇄
용지 에스에이치페이퍼
인쇄 신우인쇄

발행처 디스커버리미디어
출판등록 제 300-2010-44(2004. 02. 11)
주소 서울시 종로구 사직로8길 34 경희궁의 아침 3단지 오피스텔 431호
전화 02-587-5558
팩스 02-588-5558

ISBN 979-11-958388-9-9 03980

thanks for
책이 나오기까지, 정말 많은 분들의 도움을 받았습니다. 이 책에 그분들의 이름을 남겨 고마운 마음을 전합니다. 손순호 누님, 쿠미코, 히가 유키, 유타, 나카타 유키, 쯔다 가요코와 일본 친구들. 강인·강율 아빠 민규, 서준, 태균, 승건, 번역에 힘써준 빈중권, 상아, 술이 등 많은 한국 친구들. 양정우 이사, 언제나 응원해주는 가족, 이지혜·유명종 선생님, 디자이너 이다혜, 사진을 제공해준 Be.Okinawa, 머나먼 낯선 곳들을 동행해준 모든 분에게도 진심으로 감사의 인사를 전합니다.

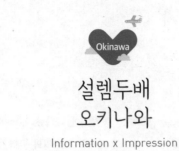

설렘두배
오키나와

Information x Impression

문신기 지음

디스커버리미디어

그곳엔
완벽한 휴식이 있다 ✈

'1년에 한 번 외국에서 살기 프로젝트'가 또 종착지에 다다랐다. 바르셀로나, 쿠바에 이어 세 번째다. 내 고향은 제주도이다. 제주와 비슷한 스토리와 문화를 가지고 있기에 오키나와는 언젠가 꼭 가야했던 섬이었다. 프로젝트를 준비하면서 알았지만, 오키나와는 한국인이 여섯 번째로 많이 찾는 여행지였다. 오사카, 도쿄, 규슈, 방콕, 홍콩이 그 앞에 있을 뿐이다.

오키나와는 여행자에게 천국 같은 섬이다. 에메랄드빛 바다, 산호초 섬, 이국적인 풍경…. 그곳에서는 시간이 천천히 흐른다. 한없이 투명한 블루, 오키나와의 바다는 바라만 봐도 위안이 된다. 어디 그뿐인가? 해양 스포츠와 환상적인 드라이브를 맘껏 즐길 수 있고, 류큐 왕국의 전통에 일본·중국·미국이 공존하는 문화는 독특함을 넘어 매력적이기까지 하다. 온전히 '당신'을 맡겨도 좋은 곳, 오키나와는 여행자를 위해 태어난 완벽한 섬이다.

"괜찮아. 태풍도 우리 친구잖아"

태풍이 걱정돼 오키나와에 있는 친구에게 안부를 묻자, 이런 대답이 돌아왔다. 친구는 아무렇지 않게 대답했지만, 머리를 가볍게 한 대 맞은 기분이었다. '난쿠루나이사'라는 말이 떠올랐다. 오키나와 말로 '다 잘 될 거야'라는 뜻이다. 하루하루 마감에 쫓겨 살던 나에게 친구의 말은 낭만적으로 들렸다. 하지만 여기에는 속절 깊은 사연이 있다. 아름다운 자연을 가졌지만, 오키나와는 동시에 아픈 과거를 품고 있다. 일본의 강제 병합과 오키나와 전쟁태평양 전쟁을 거치며 이 섬은 너무 큰 상처를 입었다. 특히 오키나와 전쟁은

태평양전쟁 중에서 가장 짧은 기간에 가장 많은 사람이 죽은 전쟁이다. 난쿠루나이사를 떠올릴 때마다 외할머니가 자주하시던 '살암시믄 살아진다'살면 살 수 있다라는 말이 떠올랐다. 더없이 아름답지만 제주와 오키나와는 늘 강자에게 고통을 겪었다. 다 잘 될 거야와 살면 살 수 있다! 두 섬의 주인공들은 절망과 고통을 이겨낼 낙천성과 자기 긍정이 필요했으리라.

오키나와 본섬은 제주도보다 작다. 사실 면적만 보고 조금 쉽게 생각했다. 하지만 오키나와는 너무 많은 매력과 그에 못지않은 스토리를 품은 섬이었다. 책을 준비하면서 귀국한 뒤에도 여러 번 다시 오키나와로 날아갔다. 다시 갈 때마다 오키나와는 새로운 모습을 보여주었다. 오키나와를 이 한권에 담을 때까지 많은 사람의 도움을 받았다. 그때마다 세상은 함께 살아가는 곳이라는 것을 거듭 깨우쳤다. 특히 손순호 누님에게 감사드린다. 20년 넘게 오키나와에 산 내공으로 아낌없이 로컬 정보를 내어주었다. 덕분에 유명 여행지뿐만 아니라 골목의 숨은 맛집과 카페까지 알차게 담을 수 있었다. 그 밖의 많은 오키나와 친구들과 한국 친구들, 자유롭게 떠날 수 있게 양해해준 양정우 이사님, 언제나 말없이 응원해주는 가족, 책이 나올 때까지 이끌어주신 이지혜·유명종 선생님, 디자이너 이다혜 님에게 감사드린다.
오키나와여, 영원하라!.

2018년 1월
제주도 서귀포에서 문신기

5

목차

북부

모토부 반도

나고·얀바루

중부

나하

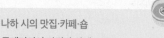
남부

부속 섬

한눈에 파악하자
오키나와 본섬의 지역별 특징과 매력

중부 리조트와 절경, 해양 액티비티의 성지

해변을 따라 들어선 리조트, 쇼핑의 천국 아메리칸 빌리지, 매혹적인 숍이 몰려 있는 미나토가와 스테이트 사이드 타운, 액티비티의 천국 마에다 곶, 코끼리를 닮은 기묘한 바위 만좌모, 민속촌 류큐무라, 환상 드라이브 코스 해중도로. 오키나와 중부는 내일도 머물고 싶은 곳이다.

나하 오키나와 여행의 베이스 캠프

맛집·쇼핑센터·호텔이 몰려 있는 국제거리, 마키시 전통 시장, 밤의 낭만이 넘치는 이자카야 골목, 오래된 쓰보야 야치문 도자기 거리, 류큐 왕국의 DNA를 품은 슈리성, 쇼핑 지구 오모로마치. 모든 여행자는 나하에서 여행을 시작하고 마침표도 이 도시에서 찍는다.

만좌모
잔파 곶
푸른 동굴
요미탄
류큐무라
요미탄 도자기 마을
우루마
이온몰
아메리칸 빌리지
나카구스쿠 성터
카츠렌 성터
트로피칼 비치
미나토가와 외국인 주택 단지
나하
우미카지 테라스
아시비나 몰
아자마산산 비치
도마구스쿠
나고
니라이 카나이 다리
이토만
오키나와 월드
기얀 곶
평화기념공원

북부 오키나와 여행의 하이라이트

세계 3대 아쿠아리움 추라우미 수족관, 돌고래 쇼가 열리는 해양박공원, 로맨틱하고 이국적인 비세 후쿠기 가로수길, 최고의 드라이브 코스 고우리 대교, 하루 종일 머물고 싶은 환상적인 고우리 섬, 이른 봄 벚꽃이 만개하는 나키진 성터…… 북부의 매력은 끝이 없다

헤도 곶

58

오쿠마 비치

안바루

쿠기 가로수길

나키진 성터

•에메랄드 비치

라우미 족관

고우리 섬

파인애플 파크

•오리온

나 해피파크

부세나 해중공원

손

오도마리 비치

해중도로

남부 종유 동굴과 드라이브 코스

남부는 특별 부록 같은 여행지이다. 세나가 섬의 우미카지 테라스, 아울렛 아시비나, 태평양 전쟁 마지막 전투가 벌어진 평화기념공원, 테마파크 오키나와 월드, 석회동굴 교쿠센도, 환상적인 드라이브 코스 니라이 카나이 다리가 남부에 있다.

오키나와 부속 섬의 지역별 특징과 매력

케라마 제도
미야코 섬
야에야마 제도

케라마 제도 미슐랭 가이드가 인정한 바다

나하에서 서쪽으로 40km 떨어져 있다. 쪽빛, 에메랄드, 코발트블루가 공존하는 바다가 환상적이다. 미슐랭 그린 가이드로부터 별 2개를 받은 후루자마미 비치와 풍경이 압권인 카미노하마 전망대가 최고 명소이다. 12월~4월에는 혹등고래 관광이 가능하다.

자마미 섬
카미노하마 전망대
아마 비치
후루자마미 비치
아카 섬
아카대교
도카시키 섬
도카시키 항
도카시쿠 비치
아하렌 비치

미야코 섬 일본의 몰디브

본섬에서 남서쪽으로 290km 떨어져
있어 비행기로 가야 한다. 곳곳에 에
메랄드빛 해변을 품고 있다. 일본의
아름다운 해변 10곳의 50%가 미야
코 섬에 있다. 일본의 몰디브로 불린
다. 이라부 대교 등 천국 같은 드라이
브 코스가 많다.

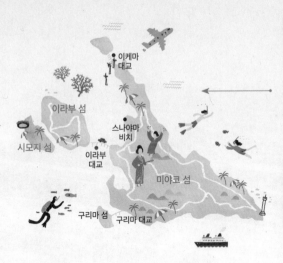

야에야마 제도 대만이 더 가깝다

나하에서 410km, 대만에선 100km 떨어져 있다. 투명한 물빛, 에메
랄드빛 바다, 하얀 산호초 모래가 지천이다. 태평양 전쟁 피해를 입지
않아 옛 모습이 가장 잘 남아있다. 미슐랭 그린 가이드에서 만점을 받
은 카비라 만과 오키나와의 하회마을인 다케토미가 최고 명승지이다.

단언컨대, 이건 '실화'다
환상 드라이브 코스 베스트 5

#고우리 대교 #해중도로 #니라이 카나이 다리 #58번국도 #이라부 대교

드라이브는 오키나와 여행의 꽃이다. 나하 시를 벗어나면 도로 옆으로 에메랄드빛 바다가 푸른 카펫처럼 펼쳐진다. 자, 달리자. 당신은 지금부터 인생 최고의 드라이브를 경험하게 될 것이다.

🏅 Best1 고우리 대교

추라우미 수족관에서 차를 타고 동쪽으로 20분 정도 걸리는 곳으로, 야자기 섬과 고우리 섬을 이어주는 약 2km에 달하는 긴 다리이다. 이 다리를 달리면 천상의 풍경 같은 에메랄드빛 바다가 모두 내 것이 된다. 맵코드 485 631 329*31 구글좌표 고우리 섬 ⌐ p102

🏅 Best2 해중도로

오키나와 중부 우루마 시에 있다. 본섬 동쪽과 헨자 섬, 미야기 섬, 이케이 섬까지 16.7km를 이어주는 해안도로이다. 중부 최고의 드라이브 코스로 뽑힌다. 도로 초입부터 헨자 섬까지 이어주는 4.7km의 해중도로가 하이라이트다. 바다 위를 나는 기분을 만끽하자. 맵코드 499 576 286*13 구글좌표 Kaichu Road ⌐ p166

📍 Best3 니라이 카나이 다리

남부 동쪽 도시 난조에 있다. 331번국도를 달리다 86번국도로 접어들면 만나는 S자 드라이브 코스이다. 해안 절벽과 지상을 연결하는 이 다리를 달리고 있으면 하늘 위를 달리는 듯 기분이 짜릿하다. 풍경 또한 환상적이다. 맵코드 232 593 668*75 구글좌표 니라이 카나이 다리 └ p246

📍 Best4 58번국도

58번 국도는 나하에서 풍경 좋기로 이름난 서해안을 거쳐 북쪽 끝 헤도 곶까지 내달린다. 이 길의 하이라이트는 온나손의 르네상스 비치에서 북부 나고까지 이어지는 해안도로다. 25km 내내 그림 같은 풍경과 남국의 낭만을 즐길 수 있다. 구글좌표 26.434922, 127.789098 └ p70

📍 Best5 이라부 대교

미야코 섬과 이라부 섬을 이어주는 3450m 다리이다. 남빛 바다 미야코 블루를 눈 멀미가 나도록 바라볼 수 있다. 여행자들은 거북이처럼 천천히 달리며 '실화' 같지 않은 풍경을 마음껏 감상한다. 본섬에 있었다면 무조건 '베스트1'이 되었을 코스다. 맵코드 310 420 839 구글좌표 이라부 대교 └ p284

몰디브 안 부러워!
오키나와의 베스트 비치 5
#오쿠마 비치 #세소코 비치 #오도마리 비치 #에메랄드 비치 #만자 비치

미안하지만, 우리나라의 해변은 잊어도 좋다. 에메랄드빛 바다, 산호초 모래밭, 눈이 부실 정도 투명한 물속. 일본의 아름다운 해변 절반 이상이 오키나와에 있다. 어딜 가도 매혹적이지만 그래도 독자를 위해 다섯 곳을 가려 뽑았다.

📍 **Best1 오쿠마 비치** 말이 필요 없는 해변이다. 오키나와 북쪽 끝 헤도 곶 가는 길 58번국도 변에 있다. 일본 환경청 수질 조사에서 최고 등급인 AA를 받았다. 맵코드 485 829 787*85 구글좌표 Okuma Beach ⌐ p119

📍 **Best2 세소코 비치** 북부 비치의 하이라이트이다. 모토부 반도와 다리로 연결된 세소코 섬 끝자락에 숨어 있는 비밀스런 해변이다. 산호모래와 투명한 물빛이 파라다이스를 연상시킨다.
맵코드 206 822 294*66 구글좌표 세소코 비치 ⌐ p105

📍 **Best3 오도마리 비치** 물이 너무도 투명하여 오키나와 비치 중에서도 손꼽히는 곳이다. 중부 해중도로 건너 이케이 섬에 있다. 스노클링하기 좋다. 한적하게 바다를 느끼고 싶은 여행자에게 추천한다.
맵코드 499 794 696*67 구글좌표 Oodomari Beach ⌐ p168

📍 **Best4 에메랄드 비치** 이름 그대로 에메랄드 물빛이 환상적이다. 추라우미 수족관과 비세 후쿠기 가로수길 사이에 있다. 1만 8천여 평에 이르는 넓은 해변이다. 맵코드 553 105 407*00 구글좌표 에메랄드 비치 ⌐ p93

Best5 만자 비치 ANA 인터컨티넨탈 호텔에서 관리하는 비치이다. 반달 모양 백사장과 에메랄드빛 바다 풍경이 몹시 아름답다. 어린이들을 위한 오션파크가 있어 가족 단위 여행객에게 인기가 좋다. 맵코드 206 313 247*14 구글좌표 Manza Beach ↳p159

오키나와 비치의 진짜 매력을 보고 싶다면
케라마 제도와 미야코 섬의 비치들

케라마 제도와 미야코 등 부속 섬의 해변은 본섬의 비치를 훌쩍 뛰어넘는다. 물빛이 신비로워 쪽빛, 에 메랄드빛, 코발트블루 같은 단어로 설명하기 부족할 지경이다. 두 섬의 바다 빛깔을 케라마 블루, 미야 코 블루라는 고유명사로 부를 정도다. 바다를 보고 있으면 말문이 막힌다. 산호와 유유자적 노니는 물고 기, 바다거북까지 볼 수 있다. 진짜 오키나와의 바다를 보고 싶다면 케라마 제도와 미야코 섬의 비치를 추천한다. 케라마 제도는 나하에서 고속선으로 50분, 미야코 섬은 나하공항에서 비행기로 40분 걸린다.

❶ **후루자마미 비치** 케라마 제도에서 가장 아름다운 비치이다. 미슐랭 그린 가이드에서 별 2개를 부여 받은 곳으로 유명하다. 맵코드 905 202 428 구글좌표 Furuzamami Beach

❷ **스나야마 비치** 미야코 섬의 에메랄드빛 비치로 영화 속에서나 볼 법한 풍경을 선사한다.
맵코드 310 603 263*55 구글좌표 Sunayama beach

❸ **요나하 마에하마 비치** 미야코의 해변으로 동양에서 가장 아름다운 비치로 칭송받는 곳이다. 하얀 모 래, 쪽빛 바다, 잔잔한 파도, 푸른 하늘이 어우러져 세상에서 가장 완벽한 풍경을 빚어낸다.
맵코드 310 211 739 구글좌표 Maehama beach

쪽빛 바다를 맘껏 즐기자!

03 오키나와의 해양 액티비티 스폿 5

#마에다 곶 #자마미 섬 #나카노시마 비치 #만자 비치 #르네상스 비치

오키나와는 해양 스포츠의 천국이다. 아름다운 산호와 아열대 물고기를 얕은 바다에서도 쉽게 볼 수 있다. 스노클링, 스쿠버 다이빙, 바나나보트, 요트, 씨워크, 트롤링, 윈드서핑 등 다양한 해양 스포츠를 즐길 수 있다. 스노클링은 간단한 교육을 받고, 다이빙은 전문 강사와 함께 즐길 수 있다. 운이 좋으면 바다거북을 만날 수도 있다. 많은 비치에서 액티비티 프로그램을 운영하고 있다. 한 번에 다양한 액티비티를 즐기고 싶다면 호텔에서 운영하는 비치를 선택하는 게 좋다.

🔍 Best1 마에다 곶과 푸른 동굴

오키나와 최고의 스노클링과 다이빙 스폿이다. 특히 푸른 동굴은 다이빙의 성지라 불리는 곳이다. 동굴 안에서 스노클링과 다이빙을 즐길 수 있다. 바다로 들어가면 다른 세상에 와 있는 듯 신비롭다. 카약 체험 프로그램도 있다. 맵코드 206 065 685*71 구글좌표 푸른동굴 ↳p154

🔍 Best2 자마미 섬

케라마 제도는 오키나와의 바다 가운데 으뜸으로 꼽히는 곳이다. 자마미 섬과 주변 무인도에서 카약, 스노클링, 디이빙 등 다양한 레저 프로그램을 즐길 수 있다. 운이 좋으면 바다거북과 함께 수영을 할 수도 있다. 맵코드 905 202 428 구글좌표 Furuzamami Beach ↳p262

📍 Best3 나카노시마 비치

미야코에 딸린 섬 시모지에 있는 비치로 스노클링 천국이다. 바다 속에 펼쳐진 크고 작은 바위 사이에 수많은 산호초와 아열대 물고기가 살고 있다. 이 바위들이 파도를 막아줘 안전하게 물놀이를 즐길 수 있다.
맵코드 721 241 377*83 구글좌표 nakanoshima beach ⮡ p285

📍 Best4 만자 비치

ANA 인터컨티넨탈 호텔에서 운영하는 비치이다. 카약, 드래곤 보트, 스노클링, 아쿠아 사이클, 제트스키, 웨이크보드, 윈드서핑 스쿨, 요트 스쿨, 체험 낚시 프로그램을 운영한다. 다양한 해양 스포츠 메뉴로 구성된 마린 어드벤처 패키지의 인기가 좋다. 맵코드 206 313 247*14 구글좌표 Manza Beach ⮡ p159

📍 Best5 르네상스 비치

르네상스 호텔에서 관리하는 비치이다. 마에다 곶과 푸른 동굴 동쪽에 있다. 씨 워크, 패러세일링, 윈드서핑 등 다양한 해양 스포츠를 즐길 수 있으며, 특히 해적선 보트가 인기가 좋다. 해적 분장을 한 직원들이 보트를 운전하면서 연극이나 쇼를 선보인다. 맵코드 206 034 686*08 구글좌표 Renaissance Okinawa ⮡ p158

▌ 스노클링 시 주의 사항

❶ 준비 운동을 꼭 하자. ❷ 2인 1조와 구명조끼는 필수이다. ❸ 마스크 이용법을 반드시 숙지하자.
❹ 스노클링하다 입에 문 호스로 물이 들어오면 입으로 힘껏 불면 물이 빠져나간다. ❺ 지정 장소에서만 스노클링을 하자. ❻ 오키나와에는 바다뱀이 살고 있다. 유의하자.

04 무심코 찍어도 인생샷!
오키나와의 베스트 풍경 6
#추라우미 수족관 #고우리 대교 #비세 후쿠기 가로수길 #잔파 곶 #대관람차 #이라부 대교

에메랄드빛 바다와 산호 비치, 사계절 푸른 숲길, 탄성이 절로 나오는 해중도로. 오키나와는 모든 곳이 인생샷 명소이다. 류큐 문화에 일본과 미국 문화가 뒤섞여 분위기 또한 독특하다. 어느 곳이든 명소지만 독자를 위해 베스트 풍경 6곳을 가려 뽑았다. 이제, 당신이 셔터를 누를 차례다.

 Best1 추라우미 수족관美ら海水族館 북부 모토부 반도에 있는 오키나와 최고의 인생샷 명소다. 바다를 그대로 옮겨놓은 것 같다. 유유히 헤엄치는 거대한 고래상어와 다양한 열대어가 어울리는 모습은 감동적이기까지 하다. 고래상어 길이만 8.6m로 멀리서 보면 수족관이 아니라 영화 스크린의 한 장면처럼 보인다. 맵코드 553075797 구글좌표 추라우미 수족관 ⌐p84

Best2 고우리 대교古宇利大橋 모토부 반도 동북쪽 끝 야가지 섬屋我地島과 고우리 섬을 연결해주는 다리이다. 다리 아래 바다는 하늘빛 물감을 풀어 놓은 것처럼 푸르러 볼수록 눈이 부시다. 얼마나 아름다운지 여행을 마치고 돌아와서도 길게 여운이 남는 곳이다. 맵코드 485 631 329*31 구글좌표 고우리 섬 ⌐p102

📍Best3 비세 마을 후쿠기 가로수길 備瀨のフクギ並木通り 추라우미 수족관에서 북쪽으로 자동차로 5분

거리에 있는 가로수 길이다. 키 큰 후쿠기 나무가 흙길 양옆으로 빼곡히 서 있다. 마을 서쪽과 북쪽에는 아름
다운 에메랄드빛 바다가 길게 펼쳐져 있어 풍경도 아름답다. 데이트하며 사진 찍기 좋다.

맵코드 553 105 625*34 구글좌표 Fukugi Trees ↳ p94

📍Best4 잔파 곶 殘波岬 오키나와 중부 서쪽에 있는 경승지이다. 일본 영화 <눈물이 주룩주룩>의 촬영지

로 유명하다. 30m 높이로 융기한 산호초 절벽과 푸른 바다가 만나 절경을 이룬다. 절벽 위 하얀 등대가 잔파
곶의 뷰 포인트다. 모든 풍경이 한 폭 그림 같다. 맵코드 1005 685 378*55 구글좌표 잔파 곶 ↳ p151

📍Best5 대관람차 아메리칸 빌리지의 핫 플레이스이다. 스카이맥스60 Skymax 60이라고도 불린다. 60m

정상에서 아메리칸 빌리지의 이국적이고 로맨틱한 풍경을 두 눈 가득 담을 수 있다.

맵코드 335 264 52*52(공영주차장) 구글좌표 American Village ↳ p136

📍Best6 이라부 대교 伊良部大橋 오키나와의 몰디브라 불리는 미야코 섬에서 최고 풍경을 자랑하는 곳이

다. 오키나와에서 가장 긴 다리로 양옆으로 투명한 에메랄드빛 바다가 그림처럼 펼쳐져 있다. 천국으로 가는
다리가 있다면 바로 이곳일 것이다. 나하에서 다시 비행기를 타고 가야 하기에 순위가 밀려 아쉬울 뿐이다.

맵코드 310 420 839 구글좌표 이라부 대교 ↳ p284

05 오키나와의 DNA를 찾아서!
류큐의 숨결이 깃든 베스트 스폿 5
#슈리성 #나키진 성터 #카츠렌 성터 #자키미 성터 #시키나엔

오키나와는 120년 전만 해도 일본이 아니었다. 자신의 문화가 있고 고유 언어를 사용하던 류큐 왕국이었다. 고려 말부터 조선 후기까지 우리나라와 교류가 잦았다. 이제는 일본의 작은 현이 되었지만 섬 곳곳엔 여전히 류큐 왕국의 숨결이 흐른다. 세계문화유산을 중심으로 오키나와의 DNA를 느낄 수 있는 베스트 스폿을 소개한다.

📍 Best1 슈리성 首里城
류큐의 랜드마크로, 13세기 말부터 14세기에 걸쳐 완성된 류큐의 왕궁이다. 왕들은 이곳에서 470년간 류큐를 통치했다. 그들의 독보적인 문화와 굴곡진 역사를 상징적으로 보여주는 곳이다.
맵코드 33 16 497*55 구글좌표 슈리성 └ p218

📍 Best2 나키진 성터 今帰仁城跡
북부 지역을 대표하는 성터이자 유네스코에 등재된 세계문화유산이다. 슈리성 다음으로 큰 성터로, 오키나와의 '만리장성'이라 불린다. 봄이 되면 벚꽃이 가장 먼저 피어 오키나와에 봄이 왔음을 알린다.
맵코드 553 081 414*44 구글좌표 nakijin castle └ p114

🏅 Best3 카츠렌 성터勝連城跡

중부 동쪽 지역에 있는 성으로 12~13세기에 축성된 세계문화유산이다. 역대 카츠렌 성주들이 살았던 곳으로, 그들은 한때 강력한 힘을 가져 슈리 왕국과 전쟁을 하기도 했다. 호족의 힘이 느껴진다.

맵코드 499 570 170*77 구글좌표 katsuren castle 🔗 p167

🏅 Best4 자키미 성터座喜味城跡

중부 서쪽 지역에 있는 성곽으로 15세기 전반에 축성된 세계문화유산이다. 최고의 장군이자 천재 건축가로 불렸던 고사마루의 작품으로, 작은 성이지만 성벽의 정교함, 아치문, 성벽의 두께와 기울기 등에서 높은 건축 수준을 확인할 수 있다. 맵코드 338 544 28*55 구글좌표 zakimi castle 🔗 p148

🏅 Best5 시키나엔識名園

1799년에 지어진 왕의 별장이자 사신을 접대하던 영빈관이다. 일본식 정원인데 연못에 있는 정자와 아치형 다리는 중국식이다. 일본식 정원에 중국 양식이 적절하게 조화를 이루고 있다. 산책하기 아주 좋다.

맵코드 33 13 00 89*45 구글좌표 26.205068, 127.714804 🔗 p227

 06 난 네게 반했어!
오키나와의 대표 음식 5

#오키나와 소바 #찬푸르 #스테이크 #타코라이스 #젠자이

음식은 곧 문화이다. 오키나와는 일본의 섬이지만 기후와 자연환경이 다르기에 음식도 색다르고 독특하다. 태평양 전쟁 이후 미군이 주둔하면서 햄버거, 스테이크, 타코라이스 등이 오키나와 스타일로 새롭게 태어나기도 했다. 류큐 전통 음식부터 오키나와 스타일로 바뀐 이국의 음식까지 다양하게 즐겨보자.

🏅 Best1 오키나와 소바沖縄そば

일본 소바는 메밀로 만드는데, 오키나와 소바는 100% 밀가루로 만든다. 주재료가 메일이 아니라는 이유로 1977년까지 '소바'라는 단어를 쓰지 못했다. 류큐시대부터 전해지는 음식으로, 다랑어 또는 닭이나 돼지고기로 육수를 만든다. 면 위에 삼겹살, 돼지 숯불갈비, 파 같은 고명을 얹어 내온다. 밀가루임에도 면이 툭툭 끊어지는 게 특징이다. 아열대 기후라서 반죽을 숙성하지 않은 까닭이다. 면을 뽑아 물에 삶은 후 기름을 바르고 보관했던 전통이 아직까지 그대로 지켜지고 있다. 국물은 맛이 깊고 진하다.

🏅 Best2 찬푸르チャンプルー

오키나와 전통 볶음 요리. 음식이 빨리 상해 예전부터 볶음 요리가 발달했다. 대표적인 찬푸르는 고야 찬푸르ゴーヤーチャンプルー이다. 우리나라에서 '여주'로 불리는 채소 고야를 잘게 썰어 두부와 햄을 넣어 같이 볶아 만

든다. 고야는 우리나라의 김치만큼이나 오키나와 사람들이 즐겨 먹는다. 맛이 쌉쌀해 한국인들에게는 호불
호가 갈린다. 소면 볶음인 소멘 찬푸르そうめん チャンプルー도 있다.

📍 Best3 스테이크ステーキ
오키나와에서 꼭 먹어봐야 할 음식으로 꼽힌다. 태평양전쟁 후 미군이 들어오면서 전해져 오키나와 스타일
로 바뀌었다. 달궈진 검정 석판에 야채와 함께 담겨 나오는데, 먹는 동안에도 지글지글 소리를 내며 익어간
다. 육즙은 살아 있고 식감은 부드럽다. 스테이크 고기는 야에야마 제도 이시가키 섬의 소 이시가키큐石垣牛를
최고로 친다. 이시가키큐로 만든 스테이크는 가격이 좀 비싼 편이다.

📍 Best4 타코라이스タコライス
스테이크와 마찬가지로 미군 문화의 영향으로 전해져, 오키나와 버전으로 재탄생한 음식이다. 토티야 빵에
야채와 고기를 싸서 먹는 멕시코 음식 타코Taco에서 유래되었지만, 토티야 대신 볶음밥을 사용한다. 살사 소
스와 야채의 조화가 이색적이다. 간단한 한 끼 식사로 좋다.

📍 Best5 젠자이ぜんざい
우리의 팥빙수와 비슷한 오키나와 전통 음식이다. 달콤하게 조린 단팥 위에 곱게 간 얼음을 얹어 내오며, 보
통 흑설탕이나 시럽을 뿌려 먹는다. 진한 맛을 내는 팥빙수에 익숙한 한국인의 입맛에는 조금 심심할 수 있다.

 07

호로록 호로록~ 사운드 그뤠잇!

오키나와 소바 맛집 베스트 5

#키시모토 식당 #얀바루 소바 #호리카와 #다이토 소바 #반주테이

소바는 오키나와의 소울 푸드이다. 밀가루로 만들었음에도 독특하게 면발이 툭툭 끊어진다. 지역마다 혹은 가게마다 맛과 조리법이 조금씩 달라 개성이 넘친다. 소바 마니아라면 맛집으로 소문난 가게를 돌아가며 먹어보기를 권한다.

🔍 Best1 키시모토 식당 きしもと食堂

1905년에 문을 연 오키나와에서 가장 오래된 소바 전문점이다. 면을 반죽할 때 목탄 물을 사용하는 전통 조리법을 고수하고 있다. 워낙 유명해 많은 사람이 찾는다. 줄을 서서 기다리는 게 기본이다. 모토부 항土구치 항 근처에 있다.

맵코드 206 857 711*15 구글좌표 키시모토 식당 p96

🔍 Best2 얀바루 소바 山原そば

모토부 반도 오키나와 소바 로드84번 국도의 이즈미에 있는 맛집이다. 소키 소바가 유명한데, 우리말로는 돼지 등뼈갈비 소바다. 돼지고기와 가다랑어를 오랫동안 우려서 육수를 만든다. 독특하게 갈비의 간을 맞추는 일

은 주문을 받은 후에 한다. 그래야 국물과 조화가 좋다고 한다. 갈비와 풍미 넘치는 육수의 조화가 그만이다.
맵코드 206 834 514 *41 구글좌표 얀바루소바 └ p111

🏅 Best3 호리카와首里ほりかわ
슈리성 근처에 있는 소바 집이다. 오랜 시간 정성으로 반죽하여 숙성시켜 면을 뽑아 오키나와 소바치고 탱탱
하리. 돼지고기와 가다랑어를 푹 고아 만든 육수는 담백하면서 끝 맛이 아주 깔끔하다.
구글좌표 26.219533, 127.716318 └ p228

🏅 Best4 다이토 소바元祖大東ソバ
국제거리 북쪽 블록 뉴파라다이스 거리에 있다. 독특하게 오키나와에서 수백 킬로미터나 떨어져 있는 미나
미 다이토 섬 스타일로 소바를 만든다. 돼지고기와 가쓰오부시로 낸 육수를 사용하며, 면발이 다른 곳 보다
탱탱해 식감이 좋다. 고명으로 생선이 쓰이는 것도 독특하다. 구글좌표 다이토소바 └ p211

🏅 Best5 반주테이番所亭
요미탄의 자키미 성터에서 차로 10분 거리에 있는 소바 집으로 자색고구마 소바 '베니자루'로 유명하다. 진한
국수장국을 살짝 묻혀 차갑게 먹는 것인데, 간이 적당하고 시원해 더운 오키나와와 잘 어울린다.
맵코드 098 967 7377 구글좌표 26.404817, 127.741965 └ p161

술과 음악, 남국의 밤을 즐기자

오키나와의 이자카야 베스트 5

#쇼코쿠 슈한도코로 겐 #야키료리 사카에 #지누만 베테덴 #우리준 #마츠노 고민가

오키나와의 이자카야는 일본 본토와 좀 다르다. 사케보다 오키나와 전통 술 아와모리가 중심이고, 분위기도 더 흥이 넘친다. 남국의 밤은 특별하다. 술과 음악, 인심 좋은 사람들에게 취해보자.

🏅 **Best1 쇼코쿠 슈한도코로 겐** 諸国酒飯処 玄 우루마 시 북부에 있다. 오키나와 요리는 물론 여러 나라 요리를 맛볼 수 있는 선술집이다. 현지인들의 절대적 사랑을 받는 곳으로 큐슈 출신 부부가 요리한다. 오키나와 요리, 전통 큐슈 요리, 중화요리에 한국 요리까지 섭렵한 요리의 달인들이다. 오키나와 서민 술집 분위기지만 요리는 일품이다. 맵코드 098 964 6427 구글좌표 26.406111, 127.830240 ⌐p178

🏅 **Best2 야기료리 사카에** 山羊料理 さかえ 나하 국제거리 포장마차마을에 있다. 아는 사람만 찾아온다는 맛집 중의 맛집으로 음식도 좋지만, 친절하고 쾌활한 주인아주머니 때문에 더욱 유명하다. 요리를 만들면서 손님들과 스스럼없이 대화를 나누고 유쾌하게 웃기를 좋아한다. 서비스도 최고라 술만 주문하고 서비스 안주로 배불리 먹고 가는 단골도 많다. 구글좌표 26.216677, 127.690688 ⌐p213

📍 **Best3 지누만 베테덴**恩納村ムーンビーチ前別邸 중부 온나손에 있는 술집으로, 매일 밤 류큐 전통 음악을 라이브로 즐길 수 있다. 흥이 넘치는 류큐 음악을 듣다보면 자연스레 술잔이 입으로 간다. 온나손에서 가장 즐거운 이자카야로 생선회, 초밥, 찬푸르, 라후테 등 오키나와 요리를 맛볼 수 있다. 호텔 문 비치에서 동쪽으로 3분 거리이다. 맵코드 098 989 0987 구글좌표 26.450490, 127.805196 ↳p164

📍 **Best4 우리준**うりずん 국제거리 동쪽 사카에마치 시장에 있다. 오키나와에서 손꼽히는 이자카야이다. 1972년에 문을 연 전통 있는 곳으로, 오키나와식 코로케인 도우루텐을 비롯해 이라부차 사시미오키나와 생선회 등 안주가 무려 47가지나 된다. 오래된 목조 건물이라 실내 분위기가 고풍스러워 술 맛이 더욱 좋다. 너무 인기가 좋아 줄 서서 기다려야 한다는 것이 단점이다. 구글좌표 26.217340, 127.696492 ↳p216

📍 **Best5 마츠노 고민가**松の古民家 나고 시에서 최고 분위기를 자랑하는 아구 샤브샤브 음식점이자 칵테일과 아와모리를 판매하는 바다. 60년이 넘은 민가를 개조해 만들어서 분위기가 정말 좋다. 30가지가 넘는 오키나와 요리가 있다. 입소문이 나 일본 매체에 소개되기도 했으며, 인기가 좋아 예약은 필수이다. 맵코드 098 043 0900 구글좌표 26.594032, 127.977399 ↳p122

빵 마니아라면 기억하세요!

오키나와 베이커리 베스트5

#플라우만스 런치 #이페 코페 #오하코르테 #야에다케 #스이엔

일본 본토에서는 오키나와 스타일 베이커리가 유명하다. 맛도 맛이지만 재료 때문이다. 특히 후쿠시마 원전 사고 이후로 재료에 대한 관심이 더 많아졌다. 유명 베이커리들의 공통점은 깨끗한 자연 환경이 만든 오키나와의 물, 소금, 밀 등 친환경 재료로 빵을 만든다는 것이다. 오키나와 베이커리는 놓치지 말아야 할 맛의 전당이다.

🏅 Best1 플라우만스 런치 베이커리

중동부 기타나카구스쿠에 있는 베이커리다. '영국 농부의 건강한 식사'를 콘셉트로 천연 효모를 사용해 빵을 만든다. 천연 효모 빵은 모두 8종이며, 특히 살라미와 오키나와의 채소만을 사용해 만든 샌드위치가 아주 맛이 좋다. 맛과 건강을 모두 잡은 베이커리다. 맵코드 334 407 56*31 구글좌표 PLOUGHMAN'S LUNCH 〔p177〕

🏅 Best2 이페 코페Ippe Coppe

미나토가와 외국인 주택단지미나토가와 스테이트 사이드 타운에 있는 베이커리로 재료를 엄선해 빵을 만드는 곳으로 유명하다. 홋카이도 밀가루에 오키나와 북부 오기기 마을의 지하수, 오키나와의 천연 효모종을 넣어 만든다. 천연 효모 식빵, 베이글, 스콘, 프루츠 그래놀라 등이 인기가 좋다. 구글좌표 이페코페(ippe coppe) 〔p128〕

📍 Best3 오하코르테 베이커리

미나토가와 스테이트 사이드 타운에 있는 오하코르테본점의 나하 지점으로, 도시적이고 세련된 분위기이며 메뉴도 본점보다 다양하다. 프렌치 토스트, 카라멜 바나나, 햄버거, 파스타, 레몬토스트 등 브런치 세트를 판매한다. 맛이 좋아 많은 사람이 찾는다. 나하 버스터미널에서 동쪽으로 3분 거리에 있다.

구글좌표 Ohacorte Bakery ↳p198

📍 Best4 야에다케 베이커리八重岳ベーカリー

얀바루의 야에다케 산 기슭에 있는 베이커리로 1977년에 창업한 역사와 전통 있는 곳이다. 천연효모를 이용해 오랜 시간 반죽해 정성껏 빵을 만든다. 야에다케의 물, 오키나와 흑설탕과 소금 등 오키나와 재료만 사용한다. 매일 12시 전후로 빵이 구워져 나오는데 오후가 되면 금방 동이 난다.

맵코드 206 801 560*63 구글좌표 야에다케 베이커리 ↳p111

📍 Best5 스이엔パン屋水円

중부 서해안 요미탄 자키미 성터 근처 숲 속에 있는 베이커리다. 밀가루와 효모, 물, 소금만을 이용해 빵을 만들어 심플하고 맛있다. 정성을 들여 온도를 조절하면서 천천히 발효시켜 만들어 더욱 유명하다.

맵코드 098 958 3239 구글좌표 Bakery Suien ↳p161

남국에 흐르는 커피의 향기
분위기 좋은 카페 베스트 7

#지바고 커피 #고쿠 #이차라 #시나몬 #다소가레 #하마베노차야 #후주

오키나와에서 꼭 가봐야 할 곳이 카페다. 멋진 인테리어가 아니더라도 아름다운 풍경을 품고 있기에 세상 어디에 내놓아도 부러울 것 없을 만큼 분위기가 근사하다. 오키나와엔 언제나 매혹적인 커피 향이 흐른다.

📍 Best1 지바고 커피 웍스 오키나와 ZHYVAGO COFFEE WORKS OKINAWA 아메리칸 빌리지 인근 카페 가운데 스타일리시한 분위기로 손에 꼽히는 곳이다. 인더스트리얼 인테리어에 작은 화분들이 더해져 제법 멋스럽다. 에메랄드빛 바다 풍경을 카페에서 감상 할 수 있어서 낭만적이기까지 하다.
맵코드 098 989 5023 구글좌표 ZHYVAGO COFFEE ⌐ p141

📍 Best2 카페 고쿠 カフェこくう 여행 책 표지처럼 아름다운 카페 겸 레스토랑이다. 모토부 반도 나키진 성터 부근에 있다. 높은 언덕에 서있는 붉은 기와 목조 건물 그리고 그림처럼 펼쳐진 쪽빛 바다. 탄성소리가 저절로 나온다. 맵코드 553 053 127 구글좌표 카페 고쿠 ⌐ p115

📍 Best3 카페 이차라 Cafe ichara 얀바루 やんばる, 山原 숲에 안겨 있다. 오키나와의 자연을 느낄 수 있는 매력적인 카페다. 숲에서 들려오는 새소리와 바람소리를 듣고 있으면 저절로 힐링이 된다. 화덕피자와 수제 케이

크 맛도 좋다. 84번국도 오키나와 소바 로드에 인접해 있다.

맵코드 098 047 6372 구글좌표 Cafe ichara ⌐ p112

📍Best4 시나몬 카페Cinnamon Café 나하 시 국제거리 북쪽 블록인 뉴파라다이스 거리에 있다. 이 카페가 문을 열면서 뉴파라다이스 거리도 유명해졌다. 가게 앞에 자전거가 놓여 있는 로맨틱한 카페다. 다이토 소바와 같은 건물에 있다. 구글좌표 시나몬 카페 ⌐ p211

📍Best5 다소가레 카페たそかれ珈琲 도쿄 카페에서 오래 경험을 쌓은 주인이 고향 나하로 돌아와 오픈했다. 재즈 음악과 그윽한 커피 향이 카페를 가득 채우고 있다. 직접 로스팅하여 핸드드립으로 정성껏 내린 커피는 나하 최고의 커피로 꼽힌다. 구글좌표 26.217770, 127.682759 ⌐ p212

📍 Best6 하마베노차야浜辺の茶屋 남부의 바다와 맞닿아 있어, 바다가 바로 아래까지 밀려들어오는 근사한 카페다. 바다가 보이는 창가 앞자리는 언제나 만원이다. 야외 테라스에서도 아름다운 풍경을 마음껏 감상할 수 있다. 맵코드 232 469 461*44 구글좌표 26.133489, 127.784718 ⌐ p253

📍 cafe 후주風樹 난조 시 남쪽에 있다. 꼬불꼬불한 언덕을 올라가면 후주가 나타난다. 종종 줄을 서서 기다릴 만큼 인기가 좋다. 창문 밖으로 푸른 바다가 그림처럼 펼쳐지기 때문이다. 오키나와 연인들은 이곳에서 로맨틱한 데이트를 즐긴다. 맵코드 098 948 1800 구글좌표 cafe fuju ⌐ p253

오늘은 지름신 강림하는 날

오키나와 쇼핑 스폿 베스트 6

#이온몰 #디앤디파트먼트 #미나토가와 #돈키호테 #아시비나 #다이코쿠 드러그

쇼핑은 여행에서 빼놓을 수 없는 즐거움이다. 오키나와의 쇼핑 스폿은 대부분 나하와 중부 지역에 몰려 있다. 쇼핑은 여행 마지막 날 공항으로 가기 전에 하는 것이 편리하다. 다만, 지름신을 조심하자!

📍**Best1 이온몰 오키나와 라이카무** 이온몰 중 일본에서 가장 큰 지점이다. 대형 유니클로 매장을 비롯하여 H&M, 애플 스토어 등 이름만 들어도 알만한 브랜드들이 가득하다. 기념품부터 일반 쇼핑까지 모두 해결할 수 있다. 맵코드 335 304 06*45 구글좌표 이온몰 라이카무 └ p179

📍**Best2 우미카지 테라스** 요즘 뜨는 쇼핑몰이다. 나하공항 남쪽 세나가 섬에 있다. 류큐온천 세나가지마 호텔 근처 바닷가에 있다. 숍, 레스토랑이 몰려있는 아케이드이다. 새하얀 건물과 푸른 바다가 아름다워 오키나와의 산토리니라고 부른다. 맵코드 098 851 7446 구글좌표 우미카지 테라스 └ p232

📍**Best3 미나토가와 외국인 주택단지** 오키나와의 젊은 여성들에게 인기가 좋은 곳이며, 여행객에게

도 핫 플레이스로 꼽힌다. 액세서리 숍, 패션 숍, 개성 넘치는 편집 숍이 즐비하며, 구경하는 것만으로도 여행의 즐거움을 더해준다. 구글좌표 Minatogawa Parking Lot └ p132

🟢 Best4 돈키호테 나하 국제거리의 대표 쇼핑 스폿이다. 화장품, 액세서리, 문구, 가전제품, 와사비, 오키나와 전통술 아와모리 등을 저렴하게 쇼핑할 수 있다. 선물이나 소소한 쇼핑을 하기에 좋다.
구글좌표 돈키호테 국제거리점 └ p200

🟢 Best5 오키나와 아울렛몰 아시비나 한국의 백화점 아울렛 같은 곳이다. 페레가모, 구찌 같은 명품 브랜드부터 갭, 아디다스, 반스 같은 대중적인 브랜드까지 모여 있어 한 번에 쇼핑하기에 좋다. 나하공항과도 가까워 여행을 마치고 돌아가기 전 잠시 들러 쇼핑하기 좋다.
맵코드 232 544 571* 77 구글좌표 ASHIBINAA └ p239

🟢 Best6 다이코쿠 드러그 한국인에게 인기 만점인 드럭 스토어로 약은 물론 화장품, 스낵, 건강 기능성 제품, 잡화 등을 판매한다. 국제거리에는 5개 매장이 있다. 돈키호테 동쪽 옆 골목에 있는 무쓰교 점むつみ橋店이 가장 유명하다. 구글좌표 26.215942, 127.688278 └ p202

(12) 남국 여행의 설렘을 오래 추억하자!
오키나와 기념품 베스트 6

#야치문 도자기 #류큐 유리 공예품 #시사 #카리유시 #오키나와 소금 #흑설탕

기념품은 여행지의 추억을 새록새록 떠올리게 해준다. 오키나와엔 다양한 수공예품을 비롯하여 청정 지역
소금, 흑설탕 등 기념품으로 살만한 것들이 많다. 다른 여행지에서 흔히 볼 수 없는 기념품들이라 간직하는
즐거움을 더해준다.

 Best1 야치문やちむん 야치문은 오키나와 도자기를 말한다. 무역이 발달한 류큐는 조선과 중국의 도자
기 기술을 받아들여 독자적인 도자기를 만들었다. 오키나와 특유의 물고기나 식물 문양이 새겨져 있어 개성
이 넘친다. 전통과 현대 도자기 모두 인기가 좋다. 요미탄 도자기 마을과 국제거리 남쪽 즈보야 야치문 거리
에 가면 쉽게 만날 수 있다.

Best2 류큐 유리 공예품琉球ガラス(류큐가라스) 오키나와 공예품 중 가장 유명한 품목 중 하나이다. 형형
색색의 컵, 접시, 병 등 생활 용품과 예술 작품을 만날 수 있다. 아름다운 빛깔이 인기를 더해준다. 1988년 오
키나와 현의 전통공예품으로 인정받았다.

오키나와 소금 | 시사 캐릭터

카리유시 | 아치문 도자기

🔎 **Best3 시사**プレビュー **캐릭터 용품** 시사는 오키나와 방언으로 '사자'를 뜻하는데, 복을 부르고 액을 막아준다는 전설의 동물이다. 오키나와 민가 지붕이나 문 앞에서 쉽게 찾아볼 수 있다. 기념품 가게에서 귀여운 캐릭터 용품으로 만들어져 인형, 열쇠고리, 티셔츠 등으로 판매하고 있다.

🔎 **Best4 카리유시**かりゆし 다양한 야자수가 그려진 하와이 풍 의류이다. 색깔이나 무늬가 화려하다. 공공기관이나 호텔에서 직원들이 공식적으로 착용한다. 다양한 스타일로 만들어져 기념품으로 구입하기 좋다.

🔎 **Best5 오키나와 소금**沖縄の塩(오키나와 노시노) 깨끗한 바다에서 만들어지는 오키나와의 소금은 일본에서도 유명하다. 오키나와 남쪽 미야코 섬의 유키시오 제염소 소금과 중부 동해안 미야기 섬의 누치우나 소금이 유명하다. 소금으로 만든 쿠키와 아이스크림도 인기가 좋다.

🔎 **Best6 오키나와 흑설탕**沖縄黒糖(오키나와 코쿠토) 오키나와에서 생산되는 사탕수수로 만든 천연 흑설탕이다. 미네랄과 비타민이 풍부해 건강에 좋다. 일본 여행객들 사이에서 베스트 품목으로 꼽힌다.

맛집보다 더 맛있다!

(13) 꼭 먹어야 할 편의점 음식 베스트 5

#도시락 세트 #일본 라멘 #크림치즈 파스타와 야키소바 #일본식 주먹밥 #푸딩과 오뎅

편의점은 일본의 핫 플레이스 가운데 하나이다. 우리도 편의점 문화가 발달했지만 일본은 차원이 다르다. 하이라이트는 단연 음식이다. 편의점이라서 해서 편견을 갖지 말자. 맛과 질 모두를 겸비해서 한 끼 식사로 문제없다.

 Best1 도시락 세트 가장 인기가 좋은 음식은 단연 도시락 세트다. 종류가 다양하지만 닭튀김 도시락 세트, 연어 직화 구이 도시락 세트가 유명하다. 닭튀김 세트는 파스타 샐러드, 연어 고명, 계란 고명, 나물 고명, 닭튀김, 볶음면이 같이 나온다. 양도 푸짐하고 품질도 아주 좋다.

Best2 일본 라멘 우리의 컵라면이 아니라 일본식 라멘이다. 인스턴트이지만 면도 쫄깃하고 돼지고기 육수 국물도 아주 진하다. 웬만한 음식점보다 맛이 더 좋다. 반숙계란 라면이 특히 맛이 좋다. 갓 삶은 것 같은 반숙계란이 들어있다.

📍 Best3 크림치즈 파스타와 야키소바 크림치즈 파스타도 빼놓을 수 없다. 크림치즈 파스타에 베이컨이 올라가 있는데 짭짤하면서도 담백하다. 야키소바볶음 라면도 인기 품목 중에 하나이다. 양도 푸짐하고 맛도 웬만한 맛집 못지않다.

🏅 Best4 일본식 주먹밥 일본식 주먹밥 오니기리도 인기 있는 음식 중 하나이다. 구운 돼지고기 볶음밥, 간장 맛 구운 주먹밥 등 종류도 다양하다. 밥 속에 숨어있는 재료들이 아주 알차다. 간단하게 배를 채우기에 그만이다.

🏅 Best5 푸딩과 오뎅 이외에도 부드럽고 적당하게 달아서 인기가 좋은 푸딩, 입에서 살살 녹는 오뎅, 금방 구운 것처럼 고소한 닭꼬치, 한국에 없는 달콤한 환타 메론 맛도 여행자에게 인기가 좋다.

▌Travel Tip 일본 편의점에는 대부분 화장실이 있다. 음식을 사지 않아도 사용할 수 있다. 급할 때 요긴하게 활용하자. 일본의 대표 편의점으로는 세븐일레븐, 로손, 패밀리 마트가 있다.

14

여행 선물? 드럭스토어로 가야지!
드럭스토어에서 꼭 사야할 인기 아이템

#시세이도 퍼펙트 휩 #키스미 마스카라 #키스미 아이브로 #호로요이 #곤약 젤리
#휴족시간 #동전 파스 #카베진 정

일본의 드럭스토어에서는 약품은 물론 화장품, 건강 기능성 제품, 스낵, 음료 등 다양한 상품을 판매한다. 한국 여행객에게 특히 인기가 좋다. 가격도 비교적 저렴해 선물용으로 그만이다.

📍 **Best1 시세이도 퍼펙트 휩** 시세이도의 생얼용 세안제이다. 화장을 지우는 클렌징 폼은 퍼펙트 더블 워시이다. 가격이 저렴해 부담 없이 구입할 수 있다. 120g에 400엔 정도.

📍 **Best2 키스미 마스카라 キスミーマスカラ** 만화 주인공처럼 속눈썹을 만들어 주는 마스카라이다. 가성비가 좋으며, 한국 여행객에게 인기가 좋다. 가격은 1,000엔 내외이다.

📍 **Best3 키스미 아이브로** 여성 여행객에게 인기가 좋은 아이브로우 펜슬이다. 미용액 판테놀 성분이 함유되어 있어서 눈썹을 부드럽게 감싸주고 오랜 시간 또렷한 눈썹을 연출할 수 있다. 컬러가 다양하다. 가격은 1,000엔 안팎.

📍 Best 4 호로요이 ほろよい 알코올이 들어있는 탄산 과일주다. 알코올 농도는 3~4%정도이다. 기분 좋게 음료처럼 마실 수 있다. 아쉽게도 입국할 때 2캔 이상은 관세가 붙는다. 350ml 가격은 110엔 정도이다.

📍 Best 5 곤약젤리 蒟蒻畑, 곤이쿠바타케 남녀노소 모두 좋아하는 제품이다. 달콤하지만 칼로리가 낮아서 다이어트를 꿈꾸는 여성들이 즐겨 찾는다. 특히 복숭아 맛과 포도 맛이 인기가 좋다. 가격은 12개입 150엔 정도.

📍 Best 6 휴족시간 休足時間, 규조쿠지칸 오래 걸어야 하는 여행자에게 필수 제품이다. 발바닥과 종아리에 붙이면 뭉친 근육을 풀어준다. 가격은 6개입 380엔 내외이다.

📍 Best 7 로이히 츠보코 ロイヒつぼ膏 한국인에게 인기 좋은 동전 타입 파스이다. 결리고 쑤시는 부분에 붙이면 효과 좋기로 유명하다. 부모님 선물로 1등 아이템이다. 파스가 잘 안 붙는 부위도 잘 붙는다. 가격은 156개입 600엔 정도.

📍 Best 8 캬베진 정 일본뿐만 아니라 세계에서 유명한 위장약이다. 양배추를 주원료로 만든 알약으로 위장 점막을 회복시켜준다. 속 쓰림, 위산과다, 소화불량 등에 좋다. 가격은 300정에 2,000엔 안팎이다.

(15) 당신에게 힐링과 휴양을 선물하세요
오키나와의 리조트 & 호텔 베스트 5
#히야쿠나 가란 #ANA 인터컨티넨탈 만자 비치 리조트
#르네상스 리조트 #콘페키 #로와지르

여행 콘셉트를 휴양에 맞추지 않더라도, 하루쯤은 멋진 리조트에 머물며 바다와 풍경을 즐기자. 당신의 여행 품격이 한층 높아질 것이다. 성수기와 비수기, 예약 시점에 따라 가격이 다르다는 점을 기억하자.

 ## Best 1 히야쿠나 가란 Hyakuna Garan 百名伽藍

남부에 있는 고품격 럭셔리 호텔 겸 리조트다. 바다와 맞닿아 있어 끝없이 펼쳐진 남부의 바다를 마음껏 감상할 수 있다. 다다미 바닥으로 된 거실에서 아름다운 바다가 한눈에 들어온다. 지친 일상에서 벗어나 완벽한 휴식을 즐기자. 가격이 비싼 게 흠이다. 맵코드 098 949 1011 구글좌표 Hyakuna Garan ⌐ p318

Best 2 ANA 인터컨티넨탈 만자 비치 리조트

중부 만좌모 옆에 있다. 중부 지역에서 가장 유명한 리조트 겸 럭셔리 호텔이다. 에메랄드빛 바다와 하얀 모래로 유명한 만자 비치를 품고 있다. 어린이들을 위한 미끄럼틀, 해수 풀 등을 갖춘 오션파크가 있어 가족 단위 여행객에게 좋다. 맵코드 206 313 220*20 구글좌표 ANA 인터컨티넨탈 만자 비치 리조트 ⌐ p310

🏅 Best 3 르네상스 리조트 오키나와

중부 온나손에 있는 해양 스포츠에 최적화된 리조트다. 르네상스 비치를 품고 있으며, 씨 워크, 트로링, 윈드서핑 등 다양한 해양 스포츠를 즐길 수 있다. 마에다 곶과 류큐무라에서 차로 5분 거리이다.

맵코드 **206 034 775** 구글좌표 르네상스 리조트 오키나와 ⌐ p308

🏅 Best 4 콘페키 더 빌라 올 슈이트

미야코 섬 동북쪽 이라부 섬에 있다. 커플을 위한 프라이빗 풀 빌라로 객실이 8개밖에 되지 않는다. 객실마다 작은 수영장이 있다. 수영장에서 환상적인 미야코 블루를 마음 가득 담을 수 있다. 신축 건물이라 쾌적하다. 너무 먼 게 단점이다. 맵코드 **0980 78 6000** 구글좌표 Azure The Villa ⌐ p322

🏅 Best 5 로와지르 호텔 나하

나하의 호텔 가운데 유일하게 온천 호텔이다. 객실은 해변 뷰와 도심 뷰로 나뉜다. 호텔 내 수영장에서 물놀이를 한 후, 미네랄이 풍부한 무료 스파를 이용해 피로를 풀 수 있어 좋다.

맵코드 **098 868 2222** 구글좌표 로와지르 호텔 나하 ⌐ p313

축제, 축제! 흥겨움에 취하자
오키나와 대표 페스티발 7

#나키진 성터 벚꽃 축제 #류큐 바다 불꽃 축제 #나하 하리 축제 #해양박공원 섬머 페스티발
#에이사 축제 #나하 줄다리기 축제 #나하 마라톤

오키나와는 흥겨움이 넘치는 섬이다. 1월 말에 열리는 벚꽃축제부터 12월의 나하 마라톤까지 365일 크고 작은 축제가 이어진다. 이제, 오키나와 속으로 한 걸음 더 들어가 보자. 축제를 즐기며 오키나와를 더 깊이 느껴보자.

Best 1 나키진 성터 벚꽃 축제(1월 28~2월 12일) 개화시기에 따라 기간은 매년 조금씩 달라진다. 비슷한 시기에 나고중앙공원구글좌표 nago castle park 야에다케 벚꽃 숲 공원八重岳桜の森公園, 구글좌표 26.647839, 127.916440에서 도 벚꽃 축제가 열린다.맵코드 553 081 414*44 구글좌표 Nakijin Castle 입장료 400엔

Best 2 류큐 바다 불꽃 축제(4월 둘째 주 토요일, 트로피컬 비치) 매년 4월 둘째 주 토요일 해수욕장 개장을 기념하며, 중부 기노완 시 해변공원과 트로피컬 비치에서 열린다. 입장료는 현장 구매보다 예매 시 더 저렴하다. 맵코드 33 403 300*83 구글좌표 트로피칼비치 입장료 어른 2,700~3,300엔 주차요금 1,200엔

Best 3 나하 하리 축제(5월 3일~5일, 나하 신항) 풍어와 안전을 기원하며 나하 신항에서 열리는 드래곤 보트 경주 대회다. 류큐 왕국 때부터 이어진 축제이다. 20만 명이 찾는 오키나와 최대 축제다. 첫째 날은 전야

제가, 둘째 날은 청소년들이, 셋째 날은 성인이 경주를 벌인다. 공연, 향토음식 판매, 불꽃놀이도 열린다. 구글좌표 26.228642, 127.678652 축제 시간 08:00~21:00

Best 4 해양박공원 섬머 페스티발(7월 중순, 해양박공원 에메랄드비치) 7월 15일 전후 하루 동안 열리는 뮤직 페스티발 겸 오키나와 최대 불꽃 축제이다. 안전을 위해 참여 인원을 2만 명으로 제한한다. 에메랄드 비치 입구에서 무료 관람권을 배포한다. 구글좌표 에메랄드비치 축제 시간 12:00~20:50

Best 5 에이사 축제(음력 7월 13~15일, 오키나와 시) 일본의 최대 명절인 오봉오키나와는 음력 7월 15일 즈음에 지역 대표 청년들이 전통 타악 춤 에이사를 추는 축제이다. 북춤 퍼레이드가 볼만하다. 메인 축제는 오키나와 시 코자체육공원에서 열린다. 또 매해 8월 첫째 일요일엔 1만 명이 나하 시 메인 스트리트에서 에이사 춤 퍼레이드를 벌인다. 구글좌표 Koza Sports Park 축제 시간 15:00~21:00

Best 6 나하 줄다리기 축제(10월 14일, 국제거리) 짚으로 만든 거대한 줄다리기 축제이다. 민속 공연과 함께 퍼레이드가 펼쳐진다. 저녁 8시 이후 불꽃놀이도 열린다. 줄다리기가 축제의 하이라이트이다.

Best 7 나하 마라톤(12월 초, 나하 시와 남부) 오전 9시 나하를 출발해 남부의 사탕수수 밭과 평화기념공원을 가로질러 해안선을 따라 달린다. 일본, 대만, 한국 등에서 3만여 명이 참여한다. 참가비는 6,500엔이다. 홈페이지 www.naha-marathon.jp/

**오키나와
현지인 인터뷰1**

"꼭 스노클링을 체험해보세요.
신비로운 세상을 만날 수 있어요"

오키나와는 다 매력적인지만 첫손에 꼽고 싶은 곳은 마에다 곶입
니다. 오키나와에서 가장 좋은 스노클링과 다이빙 포인트랍니다.
바다 속으로 들어가면 신비로운 세상을 만날 수 있어요. 다이빙 라
이센스를 가지고 있다면 찾아오세요. 제가 안내해드리겠습니다!
호시하라 다카야스(다이빙 강사, 자연 가이드)

자기소개 부탁합니다.
안녕하세요. 도쿄에서 나고 자란 호시하라 다카야
스星原貴保입니다. 미국 플로리다 공과대학을 졸업했
는데, 그때부터 바다에 푹 빠졌어요. 그래서 다시 해
양생물학을 공부하고 졸업 후에 바다가 아름다운 오
키나와로 이주 했답니다. 지금은 돌고래 조련사, 다이
빙 강사, 자연 가이드 일을 하고 있어요.

오키나와는 어떤 곳인가요?
바다가 무척 아름다운 곳이죠. 누구에게든 힐링을
주고 편안한 마음을 선물해주는 곳이죠. 그리고, 아
시아의 출입 통로로 다양한 국적의 사람을 만날 수
있는 곳이랍니다.

이주지로 오키나와를 선택한 이유는 무엇인가요?
도쿄 출신인 저에게 오키나와 바다는 새로운 세상이
었어요. 오키나와가 마냥 좋았어요. 아름다운 바다
를 세계에 알릴 수 있다고 생각해서 즐거운 마음으
로 이주하게 되었어요.

오키나와의 장점과 단점을 말해주세요.
풍부한 자연이 가장 큰 장점이죠. 어딜 가든 상상 이
상의 자연을 체험할 수 있죠. 아이들에게 자연 학습을
시키기에도 좋습니다. 아직 단점을 발견하지 못했어
요. 항상 여행하고 힐링하는 기분으로 살고 있어요.

오키나와에서 가장 매력적인 장소를 꼽아주세요.
다 매력적인지만 첫손에 꼽고 싶은 곳은 푸른 동굴
이 있는 마에다 곶입니다. 오키나와에서 가장 좋은
스노클링과 다이빙 포인트랍니다. 바다 속으로 들어
가면 신비로운 세상을 만날 수 있어요.

**당신만 알고 있는 비밀 명소가 있나요? <설렘 두배
오키나와> 독자에게 살짝 공개해주세요.**
잔파 등대残波岬灯台입니다. 많은 사람이 만좌모를 찾
지만 오키나와 사람들은 잔파 곶 등대를 더 좋아해
요. 깎아내리는 기암절벽과 푸른 바다가 만나 아름
다운 풍경을 만들어내고 있죠. 거기에 외롭게 서있
는 하얀 등대가 잔파 곶을 더욱 아름답게 만들어줘

요. 그리고 오키나와엔 알려지지 않은 다이빙 스폿이 많습니다. 다이빙 라이센스를 가지고 있다면 언제든 보트로 안내해드리겠습니다!

만약 당신이라면 오키나와를 어떻게 여행하고 싶으세요?
오키나와에는 환상적인 섬이 많습니다. 이미 오키나와 본토는 많이 여행했으므로 아름다운 섬을 돌아보고 싶어요. 매일 스킨스쿠버 다이빙을 즐기면서요.

<설렘 두배 오키나와> 독자에게 당신의 인생 맛집을 소개해줄 수 있다요?
만좌모 북쪽 온나촌 세라가키에손에 있는 '오키나와 요리 얀바루'オキナワ料理 やんばる를 추천하고 싶어요. 다양한 오키나와 요리와 돼지고기 샤브샤브를 즐길 수 있어요. 맛도 좋고 분위기도 좋은 곳이죠.

한국 여행객에게 해주고 싶은 말이 있다면?
오키나와 자연뿐만 아니라 문화와 역사 또한 즐겁

게 즐겼으면 좋겠습니다. 그러면 여행이 더 깊어질 테니까요.

호시하라 다카야스 님이 추천하는 인생 맛집

오키나와 요리 얀바루オキナワ料理 やんばる
구글좌표 26.509141, 127.869015
찾아가기 ❶ 나하 공항에서 렌터카로 북쪽으로 60분
❷ 만좌모에서 렌터카로 5분 ❸ 얀바루 급행버스 승차
하여 레라가키瀬良垣 정류장 하차 후 바로
주소 沖縄県国頭郡恩納村瀬良垣 1288
전화 098 966 2939
영업시간 17:00~23:00(화요일 휴무)
예산 3,000~4,000엔

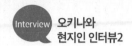

Interview 오키나와
현지인 인터뷰2

"오키나와는 당신에게
잊지 못할 휴식을 선물할 거예요"

오키나와 동쪽에 있는 이케이 섬을 추천하고 싶어요. 드라이브 코
스로 최상이죠. 특히 이 섬의 오도마리 비치大泊ビーチ를 살짝 공개
하고 싶어요. 멋진 풍경과 에메랄드빛 바다가 완벽한 휴식을 선사
할 거예요. 또 열대어를 쉽게 볼 수 있고, 손으로 만질 수도 있어요.
손순호(관광업)

자기소개 부탁합니다.
고베 시에서 태어나고 자란 재일교포 2세입니다. 32
년 동안 관광 관련 업계에서 일하고 있습니다. 오키
나와에는 20여 년 전에 이주했어요.

오키나와는 어떤 곳인가요?
한마디로 이국적인 분위기가 넘치는 환상의 섬이죠.
날씨도 무척 좋아요. 여름이 무려 4월부터 10월까지
7개월 동안 이어져 여행하기 그만이죠. 겨울에도 최
저 기온이 섭씨 15도 정도예요. 하지만 8~9월엔 태
풍이 많이 와요.

오키나와를 이주지로 선택한 이유는 무엇인가요?
한신 대지진고베 지진으로 집과 어머니를 잃게 되었어
요. 관광업에 종사하고 있었기에 오키나와 호텔에서
근무하기 위하여 이주 했어요. 오키나와에는 지진이
없기 때문이기도 했죠.

여행지 오키나와의 장점과 단점을 말해주세요.
연중 날씨가 따뜻해 정말 좋아요. 다만 태풍의 길목

에 있다는 점이 단점이에요. 그래도 태풍도 친구라
고 생각하며 지내고 있어요.

당신에게 가장 매력적인 장소는 어디인가요?
가장 큰 매력은 역시 아름다운 바다예요. 눈이 부시
죠. 추천하고 싶은 장소는 배 타고 갈 수 있는 이제나
섬伊是名島이에요. 오키나와에서 북쪽으로 30km 떨
어져 있어요. 작은 마을이 하나 밖에 없는 조용한 섬
이랍니다. 때 묻지 않은 바다를 볼 수 있어요.

당신만 알고 있는 비밀 장소를 공개한다면?
오키나와 동쪽에 있는 이케이 섬을 추천합니다. 다
리로 연결되어 있어서 나하에서 렌터카로 1시간 20
분이면 갈 수 있어요. 드라이브 코스로 최상이죠. 특
히 이 섬의 오도마리 비치大泊ビーチ를 살짝 공개하고
싶어요. 멋진 풍경과 에메랄드빛 바다가 완벽한 휴
식을 주는 곳이죠. 열대어를 쉽게 볼 수 있고, 손으로
만질 수도 있어요.

만약 당신이 짧은 시간 오키나와를 여행한다면?

오키나와 중부와 북부를 돌겠어요. 중북부에는 추라
우미 수족관과 맛집 그리고 멋진 카페가 있어요. 또
중부 온나손온나촌의 모든 바다는 너무 아름다워요.
오마바, 푸틴도 이곳을 다녀갔죠. 여름이라면 특히
놓치지 말아야 해요.

당신에게 최고의 맛집은 어디인가요? 한 곳만 추천
해주세요.
쇼코쿠 슈한도코로 겐諸国酒飯処 玄이라는 이자카야예
요. 중부 동해안 우루마 시 북쪽에 있어요. 오키나와
요리부터 일본 요리와 중국 요리까지 다양하게 먹을
수 있어요. 맛도 훌륭하고 분위기도 좋답니다. 해중
도로와 온나손에서 가까워요.

<설렘 두배 오키나와> 독자에게 전해주고 싶은 여
행 팁이 있다면?
추라우미 수족관 티켓이 좀 비싼 편이에요. 예산을
아끼고 싶으면 북부에 있는 미치노에키 쿄다道の駅 許
田로 가세요. 이곳에서 사는 게 가장 저렴하답니다.
만좌모와 추라우미 수족관 사이, 나고 시에 있어요.

손순호 님이 추천하는 인생 술집

쇼코쿠 슈한도코로 겐諸国酒飯処 玄
찾아가기 ❶ 해중도로에서 북쪽으로 렌터카로 25분
12.4km ❷ 카츠렌 성벽에서 북쪽으로 렌터카로 23분
12.2km ❸ 나하공항에서 렌터카로 55분
주소 沖縄県うるま市石川東恩納 1397-2 ミハラヒルズ
미하라히루주 1F 전화 098 964 6427 영업시간 17:00
~24:00(일요일 휴무) 예산 1,500엔부터 맵코드 098
964 6427 구글좌표 26.406111, 127.830240

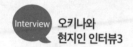

"언제든, 무슨 일이든 물어봐주세요.
친절하게 답해드리겠습니다"

저는 최고 여행지로 오키나와 북부 동해안에 있는 고우리 섬을 꼽고 싶습니다. 에메랄드빛 바다를 가로지르는 고우리 대교가 장관이죠. 다리에서 바라보는 풍경이 너무나 매력적입니다. 모토부 반도의 추라우미 수족관과 비세 후쿠기 가로수길도 아주 멋진 곳이죠.
히가 유키(오키나와 요리 전문점 지점장)

자기소개 부탁합니다.

오키나와에서 나고 자란 리얼 오키나와 사람 히가 유키比嘉 勇希입니다. 고등학교 졸업 후 1년 도쿄에서 지낸 것을 제외하고는 쭉 오키나와에서 살았어요. 지금은 오키나와 요리 전문점 지누만 온나 마에가네 쿠沖縄料理 ちぬまん 恩納前兼久 지점장을 하고 있습니다.

오키나와는 어떤 곳인가요?

아름다운 자연이 으뜸인 곳이죠. 사람들도 친절하고 흥이 넘쳐요. 성격이 다소 느리다고 생각할 수 있지만, 무엇이든 잘 맞춰주고 포용해 줄 수 있는 인간미가 넘치는 사람들이죠.

오키나와에 계속 거주 하는 이유는?

매력적인 곳이기에 떠날 수가 없어요. 오키나와는 일본이면서 일본이 아닌 듯, 독자적인 문화를 만들어 왔어요. 아시아 여러 나라의 요소가 멋지게 조화를 이루고 있죠. 제가 오키나와를 좋아하는 가장 큰 이유입니다.

오키나와의 장점과 단점을 말해준다면?

자연, 아름다운 바다뿐만 아니라 독특한 세계유산이 많다는 게 오키나와의 장점이죠. 섬이 생각보다 커서 많은 아름다움을 다 보려면 시간과 비용이 비교적 많이 든다는 점이 단점이죠. 렌터카가 아니라면 여행하기에 교통이 불편한 것도 단점이죠. 하지만 오키나와에서만 경험할 수 있는 자연과 멋진 문화가 있다는 걸 잊지 마세요.

오키나와에서 가장 매력적인 장소를 꼽아주세요.

오키나와 북부에 있는 작은 섬 고우리를 꼽겠습니다. 에메랄드빛 바다를 가로지르는 고우리 대교가 장관이죠. 다리에서 바라보는 바다가 너무나도 매력적입니다.

당신만 알고 싶은 여행지를 공개한다면?

중부 동해안의 이케이 섬이 최고죠. 여유롭고 한가로운 비치가 너무 아름답죠. 풍경에 당신을 맡겨보세요. 하루 종일 머물고 싶을 겁니다. 게다가 본토부터 이케이 섬까지 쭉 이어진 해중도로는 오키나와

최고의 드라이브 코스랍니다.

만약 당신이 짧은 시간 오키나와를 여행한다면?
오키나와 북부의 추라우미 수족관과 비세 후쿠기 가
로수길을 추천합니다. 남부라면 오키나와의 세계문
화유산인 세이화 우타키를 갈 것 같아요. 옛날 신녀
즉위식이 열리고, 왕이 제사를 지냈던 곳이죠. 오키
나와의 숨결이 깃든 성지이죠.

<설렘 두배 오키나와> 독자에게 최고의 맛집을 추
천한다면?
지누만 온나 마에가네쿠 점입니다. 오키나와 중부
온나손 도로변에 있는 오키나와 요리와 생선회 전문
점이죠. 제가 지점장으로 있어서 그런 게 아니라 음
식이 맛있고 정말 신선합니다. 꼭 찾아주세요. 친절
하게 정성껏 모시겠습니다.

한국 여행객에게 하고 싶은 말이 있다면?
오키나와는 음식 문화, 술, 언어 등 한국과 공통점이
많습니다. 언제든, 무슨 일이든 물어봐주세요. 친절
하게 대답해드리겠습니다. 전 여러 나라 사람과 대
화하는 걸 좋아한답니다.

히가 유키 님이 추천하는 인생 맛집
치누만 온나 마에가네쿠 점ちぬまん 恩納前兼久店
구글좌표 26.449542, 127.804283
찾아가기 ❶ 류큐무라에서 렌터카로 북동쪽으로 7분
❷ 마에다 곶에서 렌터카로 북동쪽으로 9분
주소 沖縄県国頭郡国頭郡恩納村前兼久 前兼久523-2 1F
전화 098 989 0987
영업시간 17:00~00:00(연중 무휴)
홈페이지 http://www.chinuman.com/shimancyu/
onna-maeganeku/

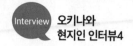

Interview 오키나와
현지인 인터뷰4

"오키나와에선 한 번 만나면
모두가 형제랍니다."

오키나와는 즐길거리가 무척 많은 섬입니다. 북쪽에서 남쪽까지
매력이 가득한 섬이죠. 오키나와 특유의 음식 문화와 자연을 체
험하셨으면 좋겠습니다. 그리하여 자신만의 여행 스토리를 만들
고, 무엇보다 '잇챠리바쵸-데-'^{한 번 만나면 모두 형제}를 느끼셨으면 좋
겠습니다.

야마수미 쿠미코(호텔리어)

자기소개 부탁합니다.
시마네 현에서 나고 자란 야마수미 쿠미코山角久美
子입니다. 인연을 이어주는 신으로 유명한 고장이죠.
오키나와에 매료되어 10년 전에 이주했어요. 호텔에
서 근무하고 있습니다. 멋진 추억을 쌓으며 즐겁게
보내고 있습니다.

오키나와는 어떤 곳인가요?
기온도 따뜻하고, 사람도 따뜻한, 가슴을 두근거리
게 하는 섬입니다. 일본 본토에서 많이 떨어져 있기
때문에 오키나와만의 독특한 문화도 많은 곳이죠.

이주지로 오키나와를 선택한 이유가 궁금합니다.
학창시절 오키나와 출신 친구가 있어서 매년 오키나
와에 놀러 왔습니다. 자연환경은 물론이거니와 만나
는 사람마다 따뜻한 마음을 가지고 있었습니다. 오
키나와 사투리로 '잇챠리바쵸-데-'라는 말이 있습니
다. '한 번 만나면 모두가 형제'라는 의미입니다. 마음
따뜻한 사람들 덕분에 오키나와에 사로잡혔어요. 결
국 이사까지 하여 10년째 살고 있습니다.

오키나와의 장점과 단점은?
미군 기지가 있기 때문에, 미국과 오키나와 문화가 혼
합되어 있고, 일본 본토에는 없는 독특한 분위기를 느
낄 수 있습니다. 섬 특유의 따뜻하고 한가롭고 유유자
적한 일상을 보낼 수 있는 것도 큰 장점이죠. 급할 것
없이 여유롭고 느긋한 시간을 보낼 수 있으니까요. 하
지만, 느긋한 점 때문에 조금은 지루하다고 생각될 수
있으니, 어쩌면 그게 단점일지도 모르겠네요.

**<설렘 두배 오키나와> 독자에게 가장 매력적인 장
소를 소개해주세요.**
고우리 섬을 추천하고 싶습니다. 사랑의 섬이라 불
리는 곳이죠. 그곳에선 시간이 천천히 흘러요. 내일
도, 모레도 계속 머물고 싶은 환상의 섬이죠.

**혹시 당신이 짧게 여행한다고 하면 어디로 가시겠
습니까?**
당일치기로 다녀온다면, 남부의 난조 시에 있는 유
마카 섬コマカ島, Kumaka Island에 가고 싶습니다. 오키나
와 사람조차 잘 모르는 아름다운 섬이죠. 보트를 타

고 15분이면 갈 수 있는 무인도입니다. 여유롭게 노닐고 있는 형형색색 열대어를 볼 수 있고, 헤엄치며 노는 것도 무척 즐거운 섬입니다.

당신이 추천하고 싶은 맛집이나 카페, 이자카야가 있으면 알려주세요.
난조 시 동해안에 있는 우시오 이자카야うしお居酒屋입니다. 처음 가게를 찾았을 때 매우 인상적인 경험을 했습니다. 주인의 오모테나시(정성과 진심을 다해 손님을 대접한다는 뜻)에 깊은 감동을 받았습니다. 음식도 맛있습니다. 해물 요리와 두부 요리를 추천합니다.

오키나와를 즐겁게 여행하기 위해 <설렘 두배 오키나와> 독자에게 조언을 해주신다면?
오키나와는 작은 섬으로 보일 수도 있겠지만, 실제로 찾아오면, 넓고 즐길거리가 많은 섬입니다. 북쪽에서 남쪽까지 매력이 가득한 섬이죠. 오키나와 특유의 음식 문화와 자연 체험을 많이 하셨으면 좋겠습니다. 그리하여 자신만의 여행 스토리를 만들고, 무엇보다 '잇챠리바쵸-데-'한 번 만나면 모두 형제를 느끼

고 가셨으면 더할 나위 없이 좋을 것 같습니다.

야마수미 쿠미코 님이 추천하는 인생 술집
우시오 이자카야うしお居酒屋
구글좌표 26.182824, 127.777026
찾아가기 ❶ 아자마 산산 비치에서 렌터카로 서쪽으로 17분 ❷ 나하공항에서 렌터카로 동쪽으로 30분
주소 沖縄県南城市佐敷津波古 380-1
전화 098 947 2777
영업시간 17:00~24:00(일요일 휴무)

두 시간 만에 만나는 이국적인 풍경

열대와 아열대 기후가 공존하는 오키나와. 서울에서 1500km, 불과 두 시간만 날아가면 독특하고 신비로운 남국 풍경이 펼쳐진다. 오키나와는 일본의 현 가운데 가장 남쪽에 있다. 위도 상으로는 북위 24~27도 사이다. 화산 폭발로 생긴 섬으로 딸린 섬까지 포함하면 제주1,849km²보다 조금 크지만2,281km² 본섬은 1,206km²로 제주도보다 작다. 인구는 145만 명으로 제주도의 약 2배이다. 본섬의 남북 길이는 100km에 이를 만큼 길지만 동서는 10~15km로 무척 짧다. 섬이 긴 탓에 북부, 중부, 남부로 지역을 나눈다. 현청 소재지는 섬 남부에 있는 나하이다. 오키나와는 주변에 유인도 40여 개를 거느리고 있다. 본섬은 아열대 기후지만, 남서쪽으로 400km 떨어져 있는 미야코 섬과 이시가키 섬은 열대 기후대에 속한다. 이들 섬은 본섬보다 대만에 더 가까이 있으며, 타이베이보다도 남쪽에 있다.

남빛 바다, 바라만 봐도 위안이 된다

비록 작은 섬이지만 오키나와는 다양한 매력을 품고 있다. 쪽빛 바다, 아열대의 자연, 류큐 왕국, 미국 문화, 음식 문화. 오키나와를 여행하는 당신은 이렇게 다섯 가지 매력을 즐길 수 있다. 에메랄드빛 바다는 매혹을 넘어 깊은 감동을 준다. 남부의 미이바루 비치에서 북부의 오쿠마 비치까지 어디를 가든 한없이 투명에 가까운 블루의 향연이 펼쳐진다. 케라마 제도 같은 부속 섬으로 가면 더욱 좋다. 에메랄드블루부터 코발트블루까지, 햇빛과 바다가 창조한 세상의 모든 남빛 색채를 가슴 벅차게 체험할 수 있다. 아열대 자연은 당신에게 특별한

즐거움을 선물해준다. 스노클링을 하며 열대어와 수영 놀이를 즐길 수 있는가 하면, 오키나와 바다를 그대로 옮겨 놓은 듯 거대한 추라우미 수족관도 있다. 또 해적선을 타고 해적 체험을 할 수 있는가 하면, 보트를 타고 나가 망그로브 숲도 구경할 수 있다.

일본인 듯 일본 아닌

그뿐이 아니다. 류큐 문화는 일본인 듯 일본 아닌 제3의 독특한 향기를 섬 가득 풀어놓는다. 일본인 듯 동남 아시아 같고, 어떤 때는 중국의 그림자도 보인다. 세계문화유산인 슈리성의 옛 유적지와 중부와 북부의 성 터, 몇몇 민속촌에서 류큐 문화를 체험할 수 있다. 2차세계대전 이후에는 미국의 영향을 많이 받았다. 특히 아메리칸 빌리지는 미국의 어느 도시를 그대로 옮겨 놓은 것 같다. 미나토가와 외국인 주택단지에서도 미국 의 흔적을 느낄 수 있다. 마지막으로 음식을 빼고 오키나와를 얘기할 수 없다. 소바는 오키나와를 대표하는 음식이다. 일본 소바는 보통 메밀로 만드는데, 오키나와는 독특하게 밀가루로 만든다. 일찍부터 무역이 발달 했기 때문에 밀을 사용할 수 있었다. 날씨 탓에 숙성을 시키지 못해 면발이 툭툭 끊어지는 게 특징이다. 라멘 과 스시도 잊지 말자. 전통음식으로는 삼겹살 조림 라후테, 바다의 포도로 불리는 우미부도, 야채·두부·돼지 고기를 볶은 찬푸르, 전통 소주 아와모리, 빙수 단팥죽 젠자이, 거품이 부풀어 오르는 차 부쿠부쿠 등이 있다.

슬픔 없는 땅이 어디 있으랴

120년 전만 해도, 오키나와는 일본이 아니었다. 독립된 역사와 문화를 창조하고, 그들만의 언어를 사용하던 '류큐 왕국'이었다. 시기가 다르지만 류큐에도 우리의 삼국시대와 비슷한 삼산시대가 있었다. 1429년, 쇼하 시尚巴志가 삼국을 통일하면서 류큐 왕국을 세웠다. 무역으로 교류하며 한국, 중국, 일본 그리고 동남아시아 사 이에서 독자적인 문화를 꽃 피웠다. 특히 중국, 고려, 조선을 문명국으로 섬기며 19세기까지 긴밀하게 교류했 다. 우리는 류큐 왕국을 유구국으로 불렀다. 중국과 일본 막부 사이에서 줄타기를 하며 명맥을 유지하던 류큐 왕국은 1897년 일본으로 강제 편입되고 말았다. 이때부터 류큐어가 금지가 되고, 창씨개명도 이루어졌다. 일 본은 우리에게 쌀을 수탈했듯이 오키나와에선 사탕수수를 수탈해 큰 고통을 주었다.

태평양전쟁의 아픔도 겪었다

류큐의 아픔은 아직 끝나지 않았다. 일본은 태평양전쟁에서 패색이 짙어지자 본토를 방어하기 위해 규슈와 오키나와, 대만을 잇는 방어선을 구축했다. 특히 오키나와를 본토를 지키는 마지막 보루로 삼았다. 1945년 4월 1일 미군이 오키나와에 상륙했다. 평화로웠던 작은 섬에 전쟁의 서막이 열린 것이다. 이날을 기점으로 83일 동안 일본과 미국의 전면전이 시작되었다. 83일 동안 오키나와 주민 21만 명이 사망했다. 당시 섬 전체 인구는 46만 명이었다. 일본이 폐망한 뒤 1972년까지 오키나와는 미국령이었다. 이때부터 오키나와는 미국의 군사기지가 되었다. 일본 영토의 0.6%에 불과하지만 주일 미군의 70% 이상이 오키나와에 있다. 스테이크, 햄버거, 스팸 같은 미국의 음식 문화가 이때 들어왔다. 오키나와 사람들은 지금도 미군기지 앞에서 평화를 위해 싸우고 있다. 하지만 그 길은 멀고 험해 보인다. 일본인 듯 일본이 아닌 오키나와. 전쟁의 절망적인 아픔을 겪었기에, 평화를 향한 그들의 염원이 더 절실하게 다가온다. 오키나와 관광청 https://www.visitokinawa.jp/

슈리성에서 나온 고려 기와가 말해주는 것은?

한국과 오키나와의 교류사

한국과 오키나와의 교류 역사는 800년 전으로 올라간다. 아직 논란이 있지만 첫 인연은 삼별초였던 것으로 보인다. 진도 용장성 삼별초 유적지에서 나온 기와와 똑같은 기와가 슈리성과 나하 북쪽 우라소에 성터, 왕릉지에서 쏟아져 나왔기 때문이다. 우리와 오키나와 학계에서는 1270년대 원나라와 고려 관군에 패퇴한 삼별초가 진도와 제주도에서 오키나와로 망명한 것으로 보고 있다.

기록에 나오는 첫 교류는 1389년이다. <고려사>에 따르면 유구국 중산왕(1429년 통일 이전 류큐는 남산, 중산, 북산 등 삼산국이 공존하고 있었다.) 찰도가 사신을 파견해 조공을 바쳤다. 1394년에는 삼국의 다툼으로 남산왕이 망명을 하기까지 했다. 19세기까지 유구국은 조선에 수십 차례 사절을 파견해 진귀한 물건을 바치고 풍랑에 표류한 사람들을 구해 돌려보냈다. 임진왜란 때도 유구국은 조선을 도왔다. 일본 막부가 조선 침략을 위해 군량미와 군사를 요청했지만 거절했다. 오히려 유구는 자신을 책봉해준 명나라에 침략 정보를 흘리기까지 했다. 일설에 의하면 조선에서 도자 기술을 받아들여 독자적인 도자 문화를 발전시키고, <홍길동전>의 홍길동이 찾아 나선 '율도국'이 본섬에서 남서쪽으로 400km 떨어진 야에야마 제도의 요나구니与那国라는 이야기도 있으나 아직 확인된 바는 없다.

일정별 베스트 추천 코스 6

*인천공항 오전 출발 후 나하공항 12시 도착 기준 *비행기 도착 시간, 교통 상황에 따라 코스 변경 가능

① 2박 3일 코스
렌터카 타고 핵심 명소 압축

숙소 1일차 중부, 2일차 나하
교통편 1~2일차 렌터카, 3일차 모노레일

1일차　한국→나하공항→중부

12:00	나하공항 도착
12:30	렌터카 인수 후 58번국도 따라 중부로 출발
13:00	미나토가와 스테이트 사이드 타운 도착
14:00	도리소바야 이시구호 또는 테이안다에서 점심
15:00	아메리칸 빌리지 산책
17:00	잔파 곶에서 인생 샷 남기기
18:00	잔바 비치에서 석양 즐기기(동절기 30분~1시간 일찍 도착)
18:30	중부 숙소 체크인

2일차　중부→북부→나하

08:30	숙소 체크아웃 후 북부로 출발
10:00	만좌모 산책 후 인생 샷 남기기
12:00	모토부 항 키시모토 식당에서 점심
15:00	추라우미 수족관 관람과 비세 후쿠기 가로수길 산책
16:00	고우리 대교 환상 드라이브
18:30	나하 숙소 체크인
21:00	국제거리 포장마차마을 이자카야에서 식사 및 가볍게 술 한 잔

3일차　나하→남부→공항

11:00	조식 후 세나가 섬 우미카지 테라스에서 쇼핑
11:30	렌터카 반납 후 공항 도착
13:30	비행기 타고 한국으로

1일차   공항→나하→중부→나하

12:00   나하공항 도착

12:40   모노레일 타고 나하 도착 후 숙소 체크인

13:00   나하 버스터미널에서 미나토가와 스테이드 사이드 타운으로 출발

(28·29·120번 버스, 터미널 A구역 11~14 승차장, 배차 간격 30분 이내, 소요 시간 30분)

15:00   미나토가와에서 점심 및 산책

15:30   아메리칸 빌리지로 출발(28·29·120번 버스, 30분 소요)

18:00   아메리칸 빌리지 쇼핑 후 센셋 비치에서 석양 감상

18:30   나하로 출발(28·29·120번 버스, 30분 소요)

2일차   나하→북부→나하

08:50   국제거리 류보백화점 앞에서 얀바루 급행버스 타고 추라우미 수족관으로 출발

(해양박공원의 기넨코엔마에 정류장 하차, 2시간 10분 소요)

15:00   추라우미 수족관과 해양박공원 오키짱 극장 돌고래 쇼 관람 후 비세마을로 이동

16:30   비세 후쿠기 가로수길 산책 또는 에메랄드 비치와 비세 곶 자전거 하이킹

17:22   얀바루 급행버스 타고 나하로 출발(2시간 20분 소요)

19:40   국제거리 도착

3일차   나하→남부→나하

08:30   나하 버스터미널에서 38번 승차 후 세이화 우타기로 출발(터미널 동남쪽 오하코르테 베이커리 앞 정류장에서 승차, 구글 좌표 Ohacorte Bakery, 1시간 소요)

11:00   세이화 우타키 관광 또는 아자마산산 비치 산책

12:30   38번 버스 타고 나하 도착

14:30   즈보야 야치문 도자기 거리와 우키시마 거리 산책

15:00   모노레일 타고 슈리성으로 이동

18:00   슈리성 관람과 긴조초 돌다다미 길 산책

19:00   류큐사보 아시비우나에서 저녁 식사

20:30   모노레일 타고 국제거리로 이동 후 쇼핑

4일차   나하→공항

11:00   조식 후 뉴파라다이스 거리 산책

11:30   숙소 체크아웃 후 모노레일 타고 공항 도착

③ 3박 4일 코스
렌터카 타고 쉼표가 있는 여행하기

숙소 1일차 나하, 2일차 북부, 3일차 중부
교통편 렌터카

1일차　공항→남부→나하

12:00	나하공항 도착
13:00	렌터카 인수 후 남부로 출발
14:00	세나가 섬 우미카지 테라스 산책 후 점심
15:00	카페 하마베노차야 또는 후주에서 커피 한 잔
16:30	세이화 우타키 관람 및 니라이 카나이 다리 환상 드라이브
19:00	나하로 이동 후 숙소 체크인

2일차　나하→중부→북부

09:00	숙소 체크아웃 후 중부 동해안 해중도로로 출발(1시간 30분 소요)
13:00	해중도로 환상 드라이브 후 오도마리 비치 산책
14:30	파야오 직매점에서 점심 식사 후 카츠렌 성터 산책
15:30	오키나와 자동차 도로 따라 중부 서해안 만좌모 도착
16:00	만좌모에서 인생 샷 남기기
18:00	부세나 해중공원에서 석양 즐기기(구글좌표 Busena Marine Park)
19:00	북부 숙소 체크인

3일차　북부→중부

10:00	비세 후쿠기 가로수길 자전거 여행
12:00	추라우미 수족관과 해양박물원 오키짱 극장 돌고래 쇼 관람(11:00)
14:30	고우리 대교 환상 드라이브 후 고우리 오션 타워와 하트록 관광
15:30	카페 코리야에서 여유롭게 커피 한 잔 후 아메리칸 빌리지로 출발
17:30	아메리칸 빌리지에서 쇼핑 후 선셋 비치에서 석양 감상
21:00	아메리칸 빌리지에서 저녁 식사

4일차　중부→공항

09:00	조식 후 미나토가와 스테이트 사이드 타운으로 출발
11:00	미나토가와 스테이트 사이드 타운 산책 후 렌터카 반납
13:30	비행기 타고 한국으로

④ 3박 4일 코스
아이와 함께 떠나는 행복한 가족 여행

숙소 1일차 중부, 2일차 북부, 3일차 나하
교통편 렌터카

1일차　공항→중부

12:00　나하공항 도착
13:00　렌트카 인수 후 중부로 출발
15:00　미나토가와 스테이트 사이드 타운에서 늦은 점심 후 단지 산책
17:00　아메리칸 빌리지에서 관람차 탑승 및 쇼핑
19:00　선셋비치 석양 감상 후 아메리칸 빌리지에서 저녁 식사

2일차　중부→북부

11:00　조식 후 리조트의 해양 프로그램 즐기기(동절기엔 류큐무라에서 류큐 문화 체험하기)
12:30　만좌모와 부세나 해중공원(구글좌표 Busena Marine Park)에서 인생 샷 남기기
14:00　카진호우 피자에서 점심 식사
16:30　추라우미 수족관 관람 후 해양박공원 오키짱 극장에서 돌고래 쇼(16:00) 관람
17:30　비세 후쿠기 가로수길 자전거 하이킹
19:00　북부 숙소로 이동

3일차　북부→나하

09:00　조식 후 고우리 섬으로 출발
10:30　고우리 대교 환상 드라이브 후 고우리 오션 타워 관람
12:30　렌터카 반납 후 나하 숙소 체크인
14:00　점심식사 후 모노레일 타고 슈리성으로 이동
16:00　슈리성 관람과 긴조초 돌다다미 길 산책
18:00　모노레일 타고 국제거리로 이동 후 쇼핑
21:00　나하의 마지막 밤 즐기기

4일차　나하→공항

11:00　조식 후 우키시마 거리와 즈보야 야치문 도자기 거리 산책
11:30　숙소 체크아웃 후 모노레일 타고 공항 도착
13:30　비행기 타고 한국으로

⑤ 3박 4일 코스
바다와 해변을 즐기는 액티비티 여행

숙소 1일차 중부, 2일차 북부, 3일차 나하
교통편 렌터카

1일차 공항→중부

12:00	나하공항 도착
13:00	렌터카 인수 후 중부로 출발
15:00	미나토가와 스테이트 사이드 타운 산책
17:00	아메리칸 빌리지 여행
19:00	저녁 식사 후 마에다 곶 숙소로 이동
21:00	숙소 근처에서 가볍게 한 잔

2일차 중부→북부

12:00	조식 후 잔파 곶과 잔파 비치 여행
15:00	중식 후 푸른 동굴에서 해양 스포츠 즐기기
17:00	만좌모와 부세나 해중공원
	(구글좌표 Busena Marine Park)에서 인생 샷 남기기
19:00	북부로 이동 후 저녁 식사
19:30	북부 숙소로 도착

3일차 북부→나하

11:00	추라우미 수족관 관람
12:30	비세 후쿠기 가로수길 자전거 하이킹 후 고우리 섬으로 출발
13:30	고우리 대교 환상 드라이브
15:30	나하 숙소 체크인 후 모노레일 타고 슈리성으로 이동
18:00	슈리성 관람과 긴조초 돌다다미 길 산책
20:00	모노레일 타고 국제거리로 이동 후 쇼핑

4일차 나하→남부→공항

11:00	조식 후 세나가 섬 우미카지 테라스에서 쇼핑
11:30	렌터카 반납 후 공항 도착
13:30	비행기 타고 한국으로

6 4박 5일 코스
본섬과 케라마 제도 깊이 여행하기

숙소 1일차 북부, 2일차 나하, 3일차 케라마제도, 4일차 나하
교통편 1~2일차 렌터카, 3~4일차 페리와 모노레일, 5일차 모노레일

1일차 공항→중부→북부

12:00	나하공항 도착
13:00	렌트카 인수 후 중부로 출발
15:00	미나토가와 스테이트 사이드 타운에서 늦은 점심 후 타운 산책
17:00	만좌모와 부세나 해중공원에서 인생 샷 남기기
19:00	북부로 이동 후 저녁 식사
19:30	북부 숙소 도착

2일차 북부→나하

11:00	추라우미 수족관 관람
12:30	비세 후쿠기 가로수 길 자전거 하이킹 후 고우리 섬으로 출발
13:30	고우리 대교 환상 드라이브
16:00	렌터카 반납 후 나하 숙소 체크인
18:00	국제거리, 우키시마 거리, 즈보야 야치문 도자기 거리 산책
22:00	사카에마치 시장의 이자카야에서 저녁 식사 겸 가볍게 한 잔

3일차 나하→토마린 항-자마미 섬

10:00	나하 토마린 항에서 자마미 행 페리 승선(고속선은 09시 출발, 1시간 전 도착)
12:00	자마미 어협에서 도시락 구매 후 카미노하마 전망대로 출발(도보 40분, 바이크 15분)
13:30	카미노하마 전망대에서 메제노자키 전망대로 이동(도보 7분)
15:00	자마미 항으로 귀환 후루자마미 비치로 이동(셔틀버스 10분, 도보 20분)
17:00	케라마 블루 감상 및 스노클링
18:00	숙소 체크인

4일차	자마미 섬→토마린 항→국제거리
10:00	조식 후 아마 비치로 이동(도보 20분, 바이크 7분)
12:00	해변 산책 및 유유자적 스노클링
14:00	자마미 어협에서 도시락 구매 후 토마린 항 페리 승선
16:00	토마린 항 도착
16:30	모노레일 타고 슈리성으로 이동
18:00	슈리성 관람과 긴조초 돌다다미 길 산책
20:00	모노레일 타고 국제거리로 이동 후 저녁 식사 및 쇼핑
22:00	국제거리 포장마차마을에서 나하의 마지막 밤 즐기기

5일차	국제거리→공항
11:00	조식 후 우키시마 거리와 즈보야 야치문 도자기 거리 산책
11:30	숙소 체크아웃 후 모노레일 타고 공항 도착
13:30	비행기 타고 한국으로

▌Travel Tip

부속 섬을 제대로 경험하고 싶다면

본섬과 케라마 제도, 미야코 섬까지 여행하려면 최소 5박 6일 일정을 잡아야 한다. 여기에 일본의 최서남단 야에야마 제도까지 포함하면 7박 8일이 적당하다. 부속 섬만 여행할 경우 4박 5일이 적당하다. 이미 오키나와를 여행한 경험이 있다면, 아예 본섬을 포기하고 4박 5일 일정으로 부속 섬만 여행하기를 권한다. 평생 잊지 못할 '인생 여행'이 될 것이다.

꼼꼼하게 챙겨야
여행이 즐겁다
당신의 여행을 빛내줄 핵심 정보 10가지

① 오키나와 가는 방법

② 나하 시내로 가는 방법

③ 입국 수속 하기

④ 렌터카 여행, 그래! 달리는 거야

⑤ 이 도로만 알면 당신도 베스트 드라이버

⑥ 맛집보다 더 맛있다, 미치노에키

⑦ 버스 여행, 뚜벅이도 걱정 없다

⑧ 날씨를 알면 여행이 즐겁다

⑨ 무선 인터넷 이용법, 어느 것이 좋을까?

⑩ 번역 앱을 제대로 활용하자

오키나와 관광청 한국사무소 http://kr.visitokinawa.jp

웹에 접속하면 오키나와 여행 정보를 얻을 수 있다. 한국어 선택이 가능하다.

*한글 여행지도와 카탈로그는 나하공항 국제선터미널 관광안내소에서도 받을 수 있다.

❶ 오키나와 가는 방법

❶ 인천공항에서

대한항공, 아시아나, 제주에어, 진에어, 이스타, 티웨이, 일본의 저비용 항공사 피치항공에서 오키나와 나하공항으로 매일 운항한다. 비행시간은 2시간 15분이다.

▌꼭 기억하세요! 대한항공은 제2여객터미널에서

2018년 1월 인천공항 제2여객터미널이 새롭게 오픈했다. 2018년 1월 18일부터 대한항공, 에어프랑스, 델타, KLM의 모든 비행기는 제2터미널에서 출발한다. 오키나와 행 비행기도 마찬가지. 그 외 모든 비행기는 기존 여객터미널, 즉 제1여객터미널에서 출발한다. 두 터미널 사이 거리가 멀어 잘못 도착하면 공항철도 또는 자동차로 다시 이동하는 수고를 해야 하므로 꼭 기억해두자!

❷ 김해공항에서

아시아나가 월·화·수·목·토·일 주 6회, 진에어가 수·금·일 주 3회, 제주에어가 화·목·토 주 3회 운항한다. 비행시간은 2시간이다.

❸ 대구공항에서

티웨이항공에서 월·수·금 주 3회 운항한다. 비행시간은 1시간 55분이다.

▌항공사별 수하물 무게 규정

대한항공과 아시아나항공의 수하물 무료 기준은 23kg까지이다. 저비용 항공사의 수하물 무게 제한은 15kg이다. 초과하는 경우 추가 요금을 받지만 1~2kg 정도 오버되는 경우엔 넘어가 주기도 한다. 모든 항공사의 기내 반입 물건 제한 규정은 보통 7kg 이내이다.

② 나하 시내로 가는 방법

모노레일 **가장 빠르고 편리하다**

공항에서 나하의 슈리역 사이에 모노레일유이레일, 14개 역이 연결되어 있다. 국제거리 등 나하의 명소를 대부분 지나기 때문에 나하 여행은 모노레일만으로도 충분하다. 1회권 외에 1일권, 2일권도 있어서 나하 여행자에게는 최고 교통수단이다.

모노레일 홈페이지 www.yui-rail.co.jp

❶ 탑승은 국내선 청사 2층에서 모노레일은 국내선 청사 2층에서 타면 된다. 국제선 2층과 국내선 2층이 건물 밖으로 연결되어 있다. 이동 시간은 8분 이내이다. 공항에서 국제거리의 시작점인 겐초마에역県庁前駅까지 12분6번째 역, 슈리역까지는 27분14번째 역이 걸린다.

❷ 티켓 구입 방법 모노레일 역에 우리의 지하철과 비슷한 무인 티켓 박스가 있다. 한국어 안내도 있어 이용하기 쉽다. 먼저 판매기 화면 상단에서 언어 버튼을 누른 뒤 한국어를 선택한다 → 승차권을 누른다 → 화면에 구간별 요금이 나오면 목적지 요금을 클릭한다 → 하단에 요금 투입구

에 동전 또는 지폐로 해당 요금을 넣는다 → 영수증Receipt 버튼은 필요하면 누른다 → 하단 출구에서 QR 코드가 인쇄된 티켓이 먼저 나오고 영수증 버튼을 누른 경우 이어서 영수증영수증이 티켓보다 훨씬 크다이 나온다 → 지폐로 샀을 경우, 잊지 말고 거스름돈을 챙긴다 → 이제 티켓을 들고 개찰구로 가면 된다 → 개찰구 QR 코드 리더기에 티켓의 QR 코드를 갖다대면 삑 소리가 난다 → 삑 소리 후 통과하면 된다.

1일권, 2일권도 같은 방법으로 구입하면 된다. 1일권은 구매 시점부터 24시간, 2일권은 구매 시점부터 48시간 이용할 수 있다.

❸ 운행 시간과 요금 운행시간은 06:00~23:30이다. 운행 간격은 6~10분, 요금은 구간에 따라 150~330엔어린이 122~170엔이다. 1일권은 800엔어린이 400엔, 2일권은 1,400엔어린이 700엔이다. 하루 3회 또는 그 이상 이용할 계획이면 1일권을 사는 게 유리하다.

택시와 버스 **꼭 필요한 경우에만**

국내선 터미널에서 택시와 버스를 탈 수 있다. 하지만 비용과 시간 면에서 모노레일보다 못하다. 꼭 필요한 경우에만 이용하자.

③ 입국 수속 하기

비행기 안에서 승무원이 '입국신고서'와 '세관신고서'를
나누어 준다. 모든 사항은 영문 대문자 정자로 적어야
한다. 여권에 찍힌 영문 스펠링과 띄어쓰기가 틀리지
않도록 유의하자. 한자로 이름을 적는 칸도 있으나 해
당 사항이 없으면 영어로 적는다. 돌아오는 비행기 편
명과 숙소 주소도 남겨야 한다. 숙소 바우처호텔 알파벳 이
름, 예약 내역와 돌아오는 비행기 티켓 사본을 확인하는 경

우가 있으니 미리 챙겨두자. 심사 시에는 정면 얼굴 사진을 찍고 지문 등록을 한다. 여권 커버는 모두 벗겨야
하며, 모자 및 선글라스 착용도 금지다. 입국신고서의 반쪽은 여권에 다시 넣어준다. 돌아갈 때 제출해야하므
로 여권 안에 잘 보관하자. 입국 심사대를 지나면 바로 짐을 찾을 수 있다. 이후 세관 검사대에 세관신고서를
제출하고 짐 검사를 받은 뒤 게이트 밖으로 나가면 된다.

④ 렌터카 여행, 그래! 달리는 거야

렌터카 여행 상세 안내

나하 시내는 모노레일을 이용하면 된다. 하지만 유명 여행지로 가려면 렌터카와 버스 중에서 선택해야 한
다. 내 맘대로 여행을 하고 싶다면 렌터카가 으뜸이다. 3~4명이 여행하면 버스보다 비용을 아낄 수 있다. 가
격은 차량 크기에 따라, 그리고 성수기와 비수기에 따라 달라진다. 24시간 기준 경차는 4~5천엔, 소형차는 7
천엔, 중형차는 1만엔 안팎이다. 기름 값은 우리보다 저렴하다. 하이브리드 차량을 이용하면 비용을 더 아낄
수 있다. 렌터카 업체는 공항과 나하 시내에 몰려 있다. 대부분 셔틀 픽업 서비스를 받을 수 있다. 한국인 직
원이 있고 한국어 내비게이션을 제공하는 업체도 있다. 예약은 인터넷으로 하면 된다. 예약확인증, 여권, 국
제면허증을 꼭 지참하자.

쿠루쿠루 렌터카 www.kurukurubus.com
OTS 렌터카 https://www.otsinternational.jp/otsrentacar/ko
ABC 렌터카 www.rentalcars.com/ko/country/jp/abc-rent-a-car/

보험 들기 자차 보험은 반드시

자차 보험 NOCNone Operation Charge를 드는 것이 중요하다. NOC는 사고시 수리 때문에 영업을 할 수 없는 기간 만큼 손실액을 보상해주는 보험이다. 자차 보험을 들지 않았다가 사고가 발생할 경우 상당한 액수를 지불해 야 한다. 하루 보험료는 500~1,000엔이다.

내비게이션 작동법 맵코드만 입력하면 끝~!

구조가 우리와 비슷하고 렌트할 때 직원이 설명해주므로 작동법은 어렵지 않다. 맵코드를 입력하는 게 제일 편하다. 언어는 일어, 영어가 일반적이나 한국어를 제공하는 내비게이션도 많다. <설렘 두배 오키나와>는 모 든 장소에 맵코드와 전화번호를 표기하였다. 초기 화면에서 맵코드를 선택하여 번호를 누르면 된다. 렌터카 회사에서 제공하는 지도에도 맵코드가 나오지만 맛집과 카페는 없는 경우가 많다. 이럴 땐 화면에서 전화번 호를 선택하여 가이드북에 나오는 번호를 누르면 된다. 주소로 찾을 수도 있다. 일본어 가능자는 주소를 입 력하자. 가장 정확하다.

우리와 다른 차량과 차선 구조 우측 핸들, 한 시간이면 충분하다

일본은 차량과 차선 구조가 정반대다. 왼쪽 차선으로 달려야 하며, 깜빡이와 와이퍼는 왼손으로 조작한다. 기어는 오른 손으로 조작한다. 모든 것이 반대지만 너무 걱정하지 말자. 1시간만 천천히 운전해 보면 전혀 어렵지 않다.

와카바 마크를 부착하자 외국인 운전자 표시

일본에는 초보자와 외국인 운전자를 표시하는 와카바 마크가 있다. 렌터카 인수할 때 요청하 자. 이 마크를 붙이면 사소한 실수는 모두 이해해 준다. 배려 받으며 운전하기 좋으니 꼭 챙기자.

도로 주행 **우회전도 신호를 받고 간다**

다음 세 가지만 숙지하자. 좌측 차선으로 주행할 것, 빨간 불이면 무조건 정차할 것, 좌회전뿐만 아니라 우회전도 신호를 받고 진행할 것! 특히 우회전 때 신경 쓰자. 꼭 신호를 받고 가야 하는데 도심을 빼고는 우회전 표시가 따로 없거나 있어도 상당히 짧다. 우회전 신호가 없을 때는 파란불일 때 비보호 우회전을 하면 된다. 다만! 반대편 직진 차량이 우선이다. 직진 차량이 다 지나간 뒤 우회전하면 된다.

ETC 진입 금지 **일본판 하이패스 전용 통로이다**

고속화 도로오키나와 자동차도로의 톨게이트 진입시 ETC라고 적힌 곳으로 진입하면 안 된다. 우리의 하이패스 전용 출구와 같은 곳이다. 만약 진입했다면 톨게이트에서 정차 후 요금표를 뽑자. 이미 지나가 버렸다면 톨게이트 나갈 때 지불하면 된다. 쓰미마셍을 외치면서.

기름 넣기 **셀프 주유소도 직원이 상주한다**

직원이 넣어주는 곳과 셀프 서비스가 있다. 셀프 서비스에도 직원이 상주하기 때문에 친절하게 설명해준다.

사고 대처 요령 **경미한 사고도 경찰에 신고해야**

한국과 사고 대처 방법이 다르다. 아주 경미한 사고라도 경찰에 바로 신고해야 한다. 신고하지 않으면 보험 적용이 안 된다. 차에 손상되거나 사람이 다쳐도 곧 신고 해야 한다. 일본어가 서툴다면 렌터카 업체 혹은 오키나와 관광청에서 운영하는 다국어 정보 발신 콜0570 077 203을 이용하자. 렌터카 계약시 주의 깊게 숙지하자. 경찰 신고는 110번.

렌터카 반납 **기름을 가득 채우자**

기름을 가득 채우고 반납해야 한다. 주요소에서 '만땅'만땅 오네가이시마스이라고 말하면 기름을 채워준다.

▌나하에선 출퇴근 시간을 피하자

나하는 정말 차가 많이 막힌다. 출퇴근 시간인 07:00~09:00, 17:30~19:30에는 나하와 그 주변의 간선 도로에 버스 전용차로가 생긴다. 도로 안쪽에 파란 경계선이 있다. 출퇴근 시간은 가능하면 피하자. 피할 수 없다면 나하, 기노완, 우라소에 지역을 지나게 되면 바깥 차로를 이용하자.

58번국도 환호성을 지르며 그냥 달리면 된다

58번국도는 오키나와 서쪽을 남북으로 관통한다. 오키나와의 간선 도로이자 중북부에서 가장 유명한 드라이브 코스이다. 나항공항에서 출발해 아메리칸 빌리지, 푸른 동굴, 만좌모, 나고, 오쿠마 비치를 지나 최북단 헤도 곶까지 이어진다. 중북부 서해안의 유명 명소와 해변을 지나서 여행자에겐 '황금루트'로 불린다. 일본 대중가요에 등장할 정도로 유명하다. 오키나와 출신 유명한 가수 베긴begin이 '국도 58호선'란 노래를 불러 크게 히트를 쳤다. 이 도로의 하이라이트는 온나손에서 나고까지 이어지는 20km 구간이다. 도로는 이국적인 야자수와 환상적인 바다를 보여주며 북으로 달린다. 와우! 당신은 환호성을 지르며 그냥 달리면 된다.

▌**58번국도 진입하는 방법** 렌터카 대리점은 공항과 가까운 모노레일 오로쿠역 주변에 있다. 오로쿠역에서 58번국도 진입하려면 331번국도를 타고 북쪽으로 가면 된다. 초행길이라 어렵다면 내비게이션을 이용하면 된다. 내비게이션에 아메리칸 빌리지의 맵코드33 526 451*20를 입력하자. 이윽고 루트 옵션이 나오는데 가장 빠른 노선은 대부분 유료 노선이다. 유료 노선을 제외하고 나면 58번국도로 안내해준다. 58번국도의 유일한 단점은 출퇴근 시간에 많이 막힌다는 것이다. 나하 지역은 특히 심각하다. 07:00~09:00, 17:30~19:00은 피하는 것이 좋다.

오키나와 자동차도로 중북부로 가는 가장 빠른 길

58번국도가 환상 풍경을 보여준다면 오키나와 자동차도로는 시간을 아껴주는 고마운 고속도로이다. 나하에서 나고 남쪽 교다 IC까지 이어진다. 길이는 57km이다. 나하에서 중부까지 가장 빠르게 종단할 수 있는 도로라 시간을 아껴 써야 하는 여행자에겐 보물 같은 도로이다. 추라우미 수족관이 있는 북부로 이동할 때 애용한다. 하행할 때는 58번국도를 타고 내려오며 만좌모, 푸른 동굴, 잔파 곶, 아멜리칸 빌리지 등을 여행하자. 반대로, 58번국도를 타고 올라갔다가 오키나와 자동차도로를 타고 내려와도 좋다.

58번국도

오키나와 자동차도로

모토부
반도

얀바루

58

나고

온나손

요미탄

우루마

차탄

나하

도미구스쿠

난조

이토만

오키나와 지인들에게 맛집 추천을 부탁하면 빠지지 않는 곳이 '미치노에키'였다. 우리의 휴게소 같은 곳이다. 우리나라엔 고속도로에 많지만 오키나와엔 국도에 주로 있다. 휴게소 어디를 가도 만족스럽다. 일본 여행객들은 일부러 미치노에키를 찾아다니는 경우도 있다. 중부의 온나노에키, 북부의 미치노에키 쿄다, 얀바루에 있는 미치노에키 유이유이가 유명하다.

온나노에키는 류큐무라와 만좌모 사이 58번국도에 있다. 인기가 좋은 상점은 과일빙수 가게 류핑이다. 트로피칼 푸르츠 빙수가 인기가 좋다. 망고와 각종 과일이 가득 나오는 빙수로 아주 달콤하다. 튀김, 주먹밥, 소바 등 다양한 요리 가게도 있다.

미치노에키 쿄다道の駅 許田는 오키나와 자동차도로 끝나고 나고로 가는 길에 있다. 이곳이 유명한 이유는 추라우미 수족관 할인권 1,600엔을 구매할 수 있어서다. 오뎅 가게 호카마 카마보코 外間かまぼこ가 대표하는 맛집이다. 우엉 튀김, 오뎅에 밥을 넣고 만든 라이스 볼, 새우 튀김 등 메뉴가 다양하다. 오츠바 젤라토도 유명하다. **미치노에키 유이유이**道の駅ゆいゆい国頭는 가장 북쪽에 있는 휴게소이다. 북쪽엔 식당이 드물어 여행객들이 꼭 들르는 곳이다. 고야와 같은 신선한 얀바루 특산물도 판매한다. 이외에 중부 동해안 미야기 섬과 이케이 섬으로 가는 해중도로 중간에 있는 미치노에키도 유명하다. **우루마 바다 문화 자료관**うるま市海の文化資料館, Sea Culture Museum 1층에 있다. 이케이 섬으로 가는 여행객들이 음식과 스낵을 구입한다. 건물 전망대에 오르면 해중도로가 한눈에 들어온다.

온나노에키 おんなの駅 맵코드 206 035 769*82 구글좌표 Onna Eki Market 찾아가기 ❶ 마에다 곶과 류큐무라에서 북동쪽으로 렌터카로 7~10분 ❷ 만좌모에서 58번국도 경유하여 남서쪽으로 렌터카로 26분11.2km ❸ 추라우미 수족관에서 449번국도와 오키나와자동차도로沖縄自動車道 경유하여 1시간 10분 주소 沖縄県国頭郡恩納村仲泊 1656-9 전화 098 964 1188 영업시간 10:00~19:00(마지막 주문 16:30) 휴일 1월 1일~2일 홈페이지 http://onnanoeki.com

미치노에키 쿄다 道の駅許田 맵코드 0980 54 0880 구글좌표 쿄다 휴게소 찾아가기 ❶ 만좌모에서 북쪽으로 58번국도 따라 렌터카로 32분22km ❷ 나고의 오리온 맥주 해피 파크에서 남쪽으로 렌터카로 9분5km 주소 沖縄県名護市許田17-1 전화 0980 54 0880 영업시간 08:30~19:00 홈페이지 http://yanbaru-b.co.jp

미치노에키 유이유이 道の駅ゆいゆい国頭 맵코드 098 041 5555 구글좌표 Yuiyui kunigami Rest Area 찾아가기 ❶ 나고 시에서 북쪽으로 렌터카로 40분 ❷ 헤도 곶에서 남쪽으로 25분 주소 沖縄県国頭郡国頭村字奥間 1605 전화 098 041 5555 영업시간 식당 11:00~16:30 홈페이지 yuiyui-k.jp

우루마 바다 문화 자료관 うるま市海の文化資料館 맵코드 098 978 8831 구글좌표 Sea Culture Museum 찾아가기 카츠렌 성터에서 동쪽으로 렌터카로 10분(6km) 주소 沖縄県うるま市与那城屋平4 전화 098 978 8831 영업시간 09:00-18:00

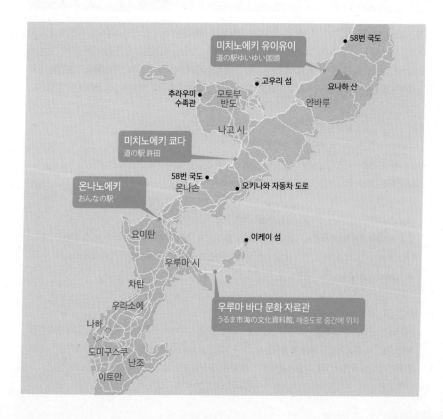

렌터카만큼 편리하진 않지만 버스편이 제법 갖추어져 있다. 특히 중부와 북부 서해안의 비치, 리조트 호텔, 아메리칸 빌리지, 만좌모, 추라우미 수족관을 비롯한 주요 명소로 가는 버스편이 좋은 편이다. 리무진, 얀바루급행버스, 고속버스, 노선버스 등을 이용할 수 있다. 버스는 공항, 나하와 나고 버스터미널에서 출발한다. 주요 여행지를 반나절 또는 하루 동안 돌아보는 정기관광버스도 있다. 뚜벅이 여행자라면 관심을 가질만하다.

▌ 버스 여행자에게 필요한 필수 정보 3가지

❶ 버스 맵 오키나와-노선버스 안내 사이트

노선버스 안내 사이트이다. 나하, 공항, 중부, 북부, 남부는 물론 부속 섬의 버스 노선, 경유지, 정류장까지 일본어와 영어로 안내해준다. www.kotsu-okinawa.org

❷ 버스나비 오키나와-한글로 버스 노선을 검색하자

한글 검색이 가능한 버스 노선 검색 사이트이다. 출발지와 목적지를 입력하면 버스 번호, 시간표, 승차 장소, 환승 유무, 환승 방법, 운임, 소요 시간 등을 알려준다. 일본과 영어 입력도 가능하다. www.busna-vi-okinawa.com/map

❸ 오키나와 버스 패스-뚜벅이에게 추천해요!

본섬의 노선버스를 무제한 승차할 수 있는 패스이다. 시내, 시외버스 모두 이용 가능하다. 500엔을 추가하면, 기간 내 모노레일도 무제한 승차할 수 있다. 1일권 2,500엔, 3일권 5,000엔이다. 티켓은 나하공항 관광안내소에서 판매한다. 여권과 비행기 티켓 확인 후 구매 가능.

※고속버스 111번, 117번, 리무진 버스, 정기관광버스는 이용할 수 없다.

얀바루 급행버스 **추라우미 수족관 쉽게 가기**

승차는 나하공항, 국제거리, 토마린 항에서

나하공항 국내선 터미널에서 국제거리 류보백화점, 토마린 항泊高橋, 나고 시, 북부의 호텔, 추라우미 수족관記念公園前, 나키진 성터를 거쳐 이제나 섬伊是名島 페리가 출발하는 운텐코運天港까지 하루 9회 왕복한다.

http://yanbaru-expressbus.com

탑승과 하차 방법(요금은 후불제)

나하공항 국내선 2번 정류장, 국제거리 겐초키타구치 정류장県庁北口, 류보백화점 앞 토마린 항 등에서 탑승할 수 있다. 정류장마다 흰색 아치형 표지판이 있다. 탑승 시 버스 내 자동 발권기에서 티켓정리권을 뽑은 후 빈 좌석에 앉는다. 티켓에 적힌 숫자는 탑승 정류장 번호이다. 하차할 때는 벨을 누르면 된다. 요금은 운전석 위 전광판에 표시된 목적지 요금대로 하차 시 지불한다. 요금은 220엔~2,000엔이다. 추라우미 수족관까지 약 2시간 10분 걸린다.

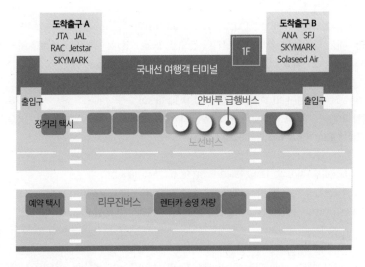

운행 시간(나하공항 출발 기준)

06:40, 08:37, 09:30(09:30만 사전 예약 가능), 10:30, 12:00, 14:30, 16:50, 18:40, 19:50

주요 경유지(모토부 항, 추라우미 수족관, 나키진 성터)

국제거리 류보백화점 → 토마린 항 → 합동청사앞合同庁舎前, 고도초사마에, 오키나와박물관 옆 → 나고시청 앞名護市役所前→모토부 항本部港, 모토부코 → 호텔 마하이나ホテルマハイナ → 기념공원앞記念公園前, 기넨코엔마에, 추라우미 수족관 → Centurion Hotel Resort → 호텔 오리온 모토부オリオンモトブ → 나키진 성터 입구今帰仁城跡入口 → 운텐코運天港

6개 노선이 리조트 호텔과 유명 여행지로

나하공항-나하 버스터미널-중북부 유명 호텔을 하루 1~7회 운행한다. 꼭 해당 숙소를 이용하지 않더라도 중북부 서해안의 비치와 유명 여행지에 접근하기 좋다. 버스는 A·B·C·D·E·DE 등 6개 노선이 있다. DE 지역 버스는 나하 버스터미널에서, 나머지는 나하공항 국내선 승차장에서 출발한다.

전화 098 869 3301 홈페이지 http://okinawabus.com/ko

티켓 판매소와 승차장(현금 탑승 불가)

국내선 터미널에 리무진버스 티켓 판매소가 있다. 표를 산 다음, 리무진 버스 정류장에서 버스를 탑승하면 된다. 안내원이 친절해 특별히 어려운 점은 없다. 현금 탑승은 할 수 없다. 승차권은 나하 버스터미널과 각 정차 호텔에서도 살 수 있다. 승차 요금은 거리에 따라 230~2,500엔11세까지는 120~1250엔이다.

리무진 버스 노선 안내

❶ A Area Bus(하루 6편/11:50, 12:00, 12:50, 13:20, 16:00, 17:30)
나하공항 국내선 정류장 → 나하 버스터미널10분 → 문 오션 기노완 호텔30분 → 라구나 가든 호텔37분 → 더 비치타워 오키나와56분 → 베셀 호텔 캄파나 오키나와59분 → 힐튼 오키나와 차탄66분

❷ B Area Bus(하루 6편/11:30, 12:30, 13:30, 16:30, 17:30, 18:30)
나하공항 국내선 → 나하 버스터미널10분 → 호텔 문 비치60분 → 르네상스 오키나와 리조트70분 → 오키나와 잔파 곶 로열 호텔85분 → 호텔 니코 아리비라90분

❸ C Area Bus(하루 7편/11:40, 12:40, 13:40, 15:00, 16:40, 17:40, 18:40)
나하공항 국내선 정류장 → 나하 버스터미널10분 → 호텔 문 비치65분 → 호텔 몬트레이 오키나와69분 → 쉐라톤 오키나와 선마리나73분 → 리잔 시파크 호텔 탄차베이76분 → ANA 인터컨티넨탈 만자 비치 리조트95분

❹ D Area Bus(하루 4편/12:00, 12:50, 18:10, 19:45)
나하공항 국내선 정류장 → 나하 버스터미널10분 → ANA 인터컨티넨탈 만자 비치76분 → 카리유시 비치 리조트96분 → 더 부세나 테라스 비치 리조트105분 → 오키나와 메리어트 리조트111분 → 더 리츠 칼튼 오키나와114분. 12:50 공항 출발 버스만 정차 → 카네히데 키세 비치 팰리스120분

❺ E Area Bus(하루 2편/11:50, 15:30)
나하공항 국내선 정류장 → 나하 버스터미널10분 → 호텔 레소넥스 나고100분 → 모토부 항114분 → 오션 엑스포 파크112분 → 센추리 호텔 리조트Centurion Hotel Resort Vintage Okinawa Churaumi, 추라우미 수족관 앞, 130분 → 호텔 오리온 모토부135분

❻ DE Area Bus(나하에서 출발, 하루 1편/08:00)

나하 버스터미널10분 → ANA 인터컨티넨탈 만자 비치76분 → 카리유시 비치 리조트96분 → 더 부세나 테라스 비치 리조트105분 → 오키나와 메리어트 리조트111분 → 더 리츠 칼튼 오키나와114분 → 카네히데 키세 비치 팰리스 120분 → 나고 버스터미널135분 → 호텔 레소넥스 나고144분 → 모토부 항159분 → 오션 엑스포 파크172분 → 센추리 호텔 리조트추라우미 수족관 앞, 174분 → 호텔 오리온 모토부180분

나하 버스터미널은 공사중

버스 승차장이 여러 곳이다

나하 버스터미널이 신축중2018년 8월 완공이어서 승차장이 주변 여러 곳으로 나누어져 있다. 중부와 북부행 버스는 대부분 터미널 남쪽 330번국도 변에 있는 A구역 11~14승차장에서 탑승하면 된다. 리무진, 고속, 노선버스 모두 마찬가지다. 남부로 가는 버스는 C구역 승차장에서 탑승하면 된다. 터미널 동남쪽 하바뷰 거리 오하코르테 베이커리Ohacorte Bakery 앞에 있다. A구역 승차장에서 동쪽으로 3분 거리이다.

노선버스 타고 중부와 북부 여행하기

공항, 나하, 나고 출발편 상세 안내 리무진 버스보다 운행 횟수가 많다. 국내선 터미널 1층과 나하 버스터미널, 나고 버스터미널에서 탑승한다. 요금은 후불제이다. 거스름돈이 없으므로 미리 동전을 준비하는 게 좋다. 지폐를 낼 경우 기사가 동전 교환기를 눌러 동전으로 바꿔준다. 그 동전으로 요금을 내면 된다. 요금은 목적 지에 따라 230엔부터 2000엔까지 다양하다.

노선버스 이용 방법 승차장 위치를 확인한다 → 행선지 확인 후 탑승한다 → 정리권탑승권을 뽑는다 → 빈자 리에 앉는다 → 운전석 위 전광판에 표시된 요금을 확인한다 → 하차벨을 누른다 → 요금 지불 후 하차한다

❶ 117번 고속버스 북부 명소와 리조트 여행하기

공항 국내선에서 출발해 나하 버스터미널, 나고 버스터미널을 거쳐 추라우미 수족관과 비세 후쿠기 가로수길 초입까지 하루 9회 운행한다. 공항에서 추라 우미 수족관까지 약 2시간 10분 걸린다.

홈페이지 http://okinawabus.com/ko 버스 탑승 장소 나하공항 국내선 버스 정류장, 나하 버스터미널 남쪽 A구역 승차장 운행 시간표(나하 공항 기준) 07:00, 08:10, 09:20, 09:55, 10:41, 12:55, 13:55, 14:00 14:25 주요 경유지 나하 버스터미널→이온몰→나고 버스터미널→모토부 항→오션 엑스포 파크(추라우미 수족관)→호텔 오리온 모토부

❷ 111번 고속버스 이온몰 거쳐 나고까지

공항 국내선 정류장에서 출발해 나하 버스터미널과 이온몰을 거쳐 나고 버스터미널까지 가는 고속버스이 다. 네 개 버스 회사에서 하루 14회 운행한다. 나고까지 소요 시간은 약 1시간 40분이다. 버스 탑승 장소 나하 공항 국내선 버스 정류장, 나하 버스터미널 남쪽 A구역 승차장 주요 경유지 나하 버스터미널→이온몰→나고 버스터미널 운 행 시간표(나하 공항 기준)06:00, 06:30, 07:30, 08:45, 11:25, 12:20, 15:15, 15:50, 16:20, 16:45, 17:45, 18:35, 19:20, 20:15

❸ 120번 버스 중부 명소와 리조트 여행하기

Ⅰ 나하공항 국내선 정류장에서 출발해 국제거리를 경유해 중북부의 주요 명소를 거쳐 나고까지 운행한다. 공항과 나하 버스터미널 정류장에서 탑승할 수 있다. 네 개 버스 회사에서 공동 운행한다. 공항 기준 08:45부터 19:45까지 약 30분 간격으로 운행한다. 나고 버스터미널까지 2시간 30분 소요. 홈페이지 http:/okinawabus. com/ko 주요 경유지 국제거리→토마린 항→미나토가와 외국인 주택단지→아라하 비치→아메리칸 빌리지→요미탄 도자기 마을→류큐무라→마에다 곶과 푸른 동굴→르네상스 비치→호텔 문 비치→호텔 몬트레이 오키나와→쉐라톤 오키나와 선마리나→리잔 시파크 호텔-만좌모→ANA 인터컨티넨탈 만자 비치→다이아몬드 비치→호텔 미유키 비치→미션 비치→카리유시 비치 리조트→오키나와 메리어트 리조트→더 부세나 테라스 비치 리조트→오리온 해피파크→21세기의 숲 비치→나고 버스터미널

❹ 나하 버스터미널에서 출발하는 중부 명소 노선버스

버스 번호	대표 경유지	운행 편수
27번	카츠렌 성터	평일 21편, 토 25편, 일 15편(1시간 30분 소요)
28번	아라하 비치, 아메리칸 빌리지, 요미탄 버스터미널	월~금 50편, 토~일 30편
29번	요미탄 도자기 마을, 자키미 성터, 요미탄 버스터미널	평일 6편, 주말 5편
32번	트로피칼 비치	월~토 26편, 일 16편, 30분 소요
63번	아라하 비치	하루 16편, 국제거리 류보백화점 앞 승차, 함 비타운 하차

❺ 나고 버스터미널에서 출발하는 북부 명소 노선버스

버스 번호	대표 경유지	운행 편수
66번	세소코 섬, 추라우미 수족관, 에메랄드 비치, 비세 후쿠기 가로수길, 나키진 성터	하루 16~17편
67번	오쿠마 비치	하루 16~18편
70번	파인애플 파크, 오키나와 소바로드, 백년고가 우후야, 키시모토 식당, 모토부 항, 추라우미 수족관, 비세 후쿠기 가로수길	하루 4~5편
76번	파인애플 파크, 오키나와 소바로드, 백년고가 우후야, 키시모토 식당, 모토부 항(토구치 항), 세소코 섬	하루 2편
78번	히루기 공원	하루 3편

❻ 나하 버스터미널에서 출발하는 남부 명소 노선버스

남부행 노선 버스는 C구역 승차장에서 탑승한다. 터미널 동남쪽 하바뷰 거리 오하코르테 베이커리Ohacorte Bakery 앞에 있다. 터미널 공사 현장에서 동쪽으로 3분 거리이다.

버스 번호	대표 경유지	운행 편수
38번	아자마산산 비치, 아자마 항, 세이화 우타키	하루 14~16편, 아자마까지 약 1시간
39번	미이바루 비치	월~금 16편, 토~일 12편 운행, 약 55분 소요
54번	오키나와 월드	월~금 하루 4편 운행, 70분 소요

정기관광버스로 오키나와 여행하기

렌터카도, 뚜벅이 여행도 피곤하다면 하루쯤 정기관광버스를 이용해
보자. 정기관광버스는 오키나와의 대표 명소를 둘러보는 투어 버스이
다. 추라우미 수족관, 고우리 대교, 만좌모, 류큐무라 등을 둘러보는 하
루 코스와 슈리성을 중심으로 나하를 여행하는 반나절 코스가 있다.
보통 하루 코스는 오전 8~9시에, 반나절 코스는 오후 1시에 국제거리

지정 승차장에서 출발한다. 요금은 성인 1인 기준 4,000엔~6,000엔어린이는 50%이다. 일부 프로그램은 성
수기에만 운행한다. 좀 더 자세한 것은 홈페이지에서 확인하자. http://okinawabus.com/ko

⑧ 무선 인터넷 이용, 어느 것이 좋을까?

숙소와 음식점 등에서는 대부분 무료 와이파이를 이용할 수 있지만 이동이 잦은
여행지에서는 적합하지 않다. 오키나와에서 모바일 인터넷을 이용하려면 현지
심카드, 포켓 와이파이, 로밍 서비스 중에서 선택하면 된다. 혼자서 여행할 때는
현지 심카드를 한국에서 사가는 게 가성비가 제일 좋다. 2명 이상이 5일 이내로
여행할 땐 포켓 와이파이가 편리하다. 로밍 서비스는 간편하지만 좀 비싼 게 흠이다.

❶ 현지 심카드 국내 구매가 더 싸다

현지에서 사용 가능한 유심 칩을 핸드폰 단말기에 꽂아 사용하는 것이다. 출국 전 여행사 또는 인터넷
에서 구매하거나 현지에서 구입하면 된다. 국내 구매용 심카드는 사용 기간에 따라 가격이 다르다. 보통
10,000~15,000원으로 최대 8일까지 무제한 이용할 수 있다. 검색창에 일본 심카드를 검색하자. 구입 후 택
배로 받을 수도 있고 인천공항에서 받을 수도 있다. 나하공항 국제선 입국 게이트 주변에 심카드 자판기가 있
다. 1GB 3,000엔 3GB 5,000엔 선이다.

❷ 포켓 와이파이 여러 명이 사용할 때 최고!

휴대하는 소형 와이파이 기계이다. 최대 10인까지 단말기 한대로 와이파이를 무제한 사용할 수 있다. 인터넷
으로 예약 후 인천공항에서 기계를 받고 귀국할 때 다시 반납하면 된다. 로밍 서비스보다 데이터 속도가 만족
스럽다. 휴대용 와이파이를 항상 휴대하고 매일 충전해야 된다. 이동 통신사 대여 요금은 1일 10,000~11,000
원, 포켓 와이파이 전문 업체는 1일 5,000원~6,000원이다.

❸ 로밍 서비스 편리하지만 비싸다

가장 간편한 방법이다. 자동 로밍은 되지만 데이터는 통신사에서 신청해야 한다. 인천공항에서 해도 된다. 보
통 무제한 데이터는 1만 원 선이다. 오키나와 도착과 동시에 인터넷 서비스를 이용할 수 있다.

⑨ 날씨를 알면 여행이 즐겁다

오키나와의 사계절 날씨

따뜻한 남쪽이지만 오키나와도 사계절이 있다. 여름이 4월부터 6개월 넘게 이어진다. 봄은 2~3월, 여름은 4~10월, 가을은 10~11월, 겨울은 12~1월이다. 여름엔 습도가 높다.

❶ 봄(2월 하순~3월, 일몰 18:40, 태풍 없음)
기온은 낮 평균 22도, 밤 평균 17도 정도이다. 오키나와의 봄은 벚꽃이 알린다. 2월 초·중순에 만개하는데 꽃이 밝은 핑크빛인 게 우리와 다르다. 남쪽이 아니라 북쪽부터 만개하는 것도 이채롭다. 낮은 따뜻하고 밤은 좀 쌀쌀하다. 조금 두꺼운 긴 바지와 긴팔 겉옷이 필요하다. 해수욕장이 개장하지 않지만 날이 좋으면 가벼운 수영은 가능하다.

❷ 여름(4~10월, 일몰 18:30~19:00, 태풍 약 7회) 성수기이다. 기온은 낮 평균 31도, 밤 평균 25도이다. 남쪽인데도 우리나라와 같은 불볕 더위는 없다. 4월부터 10월까지 모든 해수욕장이 개장한다. 그림처럼 아름다운 바다와 푸른 하늘을 볼 수 있는 시기다. 다만 5~6월엔 비가 잦고, 날이 습하다. 7월~10월엔 반갑지 않은 태풍이 종종 찾아온다.

❸ 가을(11~12월, 일몰 17:40, 태풍 없음) 여행하기 가장 좋은 계절이다. 낮 기온은 26도, 밤 기온은 21도 안팎이다. 태풍과 장마가 없고 성수기가 끝나 호텔과 리조트 호텔 가격이 떨어진다. 해수욕장은 폐장하지만 바닷물은 따뜻하다. 스노클링, 스킨스쿠버 등 해양 스포츠를 즐기기 가장 좋다. 밤에는 긴 바지와 긴팔 겉옷이 필요하다.

❹ 겨울(1~2월 중순, 일몰 18:00~18:25, 태풍 없음) 리조트 가격이 더 떨어져 휴식 여행을 하기 좋다. 낮 기온은 20도, 밤은 15도 정도지만 바람이 불어 제법 쌀쌀하다. 초겨울 외투와 긴바지는 필수이다.

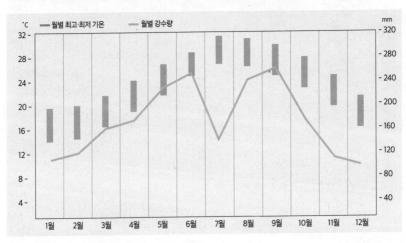

기상 관련 유용한 앱과 웹사이트

❶ 일본 기상청 웹사이트(www.jma.go.jp/jma/index.html)

일본 기상청 공식 홈페이지다. 영문판 서비스를 하고 있다. 영문판에서 Weather/Earthquakes→Weather Forecasts and Analysis→One-week Forecasts에 들어가면 22개 주요 지역의 일주일 기간 동안 일기예보를 확인할 수 있다.

❷ Accuweather 웹/앱 (www.Accuweather.com)

일본을 포함해서 전세계 기상 정보를 제공하는 웹사이트다. 한국어가 지원된다. 여행하고 싶은 지명을 검색하면 현재 날씨 정보에서부터 월간 예보까지 확인할 수 있다. 아이폰과 안드로이드 앱으로 다운받아 사용할 수 있다.

⑩ 번역 앱을 제대로 활용하자 음성 번역도 해준다

식당, 숙소 이용시 의사소통이 되지 않을 땐 스마트폰 번역 앱을 이용하자. 상대방에게 하고자 하는 말을 빈 칸에 적으면 곧바로 일어로 번역해준다. 음성 번역도 가능하다. 스마트폰 번역 앱에 소리로 말하고 음성 버튼을 누르면 소리로 번역해준다. 간단한 통역 기능도 가능한 셈이다. 번역 앱에 로그인하면 자주 번역하는 번역문도 찾을 수 있다. 구글 번역 앱, 네이버 파파고 번역 앱을 많이 사용한다.

내일도 이곳에 머물고 싶다

오키나와 북부

세계 3대 아쿠아리움 추라우미 수족관, 돌고래 쇼와 섬머 페스티발이 열리는 해양박공원, 로맨틱하고 이국적인 비세 후쿠기 가로수길, 최고의 드라이브 코스 고우리 대교, 하루 종일 머물고 싶은 환상적인 고우리 섬, 이른 봄 벚꽃이 만개하는 나키진 성터, 몰디브에서 옮겨온 듯한 쪽빛 바다…. 북부의 매력은 끝이 없다

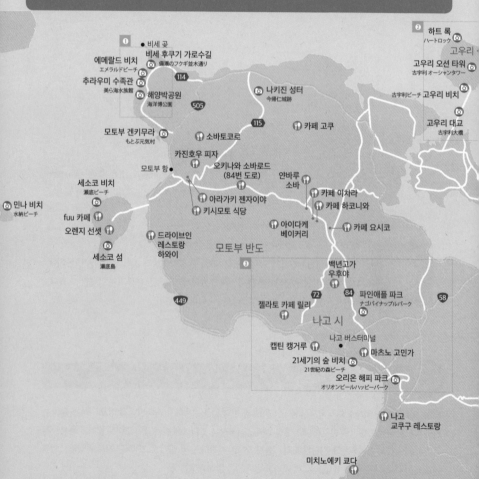

- ① 비세 곶
- 하트 록 ハートロック
- 비세 후쿠기 가로수길 備瀬のフクギ並木通り
- 에메랄드 비치 エメラルドビーチ
- 고우리
- 고우리 오션 타워 古宇利 オーシャンタワー
- 추라우미 수족관 美ら海水族館
- 해양박공원 海洋博公園
- 114
- 나키진 성터 今帰仁城跡
- 505
- 고우리 비치 古宇利ビーチ
- 115
- 고우리 대교 古宇利大橋
- 모토부 겐키무라 もとぶ元気村
- 소바토코로
- 카페 고쿠
- 카진호우 피자
- 모토부 항
- 오키나와 소바로드 (84번 도로)
- 얀바루 소바
- 카페 이차라
- 세소코 비치 瀬底ビーチ
- 아라가키 젠자이야
- 카페 하코니와
- 민나 비치 水納ビーチ
- fuu 카페
- 키시모토 식당
- 카페 요시코
- 오렌지 선셋
- 아이다케 베이커리
- 세소코 섬 瀬底島
- 드라이브인 레스토랑 하와이
- 모토부 반도
- ③
- 백년고가 우후야
- 72
- 84
- 파인애플 파크 ナゴパイナップルパーク
- 58
- 449
- 젤라토 카페 릴리
- 나고 시
- 나고 버스터미널
- 캡틴 캥거루
- 마츠노 고민가
- 21세기의 숲 비치 21世紀の森ビーチ
- 오리온 해피 파크 オリオンビールハッピーパーク
- 나고 교쿠구 레스토랑
- 미치노에키 쿄다
- 오키나와 자동차도로

❶ 추라우미 수족관 상세지도

비세 후쿠기 가로수길
備瀬のフクギ並木通り

차하야 블랑

추라우미 카페

에메랄드 비치
エメラルドビーチ

해양용품점

소바 전문점

114

호텔 오리온 모토부

해양박공원

114

호텔 유가프 인 비세

센츄리온
호텔 리조트

바다소관

추라우미 수족관
美ら海水族館

바다 거북관

고래상어상

|짱 극장

주차장

❷ 고우리 섬 상세지도

하트 록 ハートロック

호텔 카바

카페 후쿠루비

카페 코리야

고우리 섬

카야 리조트

고우리 오션 타워
古宇利 オーシャンタワー

로타
원 스위트 호텔

쉬림프 왜건

古宇利ビーチ 고우리 비치

고우리 대교
古宇利大橋

야가지 섬

❸ 나고 시 상세지도

백년고가
우후야

파인애플 파크
ナゴパイナップルパーク

84

젤라토 카페 릴리

이온몰 나고점

58

나고 시

449

캡틴 캥거루

나고 버스터미널

마츠노 고민가

21세기의 숲 비치
21世紀の森ビーチ

나고 시청

나고중앙공원

58

오리온 해피 파크
オリオンビール ハッピーパーク

오키나와 여행의 하이라이트
모토부 반도

모토부 반도는 북부 여행의 하이라이트이다. 오키나와 바다를 그대로 옮겨 놓은 것 같은 추라우미 수족관, 에메랄드 비치, 로맨틱하고 이국적인 비세 후쿠기 가로수길, 하루 종일 머물고 싶은 환상의 고우리 섬… 모토부 반도의 매력은 끝이 없다

★★★★★

바다를 그대로 옮겨다 놓은 듯
추라우미 수족관 美ら海水族館 츄리우미수이조쿠칸

맵코드 553 075 797

구글좌표 추라우미 수족관

추라우미 수족관은 모토부 반도 해양박공원 안에 있다. 이 공원은 1975년 오키나와 엑스포 전시장에 만든 국립해양공원이다. 1995년 추라우미 수족관이 개관하고, 2002년 대대적으로 리뉴얼을 하면서 오키나와의 명소로 떠올랐다. 우리나라에서는 TV 예능 프로그램 <슈퍼맨이 돌아왔다>에서 추블리 부녀가 찾으면서 유명해지기 시작했다. 추라우미의 '추라'는 오키나와 말로 '예쁘다', '아름답다'라는 뜻이다. 수족관 면적은 1만m²이다. '산호바다로의 여행', '구로시오로의 여행', '심해로의 여행' 등 3개의 테마로 구성되어 있고, 각 테마마다 여러 개 수조가 있다.

수조 안에는 오키나와 주변에 서식하는 740종, 2만1천 마리 바다 생물이 살고 있다. 4층부터 1층으로 내려가면서 관람하도록 되어 있으며, 물고기가 최대한 잘 적응하며 살아갈 수 있는 환경을 만드는데 초점을 맞추어 설계되었다. 처음에는 오키나와 주변의 얕은 바다에 살고 있는 불가사리, 해삼 등이 여행객을 맞이해준다. 오키나와 산호와 아열대 물고기를 비롯하여 애니메이션 <니모를 찾아서>의 주인공 '크라운 피쉬'흰동가리 오키나와 민물에 사는 망둥어, 류큐 은어 등도 찾아볼 수 있다. 수족관의 동선을 따라 가다보면 자연스럽게 더 깊

84 설렘 두배 오키나와

은 바다 세상으로 안내를 받게 된다.

수족관의 하이라이트는 '구로시오의 바다'이다. 수조의 크기만 해도 깊이 10m, 폭 35m에 이르고 수족관 물의 양은 7500m³나 된다. 이 수조에는 70여종 1만6천여 마리의 물고기가 산다. 바다의 한 조각이 그대로 눈앞에 펼쳐진다. 한눈에 담을 수 없어 수조 둘레를 돌아가며 관람하게 되어 있다. 수족관 정면에 서면 거대한 고래상어가 유유히 물속을 떠다니는 모습을 눈앞에서 볼 수 있다. 몸길이가 8.6m에 이르지만 수족관이 작아 보이지 않는다. 고래상어는 모두 세 마리인데, 세계 최초로 복수 사육에 성공했다. 고래상어 덕분에 대형 가오리는 손바닥만 하게 보이고 아열대 물고기는 멸치처럼 작아 보인다. 수족관 관람이 끝나도 '구로시오의 바다'의 잔상은 뇌리에서 떠나질 않는다.

찾아가기 렌터카 나하공항에서 오키나와자동차도로沖縄自動車道와 58번국도 경유하여 1시간 40분 버스 ❶ 나하공항에서 추라우미 수족관 직행 버스 117번 탑승하여 추라우미 수족관 앞 하차 ❷ 나하공항 국내선 청사 2번 승강장에서 얀바루 급행버스や んばる急行バス 승차하여 기넨코엔마에記念公園前 정류장 하차 ❸ 나하공항 국내선 터미널 리무진 버스 승차장에서 D·DE지역행 버스 탑승. Ocean EXPO Park 정류장에서 하차. 1시간 35분 소요 주소 沖縄県国頭郡本部町石川 424 전화 0980 48 3748 입장료 성인 1,850엔 고등학생 1,230엔 초·중생 610엔 운영시간 10월~2월 08:30~18:30(마지막 입장 17:30까지) 3월~9월 08:20~20:00(마지막 입장 19:00까지) 휴일 12월 첫째 주 수·목요일 홈페이지 https://churaumi.okinawa/kr/

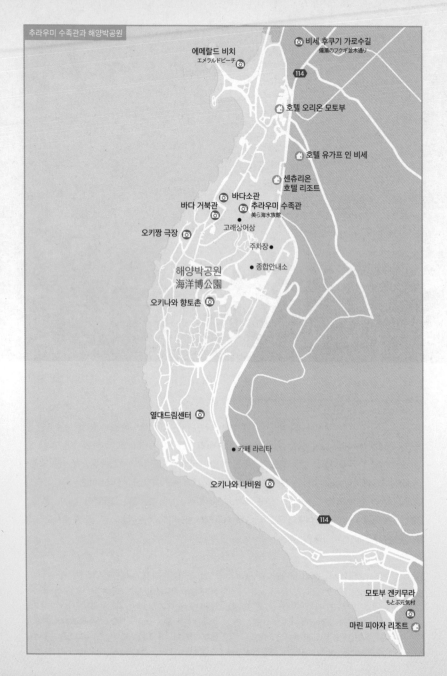

에메랄드 비치
エメラルドビーチ

비세 후쿠기 가로수길
備瀬のフクギ並木通り

114

호텔 오리온 모토부

호텔 유가프 인 비세

센츄리온
호텔 리조트

바다소관

바다 거북관

추라우미 수족관
美ら海水族館

오키짱 극장

고래상어상

주차장

종합안내소

해양박공원
海洋博公園

오키나와 향토촌

열대드림센터

카페 라리타

오키나와 나비원

114

모토부 겐키무라
もとぶ元気村

마린 피아자 리조트

1 ### 생물들을 직접 손으로 만질 수 있다
이노의 생물들 イノーの生き物たち

추라우미에서 가장 먼저 만나게 되는 수조로 얕은 바다를 재현해 놓은 곳이다. '이노'는 산호초의 여울이라는 뜻의 오키나와 방언이다. 수조 안 하얀 모래 위에는 크기가 30cm나 되는 큰혹불가사리와 붉은 설거지 장갑 같은 만두혹불가사리, 흰발검정해삼 등 다양한 바다 생물들을 만날 수 있다. 수족관에서 유일하게 생물들을 손으로 만질 수 있어 어린이들에게 인기가 좋다.

2 ### 형형색색, 산호가 있는 풍경
산호의 바다 サンゴの海

오키나와 바다의 다양한 산호를 자연 그대로 재현한 수조이다. 약 70종에 800개가 넘는 산호가 있다. 깊은 바다에 있는 형형색색 산호들도 볼 수 있어 더욱 신비롭다. 잔잔한 바다에서 볼 수 있는 거품 모양의 버블코랄 산호, 코발트 블루색이 인상적인 블루탱 등을 볼 수 있다. 수조 해설이 10:30, 12:30, 14:30분에 각각 시작되며, 약 15분이 소요된다.

3 ### 크라운 피쉬와 그의 친구들
열대어의 바다 熱帯魚の海

바다 속 풍경이 본격적으로 펼쳐지는 수조이다. 스노클링으로 볼 수 있는 바다 속을 재현해 놓았다. 산호초 군락과 커다란 암벽 사이로 다양한 물고기가 자유롭게 노니는 모습을 볼 수 있다. 애니메이션 <니모를 찾아서>의 주인공 '크라운 피쉬'와 작은 물고기 200종을 구경하는 재미가 쏠쏠하다. 크라운 피쉬는 '흰동가리'라고도 불리는데, 언제나 말미잘 혹은 산호 사이에 귀엽게 숨어 있다. 수컷은 알을 품고 있고, 암컷은 망을 보기 때문에 숨어 있는 것처럼 보인다. 이외에 노랑과 검은 줄무늬가 있는 열대어 깃대돔, 나이가 들면서 머리에 혹이 생기는 파랑비늘돔 등 다양한 아열대 물고기를 만날 수 있다.

④ 산호초에서 노니는 물고기들
산호초 여행 개별 수조 サンゴ礁への旅 個水槽

산호초에 사는 물고기들을 볼 수 있는 수조이다. 30여종의 물고기를 볼 수 있는데, 작은 물고기들이 많아 자세히 봐야 한다. 하얀 모래에 몸을 감추고 머리만 내밀고 주위를 살펴보는 정원장어, 표범처럼 검은 반점이 몸에 가득한 점박이 곰치 등을 볼 수 있다.

⑤ 추라우미의 하이라이트!
구로시오의 바다 黒潮の海

고래상어가 유유히 헤엄치고 있는 거대한 수조이다. 가오리 중 가장 큰 만타가오리, 점박이 무늬가 온몸에 가득한 범무늬소녀 가오리, 줄무늬 고등어, 몸길이가 1m가 넘는 무명갈전갱이 등 70종 1만6천여 마리의 물고기가 고래상어와 더불어 헤엄치는 모습이 장관이다.

고래상어는 추라우미 수족관의 마스코트이다. '잔타'라는 이름도 가지고 있으며, 1995년 3월부터 지금까지 20년이 넘게 추라우미에서 살고 있다. 몸길이는 8.6m, 몸무게는 5.5톤에 이르며, 사육중인 생물로는 세계에서 가장 크다. 세계 최초로 세 마리를 복수 사육하고 있다. 수조가 워낙 커서 몇 곳으로 나누어 보아야 하는데, 정면에 가면 모든 물고기를 볼 수 있는 '샤크스탠드'가 있다. 샤크스탠드에는 천천히 수조를 관람할 수 있도록 의자가 준비되어 있어 아이맥스 영화관에 앉아 있는 기분이 든다. 정면 오른쪽에는 수조를 옆에서 보며 시간을 보낼 수 있는 카페 '오션 블루'가 있다. 이곳에서는 음료와 샌드위치도 즐길 수 있다. 왼쪽에는 투명한 아크릴 패널로 이루어진 통로 '아쿠아 룸'이 있다. 머리 위에서 유영하는 고래상어의 거대한 배를 볼 수 있다. '구로시오의 바다'의 또 다른 볼거리는 고래상어가 먹이를 먹는 모습이다. 하루에 두 번 15:00, 17:00에 먹이를 주는데, 먹이를 먹을 때 빨아들이는 바닷물의 양만 100L가 넘고, 한 번 먹는 먹이의 양도 35kg이나 된다.

6 다른 곳에서는 볼 수 없는 심해 풍경
심해의 바다 深海への旅

수심 200m가 넘는 심해 생물들이 사는 수조다. 심해 환경을 재현해 놓아 전시 공간이 어둡고, 이곳 생물들은 빛이 없는 곳에서 살아가는 것들이라 생김새가 독특하다. 커다란 눈을 가진 둥글돔, 다리 길이가 4m에 이르는 키다리게 등이 있다. 이곳이 아니라면 어디서도 볼 수 없는 생물들이라 재미있다.

7 상어의 유영, 아이들이 환호한다
상어 박사의 방 サメ博士の部屋

상어가 유영하는 모습을 볼 수 있는 수조로 어린이들에게 특히 인기가 좋다. 몸길이 3.4m의 황소상어, 독특한 호랑이 무늬의 뱀상어 등을 볼 수 있다. 상어뿐 만아라 대형 상어의 턱 뼈도 볼 수 있다. 이 턱뼈는 약 160만 년 전에 존재했던 '메갈로돈'의 것이라 전해진다. 메갈로돈은 길이가 20m나 되는 거대한 상어다.

Travel Tip

❶ 오후 4시 이후에는 30% 할인을 받을 수 있다. 다만 4시 이후는 조금 혼잡한 편이다.

❷ 나고시 남서쪽 58번국도 변 휴게소 미치노에키 쿄다道の駅 許田에서 250엔 할인된 가격으로 입장권을 판매한다. 가격은 1,600엔이고, 할인이 되는 4시 이후에 추라우미에 도착하면 다시 310엔을 돌려준다. 미치노에키 「쿄다」 맵코드 206 476 708*78 구글좌표 쿄다휴게소 주소 沖縄県名護市許田17-1 전화 098 054 0880

❸ 한국어 음성 가이드 안내기가 제공된다. 양이 많지 않아 홈페이지에서 예약하고 가는 것이 좋다. 일주일 전에 예약해야 한다. https://churaumi.okinawa/kr/guide/useful/

❹ 티켓을 구입한 날에 한해 재입장이 가능하다. 입장할 때 손목에 스탬프를 받아야 하며, 티켓은 꼭 소지해야 한다.

❺ 추라우미 수족관 관람객은 해양박공원의 열대드림센터 입장료를 50% 할인받을 수 있다.

❻ 해양박공원 부지가 상당히 넓어 걸어서 모든 것을 보기는 쉬운 일이 아니다. 공원 내를 운행하는 전기 유람차를 활용해보자. 모두 13곳의 정류소가 있고, 5~30분 간격으로 운행된다. 1일 200엔, 1회 100엔, 6세 미만 무료, 정류장은 인포메이션 센터에 문의

❼ 추라우미 수족관에서 가장 가까운 주차장은 북게이트 주차장P7이다.

★★★★☆

볼거리와 즐길거리가 가득

해양박공원 海洋博公園 카이요우하쿠코우엔

맵코드 553 075 797

구글좌표 추라우미 수족관

추라우미 수족관이 워낙 유명해 해양박공원을 추라우미 수족관으로 알고 찾아가는 여행객이 많다. 정확히 말하면 추라우미 수족관은 해양박공원 안에 있는 수족관이다. 해양박공원은 1975년 오키나와에서 열린 해양 엑스포 때 만들어진 국립해양공원이다. 당시에는 미래형 해양 도시 모습을 그리며 공원을 만들었지만, 엑스포가 끝 난 뒤에는 공간을 제대로 활용하지 못하여 애물단지로 전락했다. 1995년 추라우미 수족관이 개관하고, 2002년 대대적으로 리뉴얼을 하면서 오키나와뿐만 아니라 일본을 대표하는 명소가 되었다. 해양박공원은 규모가 어마어마할 뿐만 아니라 추라우미 말고도 다양한 볼거리와 즐길 거리로 채워져 있다. 오키나와 아열대 지역의 꽃과 식물을 볼 수 있는 열대드림센터, 오키나와 과거를 재현한 오키나와 향토 마을, 태평양 지역의 해양문화를 소개하는 해양문화관 등이 여행객들에게 즐거운 시간을 선사한다. 또 공원 북쪽 끝에는 북부 지역을 대표하는 해변 에메랄드 비치가 있다. 찾아가기 추라우미 수족관과 동일

1 웃후~~ 돌고래 쇼!
오키짱 극장 オキちゃん劇場

돌고래 쇼가 열리는 극장이다. 추라우미 남쪽 해양박공원에 있다. 쇼는 무료로 진행된다. 남방 큰 돌고래와 흑범고래가 다이나믹하고 역동적인 모습으로 관람객들을 즐겁게 만든다. 조련사와 한 팀이 되어 다양한 기술을 선보이는데, 조련사와 소통하고 또 명령에 따라 즉각 반응하는 돌고래의 지능에 놀라게 된다. 인간만이 이성적 사고를 하는 것이 아님을 돌고래가 몸소 보여준다. 남방돌고래의 이름은 오키짱, 흑범고래는 곤짱, 뱀머리돌고래의 이름은 사쿠라다. 3~9월엔 매일 11:00, 13:00, 14:30, 16:00, 17:30에 열리며 그 외의 달엔 3~4회 열린다. 20분 정도 소요된다.

2 큰 덩치에 귀여움이 가득, 해우 구경
바다소관 マナティー館

대서양이 고향인 바다소는 해우라고도 불리는, 멸종 위기에 처한 귀한 바다 생물이다. 몸길이는 2.5~4m에 이르며, 앞다리 대신 커다란 지느러미와 둥근 부채 모양의 꼬리를 가지고 있다. 전체적으로 외모는 바다코끼리와 비슷하다. 둥글둥글 오동통 살이 찐 모습은 거대하지만, 거대한 몸짓으로 유유자적 물속을 누비고 밥을 먹는 모습이 귀엽고 신비롭다. 추라우미 수족관 북쪽에 있다. 입장료는 무료이다. 운영시간 3월~9월 08:00~19:30 10월~2월 08:00~18:00

3 눈앞에서 바다거북이 유영한다
바다거북관 ウミガメ館

바다거북은 7~8종류가 존재한다고 알려져 있다. 바다거북관에는 붉은바다거북, 푸른바다거북, 검은바다거북 등이 있다. 모두 멸종 위기 해양 생물이다. 수조는 지상층과 지하층으로 나뉘어져 있는데, 깊은 바다 속 풍경을 볼 수 있는 지하층에서 빠른 속도로 움직이는 바다거북의 신기한 모습을 찾아볼 수 있다.
운영시간 3월~9월 08:30~19:00 10월~2월 08:30~17:30

4 해양 문화와 별 1억 4천만 개가 뜬 밤하늘
해양문화관 海洋文化館

태평양 해양 문화의 모든 것을 전시한 박물관으로 2013년에 리모델링하였다. 박물관의 테마는 '신천지를 찾아 바다를 건너온 사람들-바다와 함께 생활하며 탄생한 문화'로 오키나와 해양 문화와 태평양 지역 해양 민족의 역사와 문화를 다양하게 만나볼 수 있다. 태평양으로의 인류 이주 역사에 대한 스토리를 스크린 영상과 다양한 콘텐츠로 소개한다. 또 대형 카누 등 오세아니아와 오키나와의 귀중한 민속자료약 750점을 전시하고 있다. 해양문화관에는 돔 형태로 지어진 플라네타륨 홀도 있다. 1억 4천만 개의 별이 뜬 밤하늘을 영상으로 재현해 인기가 좋다. 매시 45분마다 상영하며, 상영 시간은 30분이다.

입장료 성인 170엔 초·중생 50엔 6세 미만 무료 운영시간 3월~9월 8:30~19:00(입장 마감 18:30) 10월~2월 8:30~17:30 (입장 마감 17:00)

5 낯설지만 아름다운 열대 식물 관람하기
열대드림센터

열대와 아열대 식물과 꽃, 과일 등을 전시한 식물원이다. 난 2천여 종도 전시하고 있다. 식물원을 한눈에 담을 수 있는 전망대도 있으며, 전망대와 빅토리아 온실에서는 아로와나 골설어과에 속하는 민물 조기어류 붉은꼬리메기 등을 관찰할 수 있다. 추라우미 수족관 입장권을 제시하시면 50% 할인된 가격으로 관람할 수 있다.

입장료 성인 690엔 초·중생 350엔 6세 미만 무료
운영시간 3월~9월 8:30~19:00(입장 마감 18:30) 10월~2월 8:30~17:30(입장 마감 17:00)

6 류큐 시대의 전통마을 구경하기
오키나와 향토촌

류큐 왕국 시대(17~19세기)의 오키나와 민가와 촌락을 재현하고 있는 민속촌이다. 오키나와 식물만 모아둔 '오모로 식물원'도 있다. 다과 무료 서비스, 전통 악기 연주, 전통 춤 같은 프로그램을 즐기며 류큐의 문화를 느낄 수 있다.

운영시간 3월~9월 8:30~19:00(입장 마감 18:30)
10월~2월 8:30~17:30(입장 마감 17:00)

 ★★★★☆

산호초와 푸른 바다를 그대 품 안에

에메랄드 비치 エメラルドビーチ

맵코드 553 105 407*00

구글좌표 에메랄드 비치

1975년에 열린 오키나와 해양 엑스포 당시 조성된 인공 비치이다. 해양박공원 북쪽에 있다. 이름에서 알 수 있듯이 에메랄드 물빛으로 유명하다. 산호로 만들어 모래가 눈이 부실 정도로 하얗다. 백사장 넓이는 1만8천여 평에 이른다. 해변은 Y자 형태로 부드러운 곡선을 이루고 있다. 수심이 깊지 않고 물결이 잔잔해서 남녀노소 누구나 수영하기 좋다. 인공 비치이므로 스노클링은 할 수 없지만, 아름다운 바다를 바라보고만 있어도 저절로 마음이 깨끗해진다. 성수기에는 사람이 가득 찬다. 특히 7월 중순 해양박공원에서 섬머콘서트와 오키나와 최대 불꽃 축제가 열리는데, 이때는 인산인해를 이룬다. 추라우미 수족관을 비롯하여 열대 드림센터, 비세 후쿠키 가로수길 등 인기가 좋은 관광 명소와 이웃해 있어, 여행객에게 언제나 인기가 좋다.

찾아가기 추라우미 수족관에서 자동차로 3분 주소 沖縄県国頭郡本部町石川 424 전화 098 048 2741
운영시간 4월1일~9월30일 08:30~19:00 10월1일~10월31일 08:30~17:30
편의시설 이용료 샤워실 무료 라커 100엔 튜브 515엔 파라솔+비치 체어 2개 1,030엔
홈페이지 http://oki-park.jp/

 ★★★★★

로맨틱하고 이국적인 가로수길 산책
비세 후쿠기 가로수길 備瀬のフクギ並木通り 비세 후쿠기나미키

맵코드 553 105 625*34

구글좌표 26.701385, 127.880012

태풍과 바람이 많은 지역에서는 옛날부터 나무를 심어 바람을 막았다. 태풍의 길목에 있는 오키나와도 방풍림을 많이 심었는데, 주로 아열대 기후에서 자라는 후쿠기福木 나무를 심었다. 망고스틴의 일종으로, 아주 느리지만 높게 자라고 큰 바람에도 꺾이지 않는데다가 잎사귀가 동백나무 잎처럼 단단해 방풍림으로는 그만이다. 오키나와에서는 이 나무가 태풍의 피해를 막아주고 복을 가져다주는 나무라고 해서 예전부터 귀하게 여겼다.

에메랄드 비치 북쪽에 후쿠기 나무가 멋들어지게 자란 해변 마을이 있다. 비세 마을이다. 서쪽과 북쪽에 에메랄드빛 바다가 이국적이고 로맨틱하게 펼쳐진 아름다운 마을이다. 후쿠기 나무는 17세기 류큐 시대에 심은 것으로 오래된 나무는 300년 가까이 되었다. 처음에는 2만여 그루를 심었으나 오키나와 전쟁 때 많이 벌채 되었다. 다행히 비세 마을 사람들의 노력으로 지금은 약 1000여 그루가 옛 모습을 간직한 채 푸르게 자라고 있다. 오래 전 심은 방풍림이 이제는 운치가 넘치는 아름다운 비세 후쿠기 가로수길이 되었다. TV 예능 프로그램 <싱글 와이프>의 황혜영이 친구와 함께 찾아간 바로 그 낭만적인 가로수길이다.

후쿠기 가로수길을 산책을 하다보면 대문이나 지붕 위에 놓은 돌 또는 도자기로 만든 사자獅子를 만나게 된다. 오키나와 방언으로 '시사'라 부른다. 우리나라의 원앙이나 기러기 목각 인형처럼 대부분 두 마리가 함께 있다. 입을 벌린 사자는 재운을 불어오고, 입을 다문 사자는 집에서 복이 새는 것을 막아준다고 한다.

후쿠기 마을의 모든 숲길을 돌아보려면 1시간이 넘게 걸린다. 시간 여유가 없다면 자전거를 렌트를 해서 가로수길을 돌아보는 것도 좋다. 가로수길 입구에 렌탈 숍이 있다. 자전거를 타고 가로수길을 달리다 보면 영화 속 주인공이 된 것 같은 기분이 든다.

가로수길 옆 스노클링 포인트

비세자키備瀬崎

비세 후쿠기 가로수길이 끝나갈 즈음 거짓말처럼 갑자기 해변이 나타나는데, 이곳이 요즘 스노클링 포인트로 각광받고 있는 천연 해변 비세자키이다. 첫인상은 조금 초라해 보이지만, 물속은 완전히 다른 세상이다. 해변 주위에 크고 작은 암석들이 있고 물속에 산호초가 많아 아열대 물고기들이 살아갈 수 있는 최적의 조건을 갖추고 있기 때문이다. 물빛이 투명하기로 유명하고 수심도 깊지 않다. 특히 밀물 때에는

수심이 1m밖에 되지 않아 아쿠아 슈즈만 있다면 걸어가며 물속을 구경할 수 있다. 스노클링 포인트 바로 앞에 주차장1일 500엔이 있다. 스노클링 장비는 미리 준비해오는 방법도 있고, 비세자키 부근 대여점에서 빌릴 수도 있다. 모래사장이 별로 없어 아이들이 있는 가족 단위 여행객은 불편할 수 있다.

맵코드 553 135 564*20 구글좌표 비세자키 전화 098 047 2700

찾아가기 렌터카 **1** 추라우미 수족관에서 5분(1km) **2** 나하공항에서 오키나와자동차도로沖縄自動車道와 58번국도 경유하여 1시간 50분 버스 **1** 나하공항에서 얀바루 급행버스やんばる急行バス 또는 D·DE지역행 리무진 버스 승차하여 오리온모토부리조트앤스파オリオンモトブリゾート&スパ 정류장 하차, 도보 6분 **2** 나고 버스터미널에서 65번, 66번 버스 승차하여 비세이리구치備瀬入口 정류장 하차, 도보 3분 주소 沖縄県国頭郡本部町備瀬 전화 098 048 2371

추라우미 수족관과 비세 마을 부근 맛집과 카페

★★★★★

오키나와 최고 소바 전문점
키시모토 식당 きしもと食堂

맵코드 206 857 711*15

구글좌표 키시모토 식당

1905년 문을 연 오키나와에서 가장 오래된 소바 전문점이다. 이 가게는 독특하게도 면을 반죽할 때 목탄 물을 사용하는 전통 제조법을 고수하고 있다. 나무를 태워 남은 재를 물에 희석시키면 물이 알카리성으로 변하는데, 이 물을 이용해 반죽하는 전통적인 방법이다. 그뿐 아니라 모든 재료를 과거의 방식 그대로 조리한다. 모토부 반도 어장에서 많이 잡히는 가다랑어를 사용해 국물을 우려낸다. 건물에도 옛 정취가 묻어난다. 오래된 민가와 크게 한자로 적힌 옛 간판을 아직도 그대로 사용하고 있다. 가게 안에는 유명 인사들의 사인이 도배되어 있다. 대부분 줄을 서서 기다려야 한다. 그래도 인내심을 가지고 기다렸다가 오키나와에서 가장 맛있고 오래된 소바를 즐겨보자.

찾아가기 ❶ 추라우미 수족관에서 렌터카로 남쪽으로 10분 ❷ 세소코 섬에서 렌터카로 12분 주소 沖縄県国頭郡本部町渡久地 5 전화 098 047 2887 영업시간 11:00~17:30 휴일 수요일 예산 700엔(1인)

★★★★☆

66년 된 젠자이 전문점
아라가키 젠자이야
新垣ぜんざい屋

맵코드 206 857 711*21

구글좌표 아라가키 젠자이야

모토부 항(모토부코치항) 근처 키시모토 식당 북쪽 대각선 방향에 있는 젠자이 카페이다. 오직 오키나와 팥빙수 젠자이 하나만 판매하는 젠자이 전문점으로 역사가 무려 66년이나 되었다. 오키나와 전통 젠자이는 곱게 간 얼음에 달콤하게 조린 단팥을 넣어 먹는다. 가게로 들어가면 넓은 실내에서 할머니가 웃으며 반겨준다. 젠자이를 주문하면 처음에 당황하게 된다. 곱게 갈린 어름만 나온다. 단팥은 얼음 속에 숨어 있다. 사르르 녹는 얼음과 달콤한 단팥의 조화가 무척 좋다. 메뉴가 하나이지만 자판기에서 티켓을 뽑아하는 점이 재밌다. 키시모토 식당에서 음식을 먹고 후식은 아라카기에서 젠자이로 마무리하자.

찾아가기 ❶ 추라우미 수족관에서 렌터카로 남쪽으로 10분 ❷ 세소코 섬에서 렌터카로 12분 주소 沖縄県国頭郡本部町渡久地 11-2 전화 098 047 4731 영업시간 12:00~18:00 휴일 월요일 예산 300엔(1인)

🍽 ★★★★☆

골프장 옆 소바 식당
소바도코로 유메노야 そば処 夢の舍

맵코드 0980 48 4529
구글좌표 26.677545, 127.904417

골프장Honbu Green Park Golf Club 필드를 가로질러 가면 나오는 독특한 소바 음식점이다. 마치 사무라이가 세상을 등지고 소바 신기술을 연마하러 숲 속의 사부를 만나러 가는 길 같다. 가게는 작은 정원이 있는 오키나와 민가인데 오래된 보헤미안 분위기가 나며 상당히 운치가 있다. 친절한 노부부가 운영한다. 키시모토 식당처럼 목탄 물로 면을 반죽한다. 육수는 돼지 뼈, 채소, 가다랑어를 오랜 시간 우려내 풍미가 깊고 시원하며 깔끔하다. 탱탱한 면발과 국물의 조화는 오키나와에서 최고라 해도 과언이 아니다. 일본에선 보기 드물게 밑반찬을 서비스로 준다. 이 가게의 또 다른 별미는 커피다. 향과 맛이 아주 깊다. 잊지 말고 시켜보자.

찾아가기 추라우미 수족관에서 렌터카로 남동쪽으로 16분 주소 沖縄県国頭郡本部町古島794-2 전화 098 048 4529 영업시간 11:00~17:00(재료 소진시) 휴일 월요일

🍽 ★★★★★

오키나와 북부 최고의 피자 맛집
카진호우 피자 ピザ喫茶花人逢

맵코드 206 888 640*22
구글좌표 카진호우 피자

북부에서 가장 유명한 피자 카페다. 현지인들에게 북부에서 분위기 좋은 카페 추천을 부탁하면 열에 아홉은 카진호우를 말해준다. 일본에서도 상당히 유명한 카페로 전망과 분위기가 좋아 일본 TV프로그램에도 많이 소개되었다. 오키나와 전통 가옥을 개조해 풍광이 정말 끝내준다. 넓은 잔디밭에 붉은 기와 민가가 서 있고 멀리로는 에메랄드빛 바다가 푸른 카펫처럼 펼쳐져 있다.

이 집의 메인 메뉴는 피자와 샐러드 그리고 다양한 음료다. 피자용 치즈는 오키나와 산 유제품을 사용하고 피자는 화덕에서 구워 바삭하고 맛이 좋다. 예전에는 현지인들만 아는 숨겨진 맛집이었지만 지금은 여행객이 더 많이 찾는다. 웨이팅은 기본이다. 영어 메뉴판이 있어 주문하기 쉽다.

찾아가기 ❶ 추라우미 수족관에서 렌터카로 남동쪽으로 11분5.1km ❷ 세소코 섬에서 렌터카로 북동쪽으로 15분6.4km 주소 沖縄県国頭郡本部町山里1153-2 전화 098 047 5537 영업시간 11:30~19:00(마지막 주문 18:30) 휴일 화·수요일 예산 1,200엔1인

 ★★★★☆

김우빈이 다녀간 비세마을의 카레 맛집
카페 추라우미 CAFE 美ら海

맵코드 0980 43 6920   구글좌표 26.701045, 127.880068

추라우미 수족관에서, 또는 비세 후쿠키 마을길을 산책하다 배가 출출해져 오면 카페 추라우미로 가자. 일본식 카레와 소바 그리고 타코라이스 등을 판매하는 곳이다. 특히 카레가 맛이 좋다. 메뉴에 따라 닭구이, 닭튀김, 돈가츠 등을 카레에 올려 내온다. 일본 특유의 가정식 카레와 튀김과 닭다리의 맛이 그만이다. 닭은 얀바루 토종닭을 써서 아주 크다. 매운 양념을 친 후 닭을 구워서 한국인 입맛에 그만이다. 맛도 좋고 양도 많아 인기가 많다. 유명 인사들의 사인도 보이는데 한국 배우 김우빈의 사인이 눈길을 끈다. 찾아가기 ❶ 비세마을 입구 ❷ 추라우미 수족관에서 렌터카로 북쪽으로 3분 주소 沖縄県国頭郡国頭郡本部町備瀬403 전화 0980 43 6920 영업시간 10:00~20:00(라스트 오더 19:00) 휴일 월요일, 부정기 추천메뉴 얀바루 닭다리 카레やんばる地鶏(もも肉)カレ 예산 1,200엔1인 홈페이지 http://churacafe.jp

 ★★★☆☆

바다와 정원이 보이는 카페
차하야 블랑 カフェ・チャハヤブラン CAHAYA BULAN

맵코드 563 105 714 *20   구글좌표 26.702138, 127.879870

차하야 블랑 또한 비세비세 후쿠기 가로수길 입구에 있는 카페 겸 레스토랑이다. 후쿠기 나무에 가려져 있어 잘 찾아야 한다. 계단을 내려가야 가게가 나타난다. 이 가게의 장점은 가로수길과 바다를 한번에 볼 수 있다는 점이다. 한쪽에선 숲길이, 반대쪽에선 바다가 펼쳐진다. 넓은 정원이 아름다운 해변과 이웃하고 있다. 수평선 저 멀리로 이에 섬도 보인다. 주 메뉴는 치킨탕면과 삼겹살 조림덮밥이다. 쫄깃한 면발과 닭 육수가 어우러진 치킨탕면이 별미이지만, 식사보다는 바다 풍경을 바라보며 여유롭게 차 한 잔 마시는 곳으로 더 유명하다. 오픈 시간이 짧다는 것이 단점이다.

찾아가기 ❶ 비세마을 입구 ❷ 추라우미 수족관에서 렌터카로 북쪽으로 5분 주소 沖縄県国頭郡本部町備瀬429-1 전화 0980 51 7272 영업시간 12:00~16:00(일몰 시간) 휴일 수·목·월요일 추천메뉴 치킨탕면チキン湯麺 예산 900엔1인 홈페이지 http://www.cahayabulan.com

📷 ★★★★☆

웃후~! 돌고래와 함께 수영을
모토부 겐키무라 もとぶ元気村

맵코드 098 051 7878

구글좌표 motobu genki village

아이들은 해양박공원의 돌고래 쇼를 보면서 열광한다. 하지만 공원 남쪽에 돌고래를 더 가까이서 보고 직접 만지며 함께 수영도 할 수 있는 곳이 있다. 모토부 겐키부라Motobu Genki Village이다. 돌고래는 물론 바다거북이, 오키나와의 말도 아주 가까이서 볼 수 있고, 수상 스키나 요트 같은 다양한 해양 레저 프로그램도 즐길 수 있다. 돌고래와 수영하는 프로그램은 남녀노소 모두 좋아한다.

모토부 겐키무라는 마린 피아자 오키나와 호텔에서 운영한다. 이 호텔은 돌고래와 다양한 해양 레저 프로그램으로 유명한데 호텔 숙박객이 아니라도 이용 가능하다. 호텔 앞에 수영장보다 넓은 돌고래의 집이 있다. 이곳에서 태어난 돌고래부터 인근 바다에서 살던 돌고래까지 수십여 마리가 살고 있는데, 재밌는 점은 돌고래들이 수시로 바다로 외출했다가 집으로 돌아온다는 것이다. 돌고래가 점프하는 모습을 지켜볼 수도 있고, 구명조끼를 입고 들어가 돌고래와 같이 바다 속을 누빌 수도 있다. 튼튼한 방파제가 설치되어 있어 태풍을 제외한 악천후에도 돌핀 프로그램과 수상 스포츠를 진행한다.

찾아가기 ❶ 나하공항에서 오키나와자동차도로 경유하여 북쪽으로 렌터카로 1시간 40분92km
❷ 나하공항이나 오키나와 현청 건너편류보백화점 블루실 아이스크림 매장 앞에서 얀바루 급행버스やんばる急行バス 1900엔 승차하여 마린 피아자 리조트 정류장 하차. 버스 2시간 30분, 도보 5분 ❸ 추라우미 수족관에서 자동차로 남쪽으로 7분
주소 沖縄県国頭郡本部町浜元 410 전화 098 051 7878 돌고래 프로그램 ❶ 10:00, 15:00 50분 12,000엔(6월 18일~9월 30일 14,000엔) ❷ 12:00 90분 16,000엔(6월 18일~9월 30일 20,000엔) 홈페이지 owf.jp

📷 ★★★★★

몰디브 부럽지 않은 에메랄드빛 바다

고우리 섬 古宇利島 고우리지마

맵코드 485 722 490

구글좌표 고우리 섬

오키나와 버전의 '아담과 이브' 전설이 전해지는 섬이다. 모토부 반도 동
북쪽 끝자락에 있으며, 유심히 보지 않으면 지나치기 쉬울 정도로 섬이
작다. 모토부 반도 동쪽 끝 야가지 섬屋我地島과 고우리 섬을 연결하는 고
우리 대교에 진입하면 입을 다물지 못 할 정도로 아름다운 에메랄드빛
바다가 펼쳐진다. 인도양의 섬 몰디브에서나 볼법한 바다가 물감을 풀
어 만든 푸른 카펫처럼 펼쳐지고, 고우리 섬은 유유자적 바다 위에 떠있
다. 세상에서 만날 수 있는 가장 완벽한 풍경이다.

섬의 인구는 358명이고 차로 섬을 한 바퀴 도는데 10분이 걸리지 않지
만, 섬 곳곳에는 서운하지 않을 만큼 볼거리가 많다. 고우리 비치는 오
키나와 사람들이 사랑하는 비치 중 한곳이다. 호수처럼 잔잔하고 모래
도 고와 고운 소녀 같은 분위기가 느껴진다. 섬 북쪽에 있는 하트록은
해변에 서있는 두 개의 기암으로 돌이 하트 모양이라 더 유명하다. 돌마

찾아가기 ❶ 나하공항에서 오키나와자동
차도로沖縄自動車道와 58번국도 경유하여
렌터카로 1시간 40분 ❷ 추라우미 수족관
에서 렌터카로 30분

주소 沖縄県国頭郡今帰仁村古宇利

저도 로맨틱한 섬이다. 2013년에 만들어진 고우리 오션 타워도 고우리 섬을 대표하는 명소이다. 높지는 않지만 명품 바다를 한눈에 담을 수 있어 많은 이들이 찾는다. 섬의 모든 것들은 얼마나 아름다운지, 여행을 마치고 나서도 길게 여운이 남아 한바탕 꿈을 꾸고 난 기분이 든다.

오키나와 버전의 '아담과 이브' 이야기

옛날 고우리 섬에는 아무것도 입지 않은 남녀 한 쌍이 살고 있었다. 이들은 하늘에서 내려오는 음식을 받아먹으며 행복하게 살았는데, 어느 날부터 음식이 끊길지도 모른다는 두려움에 조금씩 모아 숨기기 시작했다. 불행하게도 음식을 숨긴 날부터 하늘에서 음식은 내려오지 않았다. 이들은 이때부터 나뭇잎으로 옷을 만들어 몸을 가리고 고된 노동을 하며 살아가기 시작했다. 이들의 후손이 류큐를 만들었다는 전설이 전해진다.

1 오키나와에서 손꼽히는 드라이브 코스
고우리 대교 古宇利大橋 코우리오하시

고우리 섬을 대표하는 명소로 2005년에 완공되었다. 오키나와 본토에서 가장 긴 다리로 길이가 1960m이다. 다리 모습이 미학적인 건 아니지만, 대교에서 바라보는 고우리 섬 풍경은 탄성이 절로 나올 만큼 아름답다. 그리고 긴 다리를 건너며 아름다운 바다를 감상할 수 있는 행복을 만끽하게 해준다. 오키나와에서 가장 아름다운 드라이브 코스 탑5에 늘 이름을 올린다. 맵코드 485 631 329*31 구글좌표 26.686206, 128.017115

2 인생샷을 남기고 싶다면
고우리 비치 古宇利ビーチ

고우리 섬과 고우리 대교가 만나는 곳에 있는 자연 비치이다. 물빛이 투명하고 물결도 잔잔해 사람들에게 인기가 좋다. 해수욕을 즐기지 않는 겨울철에도 아름다운 바다를 배경으로 인생샷을 찍기 위해 사람들이 많이 찾는다. 아름답고 잔잔한 물결을 보는 것만으로도 힐링이 된다. 구글좌표 26.697429, 128.016911

③ 잊을 수 없는 풍경을 선사하다
고우리 오션 타워 古宇利 オーシャンタワー

섬을 한눈에 조망 할 수 있는 타워로 2013년 말에 완공되었다. 높이는 82m이다. 건물이 그리 아름답지는 않지만, 잊을 수 없는 풍경으로 그 모든 것을 만회한다. 타워에서 바라보는 섬 풍경은 정말 아름답다. 고우리 대교에서 보았던 아름다운 풍경을 높은 위치에서 한눈에 바라볼 수 있다. 입장료는 조금 비싼 편이다. 조개박물관과 쇼핑센터, 레스토랑도 있다. 날씨가 좋지 않은 날은 추천하지 않는다.

주소 沖縄県今帰仁村古宇利538番地 전화 098 056 1616 운영시간 08:00~18:00(입장 마감 17:30, 7월 중순~8월 하순 사이의 서머타임 시기엔 18:00까지 입장 가능) 휴일 없음 입장료 성인 800엔 중·고생 600엔 초등생 300엔 유아 무료 맵코드 485 693 485*14 구글코드 26.700174, 128.024084 홈페이지 https://www.kouri-oceantower.com/ko/

④ 커플 여행객이 몰리는 하트 모양의 돌
하트 록 ハートロック 하트로크

일본인 커플 여행객 사이에서 인기가 좋은 하트 모양의 돌이다. 작은 해변의 얕은 바다 위에 우뚝 서있다. 전혀 인위적이지 않으며 자연석이 확실하다. 자연의 경이로움이 새삼 느껴진다. 로맨틱한 섬에서 만나는 하트 모양의 암석은 고우리 섬을 아름다운 사랑의 섬으로 만들어준다. 구글좌표 26.713566, 128.015272(하트 록 주차장)

 ★★★★☆

고우리 바닷가의 새우 푸드 트럭
쉬림프 왜건 ShrimpWagon

맵코드 485 692 2027   구글좌표 26.695772, 128.022389

오픈한 지 얼마 되지 않아 고우리를 대표하는 맛집이 되었다. 하와이 노스쇼어의 새우 트럭을 연상케 하는 푸드 트럭이다. 고우리 대교를 건너 오른쪽 방향으로 틀면 주차장에 핑크 색 새우를 그려넣은 하얀 색 봉고가 눈에 들어온다. 흰색 봉고에 핑크 색으로 쉬림프 왜건이라고 크게 적혀 있다. 아름다운 고우리 바다를 더욱 하와이 풍으로 만들어 준다. 메뉴 또한 하와이 노스쇼어의 새우 트럭과 같다. 마늘에 통새우를 튀겨 밥과 같이 나오는 갈릭 새우 오리지널이 메인 메뉴다. 마늘향이 가득 배인 통통한 새우가 정말 맛있다. 한국 여행객에게 특히 인기가 많다. 사람들이 몰려들 때면 줄을 서서 기다려야 한다. 그러나 음식이 입에 들어가는 순간 기다림은 곧 잊게 된다.

찾아가기 ❶ 고우리 대교 건너 오른쪽 주차장 옆 ❷ 고우리 오션 타워에서 남쪽으로 도보 12분, 렌터카로 5분 주소 沖縄県国頭郡今帰仁村古宇利348-1 전화 0980 56 1242 영업시간 11:00~18:00 휴일 부정기 예산 1200엔1인 홈페이지 http://shrimp-wagon.com

 ★★★★☆

사랑의 바위 근처 퓨전 카페
카페 코리야 古宇利家 Kouriya   구글좌표 26.709717, 128.013668

하트 록 가기 전 길가에 자리 잡은 아늑한 카페이다. 고우리 섬을 닮아 매력적이고 사랑스럽다. 부부가 운영하는 곳으로 테이블, 의자, 메뉴판 등을 주인이 직접 만들어 따뜻함이 느껴진다. 아지트 같고 조금은 히피적이다. 빈티지한 난로와 기타 그리고 산호가 아기자기하게 멋을 더하고 있다. 나무로 만든 바와 테이블 두어 개, 좌식 테이블 두어 개로 편안함을 더한 분위기이다. 오픈한 지 얼마 되지 않았으나 단골손님이 많으며 손님과 주인은 늘 이야기꽃을 피운다. 카페에 앉아 밖을 바라보고 있으면 시간이 어떻게 흘러가는지 모른다. 일본 영화 속 카페 같다. 샐러드 덮밥과 간단 가정식, 커피와 음료를 판매한다. 찾아가기 ❶ 하트 록에서 북쪽으로 도보 4분, 자동차로 1분 ❷ 고우리 비치와 고우리 대교 남단에서 자동차로 8분 주소 沖縄県国頭郡今帰仁村古宇利2248 전화 090 4424 6182 영업시간 11:00~20:00 휴일 부정기

 ★★★★★

오늘은 코발트블루에 취하자
세소코 섬과 세소코 비치 瀬底島, 瀬底ビーチ 세소코지마와 세소코 비치

맵코드 206 822 294*66
구글좌표 세소코 비치

세소코 섬은 모토부 반도 서쪽에 있는 섬으로 아름다운 바다를 마음껏 즐길 수 있는 곳이다. 모토부 반도에서 600m 떨어져 있는데, 다리를 건너면 바로 세소코 섬이다. 인구는 170여 명, 섬 둘레는 7km에 불과하다. 이 섬의 하이라이트는 세소코 비치이다. 섬 서쪽 끝자락에 숨어 있다. 백사장의 길이는 800m인데, 순백의 산호모래가 수줍은 소녀처럼 곱게 펼쳐져 있다. 비치 앞엔 쪽빛 바다가 끝없이 펼쳐진다. 산호모래와 에메랄드빛 바다가 한 폭의 그림 같이 아름답다. 물빛이 너무 맑아 바다가 아니라 계곡의 물처럼 깨끗하다. 굳이 스노클링을 하지 않아도 물속에서 노니는 열대어를 볼 수 있다. 수심이 얕아 다른 비치와 달리 수영 경계선이 없다. 수정같이 맑은 물빛에 취해 무작정 멀리 나아가는 것만 유의하면 된다. 스노클링과 다이빙 스폿으로 인기가 좋으며, 아름다운 석양으로도 유명하다. 깨끗한 바다 속에서 열대어와 산호초도 마음껏 구경할 수 있다. 주차비1,000엔가 조금 비싸다는 단점이 있다.

찾아가기 ❶ 나하공항에서 오키나와자동차도로沖縄自動車道와 58번국도 경유하여 렌터카로 1시간 40분 ❷ 추라우미 수족관에서 렌터카로 15분 ❸ 나고 버스터미널에서 76번瀬底線 세소코선 탑승하여 세소코고민간마에瀬底公民館前 정류장 하차. 도보 10분 주소 沖縄県国頭郡本部町瀬底 5583-1 전화 098 047 7000 운영시간 4월~6월 09:00~17:30 7월~9월 09:00~18:00 주차요금 1일 1,000엔 편의시설 이용료 샤워실 500엔 라커 200엔 튜브 500엔 파라솔 1,500엔(1일) 파라솔+비치체어 3,000엔 해양 스포츠 스노클링 1,000엔 바나나보트 3,100엔(20분) 홈페이지 http://www.sesokobeach.jp/index.html

북부 | 모토부 반도 105

 ★★★★☆

오키나와 최고의 에메랄드 빛 바다

민나 섬 水納島 민나지마

구글좌표 minna island beach

모토부 반도의 바다는 물빛이 푸르기로 유명하다. 그 중에서 가장 투명한 에메랄드빛 바다를 꼽으라면 단연 민나 섬이다. 민나 섬은 초승달 모양의 빵 크루아상처럼 생겨 크루아상 섬이라고도 불린다. 모토부 반도에서 배로 15분이면 도착할 수 있는 산호 섬으로, 면적 17만 평에 주민은 50여 명에 불과하다.

배는 토구치 항에서 출발한다. 배를 타고 불과 15분만 나가면 놀랍게도 물감보다 더욱 푸른 에메랄드빛 바다가 펼쳐져 있다. 워낙 유명한 섬이어서 성수기에는 사람들이 많이 몰린다. 7월 19일부터 시작되는 성수기엔 배편은 증편되지만, 대부분 만석이므로 토구치 항에 일찍 도착하는 것이 좋다. 해수욕은 물론 스노클링, 각종 해양 스포츠를 즐기기에 그만이다. 시간 여유가 있다면 하룻밤을 보내는 것을 추천한다. 아름다운 해변에서 수없이 많은 밤하늘의 별들을 바라보는 행복을 만끽할 수 있다.

★★★★★
해수욕에서 스노클링까지
민나 비치 水納ビーチ

맵코드 206 856 568
구글좌표 minna island beach

민나 섬의 항구 양쪽으로 펼쳐져 있다. 왼쪽은 해양 스포츠를 즐기는 해변이고 오른쪽은 해수욕장으로, 배에서 내리자마자 바다로 뛰어들 수 있을 만큼 비치가 가깝다. 해변의 길이는 1km 정도이고, 폭은 40m이다. 일본 여행객의 피서지로 유명하며, 해변의 사람들은 대부분 일본인이다. 제트 스키, 스노클링 등 다양한 해양스포츠를 즐길 수 있으며, 스노클링을 위한 물고기 먹이는 해변 매점에서 판매한다.(150엔)

전화 0980 047 5572 운영시간 4~9월 09:00~18:00 편의시설 이용료 샤워실 100엔 라커 300~500엔 튜브 500엔 파라솔 1,000엔(1일) 해양 스포츠 바나나보트 1500엔(10분)

Travel Tip

섬에는 편의점이 없기 때문에 먹을거리는 사가지고 들어가는 것이 좋다. 소각장이 없으므로 쓰레기는 가지고 나와야 한다. 샤워장이 하나밖에 없어 돌아가는 배 시간이 가까워지면 아주 혼잡하다. 여유 있게 시간 분배를 하자. 비치 용품은 여객 대합실에서 사전 예약하면 20% 할인 받을 수 있다. 예약하면 예약권을 준다.

토구치항渡久地港 토구치고 찾아가기 ❶ 나하공항에서 오키나와자동차도로沖縄自動車道와 449번국도 경유하여 렌터카로 1시간 40분 ❷ 추라우미 수족관에서 114번현도県道와 449번국도 경유하여 렌터카로 10분 ❸ 나고 버스터미널에서 76번 승차후 토구치 항에서 하차 주소 沖縄県国頭郡本部町谷茶 29 전화 098 047 5179 홈페이지 www.ji-okinawa.ne.jp/people/croissan/kaiun.html

민나 해운 요금 성인 1,710엔, 어린이 850엔 선박 운행 시간표 12월~3월 08:30, 13:00, 16:30(나오는 배 09:00, 13:30, 17:00) 4월~6월, 9월21일~11월 30일 08:30, 10:00, 13:00, 16:30(나오는 배 09:00, 10:30, 13:30, 17:00) 7월1일~7월19일 09:00, 10:00, 11:00, 13:00, 15:30, 16:30(나오는 배 09:30, 10:30, 11:30, 13:30, 16:00, 17:00) 7월20일~8월31일 08:30, 09:30, 10:15, 11:00, 11:45, 13:30, 14:20, 15:05, 15:50, 16:35, 17:20(나오는 배 09:00, 09:50, 10:35, 11:20, 13:00, 14:00, 14:45, 15:30, 16:15, 17:00, 17:45) 9월1일~9월20일 08:30, 09:30, 10:15, 11:00, 13:30, 15:20, 16:05, 16:50(나오는 배 09:00, 09:50, 10:35, 13:00, 15:00, 15:45, 16:30, 17:15)

🍴 ★★★★☆

바다가 보이는 카페 겸 레스토랑
오렌지 선셋 オレンジサンセット

맵코드 098 047 7545

구글좌표 26.642154, 127.863386

세소코 섬은 모토부 반도에서 600m 떨어져 있는 섬으로 추라우미 수족관 닿기 전에 있다. 아름답지만 편의 시설 많지 않고 두어 개의 카페 겸 식당이 전부다. 대표적인 곳이 오렌지 선셋이다. 카페 겸 이탈리안 레스토 랑이다. 바다와 석양이 보이는 언덕에 위치한 작지만 아름다운 곳이다. 주인아저씨가 혼자서 운영하는데 하 와이에 대한 사랑이 남다르다. 가게에는 하와이를 상징하는 깃발이 걸려 있고 곳곳에 하와이 사진이 걸려있 다. 메뉴는 파스타와 피자 그리고 프렌치 토스트가 있다. 주문을 하면 바로 음식을 만드는데 주방이 다 보인 다. 가게 밖으로 아름다운 세소코 바다가 펼쳐져 있다.

찾아가기 ❶ 나고 버스터미널에서 76번 세소코선瀬底線 버스 탑승 후 세소코고민간마에瀬底公民館前 정류장 하차. 도보 10분
❷ 추라우미 수족관에서 렌터카로 15분 주소 沖縄県国頭郡本部町瀬底瀬底4673-1 전화 098 047 7545
영업시간 11:00~19:00(목요일 11:00~16:00) 휴일 부정기 예산 1,000엔1인

 ★★★★☆

40년 전통 맛집
드라이브인 레스토랑 하와이 ドライブインレストランハワイ

맵코드 098 047 2927　구글좌표 26.638087, 127.881967

세소코 섬 가기 직전에 있는 하와이와 오키나와 퓨전 요리 전문점이다. 문을 연지 40년이 지난 전통 맛집으로, 전통 오키나와 요리부터 해산물, 철판 스테이크, 바다가재 요리, 디저트까지 다양한 음식을 판매한다. 이곳의 장점은 한 접시에 스테이크, 튀김, 밥 , 샐러드 등이 푸짐하게 나오는 세트 메뉴가 많다는 것이다. 일본의 적은 음식량에 적응이 안 되는 여행객이라면 만족스러워할 레스토랑이다. 가장 인기가 좋은 세트 메뉴는 런치 A세트. 가게 문을 열 때 만들어진 간판 메뉴로 바삭하게 튀긴 돈가스, 새우 튀김, 치킨, 불고기, 계란말이, 스파게티가 밥과 함께 나온다. 가격도 1,190엔으로 저렴해 인기가 아주 좋다. 이외에 햄버거, 타코라이스, 스테이크, 어린이 세트가 있다. 영어 메뉴판이 있어 주문하기도 쉽다.

찾아가기 ❶ 세소코 섬에서 렌터카로 5분 ❷ 추라우미 수족관에서 렌터카로 남쪽으로 12분 주소 沖縄県国頭郡国頭郡本部町崎本部4578 전화 098 047 2927 영업시간 11:00~21:00(라스트 오더 20:00) 휴일 월, 화요일

 ★★★★☆

정원이 아름다운 맛집
Fuu Cafe 푸 카페

맵코드 206 793 848

구글좌표 fuu cafe

세소코 섬에서 가장 아름다운 비치는 단연 세소코 비치다. 산호모래로 만들어진 순백의 비치와 투명한 물빛이 한 폭의 그림이다. 백사장의 길이가 800m에 이르며, 매년 많은 여행객이 몰린다. 푸 카페는 세소코 비치로 가는 길에 있다. 나무가 우거져 있는 가든 카페로 직접 재배한 허브와 당일 채소로 요리를 만든다. 인기 메뉴는 오키나와 돼지인 아구로 만든 아구덮밥이다. 덮밥 위에 오키나와 해초인 바다포도海ぶどう가 올려 나오는데 식감이 독특하고 맛있다. 카페의 분위기 때문에 더 많이 찾는다는 소문도 있다. 건물은 나무로 만들어져 산장 같고, 넓은 정원에서는 아름다운 세소코 바다가 보인다. 정원에 앉아 바다를 바라보며 차 한 잔 하기 좋은 곳이다.

찾아가기 ❶ 나고 버스터미널에서 76번 세소코선瀬底線 버스 탑승 후 세소코고민간마에瀬底公民館前 정류장 하차. 도보 10분 ❷ 추라우미 수족관에서 렌터카로 15분 주소 沖縄県国頭郡本部町瀬底557 전화 098 047 4885 영업시간 11:00~17:00 휴일 수·목요일(7~9월 무휴) 추천메뉴 아구덮밥アグー丼 예산 1,400엔1인

 ★★★★☆

오키나와의 소울 푸드를 찾아서
오키나와 소바 로드 沖縄そば街道 오키나와 소바가이도

나고 시에서 북서쪽으로 모토부 반도를 가로지르며 84번 도로를 따라 약 20km 이어지는 길에 소바 가게가 많이 모여 있는데, 이곳을 오키나와 소바 로드라고 한다. 100년이 넘은 소바 집부터 퓨전 소바 집까지 다양하다. 이 도로가 소바로 유명해지면서 모토부초는 '오키나와 소바 마을'이라 불리게 되었다. 대표 가게로는 모토부 항구토구치 항 근처에 있는 '키시모토 식당'과 산 속의 백년 넘은 민가에 자리 잡은 '백년고가 우후야'가 있다. 1905년 문을 연 키시모토 식당은 모토부초 사람들에게 사랑받는 소바 집으로 점심시간에는 줄을 서야 할 정도로 인기가 좋다.

보통 일본 소바는 메밀로 만드는데, 오키나와 소바는 밀가루로 만든다. 류큐 시대부터 발달한 음식으로, 일찍부터 무역이 발달했기 때문에 밀을 사용할 수 있었다. 면발이 조금 독특한데 밀가루임에도 불구하고 툭툭 끊어진다. 밀반죽을 숙성하지 않고 바로 물에 삶아 기름을 발라 보관했기 때문인데, 더운 아열대 기후에서 숙성이 어려워 이런 방식으로 만든 듯하다. 국물은 돼지 뼈와 닭 뼈를 오랜 시간 고아 만들어 맛이 깊고 진하다. 제주도의 고기국수 국물과 비슷한 맛이다. 면 위에 잘 구운 삼겹살과 돼지갈비 등을 고명으로 올리면 소바가 완성된다.

오키나와 소바 로드 맛집과 카페

 ★★★★☆

숲속 베이커리
야에다케 베이커리 八重岳ベーカリー Yaedake Bakery

맵코드 206 801 560*63
구글좌표 야에다케 베이커리

얀바루의 야에 산야에다케 八重岳의 꼬불꼬불한 도로를 한참을 달려야 나온다. 설마 이런 곳에 빵집이 있을까 싶을 만큼 깊은 산기슭에 있다. 산속에 있지만 오키나와에서 꽤 유명한 베이커리로, 먼 길을 마다않고 달려오는 이들이 많다. 1977년에 창업한, 역사와 전통이 있는 곳이다. 동네 빵집 같은 작은 목조 건물이 인상적이다. 진열대엔 보기 좋게 빵이 놓여있고 고소한 빵 냄새가 실내를 가득 채우고 있다. 매일 12시 전후로 구운 빵이 나오는데 오후가 되면 금세 동이 난다. 천연 효모와 야에다케의 물, 오키나와 흑설탕, 오키나와 소금을 이용해 만든다. 빵 마니아라면 야에다케 베이커리를 기억해두자.
찾아가기 ❶ 파인애플 파크에서 렌터카로 북서쪽으로 17분5.8km ❷ 추라우미 수족관에서 렌터카로 남동쪽으로 21분 주소 沖縄県国頭郡本部町伊豆味1254 전화 098 047 5642 영업시간 11:00~19:00(일몰 시간) 휴일 월·화요일

★★★★★

소바 로드의 소문난 맛집
얀바루 소바 山原そば

맵코드 206 834 514 *41
구글좌표 얀바루소바

모토부 반도의 오키나와 소바 로드에 있는 맛집이다. 오키나와 소바 로드에서 빠질 수 없는 음식점으로, 입소문이 자자한 곳이다. 회색 기와인 오래된 전통 민가에 들어서 있으며, 가게는 대체로 붐비는 편이다. 주차장에 차가 가득차고 줄 서서 기다리는 사람들을 종종 볼 수 있다. 이곳은 소키 소바가 유명한데, 우리말로는 돼지등뼈 갈비 소바다. 육수는 돼지고기와 가다랑어를 오랫동안 우려서 만든다. 독특한 점은 갈비의 간을 주문을 받은 후에 한다는 점이다. 그래야 국물과 조화가 좋다고 한다. 갈비와 풍미 넘치는 육수의 조화가 그만이다. 84번국도를 타고 오키나와 소바 로드를 지나고 있다면 놓치지 말자. 찾아가기 ❶ 파인애플 파크에서 84번국도를 따라 북서쪽으로 렌터카로 7분4.8km ❷ 추라우미 수족관에서 렌터카로 남동쪽으로 17분11km 주소 沖縄県国頭郡本部町伊豆味 本部町伊豆味70-1 전화 098 047 4552 영업시간 11:00~15:00(재료 소진시) 휴일 월·화요일 예산 800엔

 ★★★★☆

숲에서 즐기는 화덕피자와 수제 케이크
카페 이차라 Cafe ichara

맵코드 098 047 6372 │ 구글좌표 cafe ichara

카페 이차라는 얀바루 숲에 안겨 있다. 가게 밖에는 남미 혹은 동남아시아의 정글 같은 숲이 펼쳐져 있다. 특히 테라스 앞은 완전히 녹색지대다. 하늘은 고개를 들어야 보이며, 손을 뻗으면 나무를 만질 수 있다. 오키나와의 자연을 느낄 수 있는 매력적인 카페다. 숲에서 들려오는 새소리와 바람소리를 듣고 있으면 저절로 힐링이 되는 것 같다. 대표 메뉴는 가마에서 구워낸 화덕피자와 수제 케이크이다. 피자 맛이 좋다. 그동안 바다를 보면서 차를 마셨다면 이번에는 숲에 안겨 힐링의 시간을 갖자. 84번국도 오키나와 소바 로드에 인접해 있다.

찾아가기 ❶ 파인애플 파크에서 84번국도를 따라 북서쪽으로 렌터카로 7분4km ❷ 추라우미 수족관에서 렌터카로 남동쪽으로 20분11.4km 주소 沖縄県国頭郡本部町伊豆味 本部町伊豆味2416-1 전화 098 047 6372 영업시간 11:30~16:15 휴일 화·수요일

 ★★★★☆

맵코드 206 804 746* 87

구글좌표 카페 하코니와

샌드위치와 퓨전 가정식
카페 하코니와 cafeハコニワ

오키나와 소바 로드인 84번국도에서 가깝다. 나고 시와 모토부 항 중간 지점인데, 작은 길로 조금 들어가면 숲속에 아담하게 자리 잡고 있다. 한적한 이런 숲속에 카페가 있는 것이 신기할 정도다. 도예가 부부가 운영하는 곳으로, 작은 민가를 개조해 만든 카페이다. 오래된 가옥의 분위기를 잘 살렸다. 나무 바닥과 기둥이 그대로 남아 있어 옛 정취가 느껴진다. 하코니와는 친환경 음식점으로 오키나와와 얀바루 지역에서 생산되는 식재료로 음식을 만든다. 당일 들어오는 채소에 따라 메뉴가 조금씩 달라진다. 기본 베이스는 정식이다. 흑미밥, 스프, 샐러드가 나오고 디저트로 케이크가 나온다. 샌드위치 같은 단품 메뉴도 있다.

찾아가기 ❶ 파인애플 파크에서 84번국도를 따라 북서쪽으로 렌터카로 6분 3.6km ❷ 추라우미 수족관에서 렌터카로 남동쪽으로 22분12km

주소 沖縄県国頭郡本部町伊豆味2566 전화 098 047 6717

영업시간 11:30~17:30 휴일 수·목요일

🍴 ★★★★☆

소바 먹으러 가요
소바 요시코 そば屋よしこ

맵코드 098 047 6232
구글좌표 26.639593, 127.958422

84번국도 소바 로드에 있는 맛집이다. 소바 고명으로 오키나와 족발인 데비치가 나오는 게 이 집의 특징이다. 데비치는 물과 오키나와 전통주 아와모리에 돼지 족발을 넣고 삶는 음식이다. 데비치를 소바에 올린다는 것이 조금 이상하게 여겨질 테지만 한입 베어물면 부드럽게 면발과 콜라보를 이룬다. 툭툭 끊어지는 면이 식감이 부드러운 족발과 만나면서 서로를 보완해준다. 다른 가게보다 야채가 많이 들어가는데 이 야채가 비린내를 잡아준다. 소박한 맛이 이 집의 특징이다. 소바 마니아라면 들러볼 만하다. 찾아가기 ❶ 파인애플 파크에서 84번국도를 따라 북서쪽으로 렌터카로 4분3.1km ❷ 추라우미 수족관에서 렌터카로 남동쪽으로 23분12.5km 주소 沖縄県国頭郡本部町伊豆味2662 전화 098 047 6232 영업시간 10:00~19:00 휴일 금요일 예산 800엔

🍴 ★★★★☆

그야말로 유명한 소바 음식점
백년고가 우후야 百年古家 大家 Ufuya

맵코드 098 053 0280
구글좌표 백년고가 우후아

여행자들에게 가장 많이 알려진 소바와 아구 샤브샤브 전문점이다. 나고의 파인애플 파크에서 가깝다. 100년 전인 메이지 후기 시대에 지어진 고택을 고급스러우면서도 옛 분위기를 잘 살려 개조했다. 고택은 류큐시대를 연상케 해준다. 넓은 잔디마당을 사이에 두고 옛 건물 여러 채가 있다. 여러 매체에 많이 소개되고 드라마의 배경으로 나오기도 했다. 점심에는 오키나와 소바를, 저녁에는 아구 샤브샤브를 중심으로 판매한다. 단품 메뉴, 세트 메뉴 등도 다양하다. 오키나와 기념품도 판매한다. 맛도 평균 이상이지만 분위기가 더 좋은 맛집이다. 한글 메뉴판이 있어 편리하다. 홈페이지를 방문하면 음료 쿠폰을 다운 받을 수 있다.

찾아가기 ❶ 파인애플 파크에서 84번 국도를 따라 북서쪽으로 렌터카로 4분1.3km ❷ 21세기의 숲 비치에서 북쪽으로 렌터카로 11분(5.8km) ❸ 추라우미 수족관에서 렌터카로 남동쪽으로 26분16km 주소 沖縄県名護市中山90 전화 098 053 0280 영업시간 11:00~17:00, 18:00~22:00(연중 무휴) 예산 1,500~3000엔1인 홈페이지 http://ufuya.com

📷 ★★★★☆

벚꽃이 만개하는 오키나와의 만리장성
나키진 성터 今帰仁城跡 나키진조아토

맵코드 553 081 414*44
구글좌표 나키진 성터

나키진 성터는 북부 지역을 대표하는 성터이자 슈리 성의 옛 건축물로, 오키나와의 성터 7곳과 함께 유네스코에 등재된 세계문화유산이다. 류큐시대 이전에 지어진 600년 된 성으로, 삼산三山시대북산, 중산, 남산의 세 나라로 나누어진 시대에 북산 왕이 거주하던 곳이다. 규모가 슈리 성 다음으로 크다. 1429년 중산의 쇼하시가 북산과 남산을 물리치고 류큐 왕국1429~1879을 탄생시켰다.

북산은 사라졌지만, 나키진 성터에는 고구려 성 같은 위용과 기상이 느껴진다. 성벽 길이 약 1.5km로, 오키나와의 '만리장성'으로 불린다. 오키나와 전쟁 때 피해를 덜 입어 다른 성에 비해 보존이 잘 되어 있으며, 미학적으로도 꽤 아름답다. 성으로 가는 길엔 753개 돌 계단이 있는데, 계단을 오르며 바라보는 성터 풍경이 몹시 아름답다. 잔잔한 파도처럼 곡선을 그리며 펼쳐진 성은 주변 숲과 어우러져 고풍스러운 분위기를 자아낸다. 성 만큼이나 압권은 성에서 바라보는 바다이다. 궁녀들의 방이 있던 우치바루와 표고 100m의 성 꼭대기에 오르면 수심이 깊어질 때마다 빛을 달리하는 에메랄드빛 바다가 시원하게 펼쳐진다. 오키나와에 있다는 일곱 색깔 에메랄드를 바라보고 있으면 순간적으로 가슴이 뭉클해진다. 나키진 성터는 오키나와에서 벚꽃이 가장 먼저 피는 곳이다. 1월 말에 꽃봉오리를 터트리기 시작하여 2월이 되면 화사하게 피어나 성을 벚꽃 화원으로 바꾸어 놓는다.

찾아가기 렌터카 ❶ 나하공항에서 오키나와자동차도로沖縄自動車道와 58번국도 경유하여 1시간 45분 ❷ 추라우미 수족관에서 10분(7km) 버스 ❶ 나하공항 국내선 2번 승차장에서 얀바루 급행버스やんばる急行バス 탑승하여 나키진조아토이리구치今帰仁城跡入口 정류장 하차(2시간 30분소요). 도보 20분 ❷ 나고 버스터미널에서 66번本部半島線 모토부반도선 탑승하여 나키진조아토이리구치今帰仁城跡入口 정류장 하차. 도보 20분 주소 縄県国頭郡今帰仁村今泊 5101 전화 0980 56 4400 운영시간 08:00~18:00 입장료 400엔 초·중생 300엔 유아 무료

🍴 ★★★★★

여행 책 표지처럼 아름다운 카페
카페 고쿠 カフェ こくう

맵코드 553 053 127

구글좌표 카페고쿠

<새로운 오키나와 여행>이란 책의 표지에 나오는 카페이다. 표지 사진처럼 카페 고쿠의 첫인상은 아름답다. 높은 언덕에 홀로 우뚝 서있는 붉은 기와와 목조 건물 그리고 그림처럼 펼쳐진 쪽빛 바다가 마치 한 폭 그림 같다. 탄성 소리가 저절로 나온다. 카페 고쿠는 일본 본토에서 오키나와로 이주한 젊은 부부가 운영하는 카페 겸 레스토랑이다. 모토부 반도 나키진에서 재배한 유기농 재료로 만든 샐러드 세트 고쿠 플레이트가 가장 인기가 좋다. 사실 아름다운 풍광 때문에 음식에 신경이 가질 않는다. 고쿠 차도 유명한데 14가지 약초를 넣어 만들었다. 산길을 한참 올라가야 한다는 것이 단점이지만 도착하는 순간 모든 것을 잊게 된다. 나키진 성터와 가까운 편이다.

찾아가기 ❶ 나키진 성터에서 동남쪽으로 렌터카로 16분6km ❷ 추라우미 수족관에서 렌터카로 동쪽으로 23분11km 주소 沖縄県国頭郡本部町備瀬429-1 전화 0980 51 7272 영업시간 12:00~16:00(일몰 시간) 휴일 수·목·월요일 예산 1200엔1인

원초적인 아름다움을 찾아서
나고·얀바루

모토부 반도와 중부 지역이 오키나와 여행의 본문이라면 나고 시와 얀바루 지역은 에필로그 같은 곳이다. 오키나와의 '황금 루트' 58번국도, 히루기 공원의 맹그로브 숲, 오키나와 최북단 헤도 곶. 당신은 나고와 얀바루에서 여행의 마침표를 찍게 될 것이다.

📷 ★★★★☆

스포츠도 즐기고 해수욕도 하고
21세기의 숲 비치 21世紀の森ビーチ 21세키노 모리비치

맵코드 206 626 415*62

구글좌표 26.591112, 127.969760

나고 시청 근처 서해안에 있는 인공 비치로 체육복합시설과 함께 조성되어 있다. 비치는 물론 축구장, 야구장, 공연장 등 다양한 시설을 갖추고 있어 나고 시민들의 사랑을 한 몸에 받고 있다. 해수욕 기간 뿐 아니라 일 년 내내 오키나와 사람들의 발길이 끊이지 않는다. 비치는 두 곳으로 나뉘어져 있으며, 조수간만의 영향이 거의 없는 인공 비치이기 때문에 아이들과 물놀이를 즐기기 적합하다. 주말에는 각종 스포츠 경기가 열리고 나들이 나온 나고 시민들로 북적인다. 또한 일본 프로야구 홋카이도 니혼햄 파이터스 훈련장과 가까워, 겨울 전지훈련을 온 선수들을 보기 위해 많은 사람들이 몰린다. 연습 게임이 열릴 때면 일본 야구를 가까운 거리에서 무료로 볼 수 있다. 운이 좋으면 한국 프로팀과 벌이는 연습 게임도 볼 수 있다.

찾아가기 렌터카 ❶ 나하공항에서 오키나와자동차도로沖縄自動車道와 58번국도 경유하여 1시간 25분 ❷ 추라우미 수족관에서 449번국도 경유하여 45분 ❸ 오리온 맥주 해피 파크에서 58번국도 경유하여 15분 버스 나고 버스터미널에서 65번本部半島線 모토부반도선 탑승하여 미야자토宮里 정류장에서 하차 후 도보 5분 주소 沖縄県名護市大南二丁目 1番 25号 전화 098 052 3183 운영시간 5월~9월 09:00~18:30 휴일 화요일 편의시설 이용료 샤워실 100엔 라커 200엔 튜브 500엔 파라솔 500엔 비치 체어 500엔 홈페이지 http://www.city.nago.okinawa.jp

📷 ★★★★☆

맥주 애호가의 필수 코스
오리온 해피 파크 オリオンビールハッピーパーク 오리온비루 해피파쿠

일본은 맥주 생산량이 세계 7위이다. 회사마다, 지역마다 각기 독특한 맥주를 만들고 있다. 오키나와엔 '오리온 맥주'가 있다. 이 섬에서 생산하는 유일한 맥주로 시민과 여행객의 절대적인 사랑을 받고 있다. 편의점이나 식당에서 쉽게 만날 수 있지만, 오리온 맥주 공장의 견학 프로그램에서 맛보는 맥주가 가장 맛이 좋다. 가이드와 함께 1시간견학 40분, 시음 20분 동안 투어하는 코스로, 맥주가 만들어지는 과정을 지켜볼 수 있다. 견학이 끝나면 신선한 오리온 드래프트 맥주를 2잔까지 무료로 시음할 수 있다. 렌터카를 몰고 찾았다 해도, 무알콜 오리온 맥주를 마시면 되므로 걱정할 필요는 없다. 시음장에 있는 레스토랑에서 맥주와 함께 오키나와 음식도 즐길 수 있다. 견학 프로그램에 참여하고 싶다면 성수기에는 미리 예약을 하는 것이 좋다. 전화와 인터넷 홈페이지에서 가능하다. 가이드는 일본어로만 진행되지만 한국어 리플릿이 있으므로 큰 불편은 없다.

맵코드 206 598 837*51

구글좌표 오리온 해피 파크

찾아가기 ❶ 렌터카 나하공항에서 오키나와자동차도로沖縄自動車道와 58번국도 경유하여 1시간 15분 ❷ 버스 나하 버스터미널에서 120번名護西空港線 나고시공항선 승차하여 나고조이리구치名護城入口 정류장 하차, 도보 5분 주소 沖縄県名護市東江 2丁目 2-1 전화 098 054 4103
운영시간 09:20~16:40(20분 간격으로 견학 시작) 휴무 12월31일~1월3일 견학요금 무료
홈페이지 http://www.orionbeer.co.jp/happypark/tour.html(좌측 중간 부분의 booking form을 클릭하여 예약하면 된다.)

📷 ★★★★☆

파인애플도 먹고 쇼핑도 하고
나고 파인애플 파크 ナゴパイナップルパーク 나고 파인애프르 파쿠

맵코드 206 716 468*55

구글좌표 파인애플 파크

파인애플은 중앙아메리카와 남아메리카 북부가 원산지로, 연평균 기온 20℃ 이상의 열대 기후에 해발고도 800m인 곳에서 잘 자란다. 오키나와에선 산이 많은 북부에서 주로 재배된다. 오키나와 파인애플의 모든 것을 체험하고 싶다면 나고 파인애플 파크로 가면 된다. 나고 시청에서 북쪽으로 자동차로 10분 거리에 있다. 입구에는 대형 파인애플 조형물이 서 있다. 주차장과 파크를 이어주는 전동열차와 파크를 둘러보는데 필요한 카트도 피인애플 모양이다. 자동으로 운전되는 이 카트는 아열대 식물로 가득한 숲을 지나 파인애플 농장 곳곳을 구경시켜 준다. 또 산책로도 아름답게 가꾸어 놓았는데, 천천히 걷다보면 파인애플 파크 기념품 숍으로 연결된다. 숍에서는 파인애플 와인, 파이, 케이크, 잼, 인형 등 다양한 상품을 만날 수 있다. 판매를 위한 숍이지만 시식 코너도 준비되어 있어 눈치 보지 않고 미리 맛볼 수 있다. 구경하는 재미도 쏠쏠하다. 특히 아이들에게 인기가 좋다. 기념품 숍 출입구가 따로 있어 가게만 이용할 수도 있다. 한국어 리플릿도 있다.

찾아가기 렌터카 ❶ 나하공항에서 오키나와자동차도로沖縄自動車道와 58번국도 경유하여 1시간 30분 ❷ 추라우미 수족관에서 84번현도県道 경유하여 25분 ❸ 오리온 맥주 해피 파크에서 84번현도県道 경유하여 15분 버스 나고 버스터미널에서 76번瀬底線 세스코선 탑승하여 메이오우다이가쿠 이리구치名桜大学入口 정류장에서 하차. 도보 5분

주소 沖縄県名護市為又 1195 전화 098 053 3659 운영시간 09:00~18:00 휴일 없음

입장료 성인 600엔 초등생 300엔 유아 무료 홈페이지 http://www.nagopain.com/

 ★★★★★

자연 그대로의 아름다움을 원한다면
오쿠마 비치 オクマビーチ

맵코드 485 829 787*85
구글좌표 okuma beach

오쿠마 비치는 북부 지역을 대표하는 비치 가운데 하나이다. JAL 프라이빗 리조트에 있는 해변으로, 중부의 어느 비치에 견주어도 뒤지지 않는다. 투명한 에메랄드빛 바다로 유명해 예전엔 미군의 휴양 시설이 있었다. 2006년 일본 환경청 수질 조사에서 최고 등급인 AA를 받았을 만큼 물이 깨끗하다. 어느 해변 못지않게 아름답고 매력적이지만 남부와 중부에서 멀리 떨어져 있다는 게 단점이라면 단점이다. 거리가 멀고 비투숙객에는 입장료를 받는 까닭에 많이 붐비지는 않는다. 덕분에 자연 그대로의 아름다움을 유지하고 있다. 아름다운 해변에서 한적하게 시간 보내기를 원하는 이에게 추천한다. 다양한 해양스포츠를 즐기기에 좋다.

찾아가기 렌터카 ❶ 나하공항에서 오키나와자동차도로沖縄自動車道와 58번국도 경유하여 1시간 50분 ❷ 추라우미 수족관에서 58번국도 경유하여 북쪽으로 1시간 주소 沖縄県国頭郡国頭村字奥間 913 전화 0980 41 2222 운영시간 09:00~18:00 입장료 750엔(비투숙객) 편의시설 샤워실 무료 라커 200엔 파라솔 1,000엔(4시간) 해양 스포츠 스노클링 5,000엔 마린워커 7,000엔(1시간)

📷 ★★★★☆

오키나와 최북단, 본섬 끝까지 환상 드라이브

헤도 곶 辺戸岬 헤도미사키루기 코엔

맵코드 728 737 152*55

구글좌표 헤도곶

오키나와 최북단 헤도 곶에 가는 이유는 그곳을 찾아가는 길이 환상 풍경을 끝없이 보여주기 때문이다. 모토부 반도를 뒤로하고 북쪽으로, 북쪽으로 달려가면 왼쪽으로는 쪽빛바다가 끝없이 펼쳐지고 오른쪽에는 낮으나 굴곡진 얀바루의 산들이 용처럼 길게 이어진다. 아름다운 풍경은 끝날 줄을 모른다. 이 도로가 오키나와에서 가장 유명한 도로, 58번국도이다. '황금루트'라고 불리는 도로다. 오키나와 서쪽을 관통하여 아메리칸 빌리지, 수많은 해변을 따라 최북단으로 이어진다. 오키나와 북쪽을 향해 달리고 또 달리면 잠시 숨을 고르라는 듯 1km 길이의 기나마宜名真 터널이 나타난다. 터널을 빠져나와 조금 더 달리면, 이윽고 나지막한 평지와 넓은 하늘이 펼쳐진다. 오키나와의 북쪽 끝 '헤도곶'이다. 헤도곶엔 가파르게 꺾인 융기 산호 절벽이 웅장하게 늘어서 있다. 절벽에 서면 산호초와 에메랄드빛 바다가 끝없이 펼쳐져 있다. 절벽이 높아서 아래를 바라보는 것만으로도 아찔하다. 바람이 강한 날에는 또 하나 멋진 풍경을 보여준다. 거친 파도가 절벽에 부딪히며 만들어내는 물보라가 솟구치는 모습은, 그야말로 장관이다.

▌혹등고래를 만나고 싶다면 1월부터 3월 사이 헤도곶 주변 바다에는 혹등고래ザトウクジラ가 많이 지나간다. 고래 마니아들은 이때를 기다려 망원경을 들고 찾아온다. 겨울에 헤도 곶을 찾아간다면 혹등고래가 당신을 반겨줄지도 모른다.

찾아가기 ❶ 나하공항에서 렌터카로 오키나와자동차도로沖縄自動車道와 58번국도 경유하여 2시간 20분 ❷ 추라우미 수족관에서 렌터카로 58번국도 경유하여 1시간 20분
주소 沖縄県国頭郡国頭村辺戸
전화 098 056 4400

 ★★★☆☆

카약 타고 맹그로브 숲 구경하기

히루기 공원 東村ふれあいヒルギ公園 히가시무라 후레아이 히루기 코엔

<table>
<tr><td>맵코드</td><td>485 377 046*06</td></tr>
<tr><td>구글좌표</td><td>26.603967, 128.144846</td></tr>
</table>

맹그로브 숲은 맑은 민물과 바닷물이 만나는 곳에서 자라는데, 지구의 보물이라 하여 아주 소중하게 대접받는다. 전 세계 맹그로브 숲 면적은 약 13만㎢ 정도로 북한 면적과 비슷하다. 하가 시 해안에 있는 히루기 공원에 가면 이 소중한 숲을 구경할 수 있다. 게사지 강과 바다가 만나는 지점에 만들어진 맹그로브 숲으로, 면적이 10만 평에 이른다. 야에야마 제도의 이리오모테 섬오키나와와 대만 사이에 있는 섬에도 맹그로브 숲이 있지만, 본섬에 있는 맹그로브 숲 가운데 규모가 제일 크다. 천연기념물로 지정되어 있으며, 산책로가 잘 정비되어 있어 여유롭게 돌아보기 좋다. 더 가까이에서 숲을 보기 원하면 카약을 타고 돌아볼 수 있다. 강 상류에서 시작해 맹그로브 숲을 지나 바다로 나아가는 투어로 2시간 정도 소요된다. 바닷물이 만조일때만 가능하므로 홈페이지에서 확인하고 하루 전 예약해야 한다. 아쉽게도 투어는 일본어로만 진행된다.

찾아가기 ❶ 렌터카 나하공항에서 오키나와자동차도로와 58번국도 경유하여 1시간 40분 ❷ 버스 나고 버스터미널에서 78번名護東部線 나고토부선 승차하여 게사시慶佐次 정류장 하차. 도보 5분78번 버스는 평일에 하루 1회 운행 주소 沖縄県国頭郡東村慶佐次 1205
전화 0980 051 2433 카약 투어 2시간 코스 2인 승선 시 1인당 6000엔(1인 승선 시 9,000엔), 초등생 4,000엔 1시간 반 코스 2인 승선 시 1인당 4,000엔, 초등생 2,500엔
카약 업체 얀바루 클럽やんばるクラブ 인터넷 예약 http://www.yanbaru-club.com 전화 예약 098 043 2785(일어로만 가능)

나고와 얀바루 지역의 맛집과 카페

★★★★☆

오뎅 맛이 아주 특별한
미치노에키 쿄다 道の駅 許田 쿄다 후게소

맵코드 098 054 0880

구글좌표 미치노에키 쿄다

오키나와 자동차도로가 끝나고 나고 시로 들어가는 길에 있는 휴게소다. 이곳이 유명한 이유는 추라우미 수족관 할인권1600엔을 구매 할 수 있고, 맛있는 먹거리가 많기 때문이다. 휴게소 마트로 들어가는 입구 근처에 오뎅집 호카마 카마보코外間かまぼこ가 대표 맛집이다. 국물과 함께 나오는 게 아니라 우리의 핫바와 비슷하게 나온다. 우엉 튀김·오뎅에 밥을 넣고 만든 라이스 볼, 새우 튀김도 있다. 오뎅 맛이 정말 고소하고 쫄깃하다. 많은 일본 여행객이 오뎅을 포장해 간다. 북부의 명소와 모토

부 반도로 갈 때 들르기 좋다. 찾아가기 ❶ 오리온 맥주 해피 파크에서 남쪽으로 렌터카로 12분4.7km ❷ 21세기의 숲 비치에서 렌터카로 17분5.9km ❸ 나하공항에서 렌터카로 1시간 5분 주소 沖縄県名護市許田17-1 전화 098 054 0880 영업시간 09:30~19:00 휴일 없음 예산 1,000엔

★★★★☆

미디어에서 인정한 맛집 겸 바
마츠노 고민가 松の古民家

맵코드 098 043 0900

구글좌표 26.594032, 127.977399

나고에 있는 아구 샤브샤브 음식점이자 칵테일과 아와모리를 판매하는 바다. 60년이 넘은 민가를 개조해 만들어서 분위기가 좋다. 오키나와 인터컨티넨탈 호텔에서 바텐더로 일했던 주인장이 2014년 문을 열었다. 입소문이 나 일본 여러 매체에 소개되었다. 메인 요리는 오키나와 돼지인 아구 샤브샤브다. 제주와 같은 흑돼지를 사용한다. 류큐 재래종으로 아주 귀한 대접을 받는 돼지다. 일반 아구도 있는데 모두 얀바루 지역에서 생산된 것만 사용해 신선하고 맛이 좋다. 얀바루의 돼지가 특이한 점이 비린내가 거의 없다는 것이다. 이외에도 30가지가 넘는 오키나와 요리가 있다. 이 집의 하이라이트는 한편에 마련된 바다. 단점이라면 너무 인기가 좋아 예약은 필수라는 점. 찾아가기 ❶ 21세기의 숲 비치에서 북동쪽으로 도보 10분 ❷ 파인애플 파크에서 남동쪽으로 렌터카로 11분(4km) 주소 沖縄県名護市大南 2丁目 1 4 ー14番 5号 전화 098 043 0900 영업시간 18:00~23:00 휴일 목요일 예산 3,000~5,000엔 홈페이지 https://www.facebook.com/matsunokominka

★★★★☆

나고 최고의 햄버거
캡틴 캥거루 キャプテンカンガルー

맵코드 206 625 876

구글좌표 캡틴 캥거루

나고 버스터미널과 21세기의 숲 비치에서 걸어서 12분 거리에 있다. 모토부 반도를 대표하는 수제 햄버거 집이다. 서해안 도로를 따라 달리다 보면 한적한 거리 상가 1층에 초록 문 가게가 보인다. 유독 차가 많고 사람들이 앉아 기다리는 것을 볼 수 있다. 초록색이어서 일까? 미국보다는 호주의 분위기를 연상케 한다. 가게 너머로 보이는 에메랄드빛 바다와 하얀 모래 비치의 이국적인 풍경이 눈길을 사로잡는다. 주문하면 시간이 조금 걸린다. 그때그때 패티를 굽기 때문이다. 패티는 두껍고 씹을 때마다 육즙이 느껴진다. 채소는 신선해 씹는 맛이 좋다. 조금 기다려야 하지만 햄버거 맛을 보면 그 맛을 잊을 수 없다.

찾아가기 ❶ 나고 버스터미널에서 서쪽으로 도보 12분 ❷ 21세기의 숲 비치에서 서북쪽으로 도보 12분 ❸ 오리온 맥주 해피 파크에서 서쪽으로 렌터카로 9분3.6km 주소 沖縄県名護市字宇茂佐183 전화 098 054 3698 영업시간 11:00~20:00 휴일 수요일 예산 900엔1인

★★★★☆

전망 좋은 젤라토 카페
젤라토 카페 릴리 ジェラートカフェリリー

맵코드 098 053 8727   구글좌표 26.608251, 127.941256

모토부 반도가 시작되는 나고시에서 추라우미 방향으로 가는 언덕에 있는 아름다운 젤라토 카페이다. 간단한 식사도 할 수 있다. 나무가 우거져 찾아가는 길이 조금 까다롭지만 도착하게 되면 모든 걸 잊게 해준다. 가게 앞에는 모토부 반도의 에메랄드빛 바다가 그림처럼 펼쳐져 있다. 아름드리나무가 있어 카페가 고요하고 한적하다. 딸기, 바닐라, 커피 등 젤라토 18가지가 있다. 계절에 따라 망고, 파인애플, 염소 우유 젤라토 등이 추가되기도 한다. 이 가게의 젤라토는 부드럽고 쫀득한 느낌이 나 더욱 맛있다. 넓은 테라스에서 여유롭게 젤라토를 먹으며 달콤한 휴식을 즐길 수 있다. 찾아가기 ❶ 21세기의 숲 비치에서 서북쪽으로 렌터카로 10분 4.7km ❷ 파인애플 파크에서 서남쪽으로 렌터카로 11분4.7km ❸ 추라우미 수족관에서 렌터카로 남서쪽으로 28분18km 주소 沖縄県名護市屋部918 전화 098 053 8727 영업시간 11:00~19:00 휴일 월·화요일

당신을 위한
완벽한 휴식이 있는 곳
오키나와 중부

해변을 따라 들어선 리조트, 쇼핑의 천국 아메리칸 빌리지, 매혹적인 숍이 몰려 있는 미나토가와 스테이트 타운, 액티비티의 천국 마에다 곶, 코끼리를 닮은 기묘한 바위 만좌모, 민속촌 류큐무라, 환상 드라이브 코스 해중도로, 에메랄드빛 바다와 산호비치. 당신이 원하는 여행은 모두 중부에 있다.

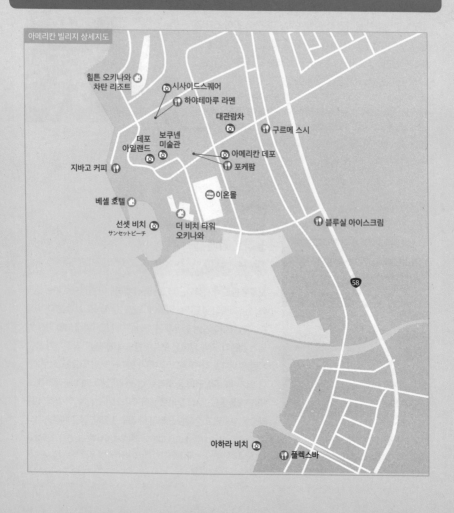

아메리칸 빌리지 상세지도

힐튼 오키나와
차탄 리조트

시사이드스퀘어

하야테마루 라멘

대관람차

구르메 스시

데포
아일랜드

보쿠넨
미술관

아메리칸 데포

포케팜

지바고 커피

베셀 호텔

이온몰

선셋 비치
サンセットビーチ

더 비치 타워
오키나와

블루실 아이스크림

58

아하라 비치

플렉스바

만자 비치 万座ビーチ
(ANA인터컨티넨탈 리조트)

하와이안 팬케이크

만좌모
万座毛

온나손

꼬치 바 마키

푸른 동굴 青の洞窟
(마에다 곶真栄田岬)

문 비치
ムーンビーチ

지누만 베테덴

잔파 곶残波岬

카페 도카도카

잔파 비치
残波ビーチ

류큐무라
琉球村

르네상스 비치
ルネッサンスビーチ

커리하우스coco

단무

이자카야 타라노메

온나노에키

니라이 비치
ニライビーチ

치비치리 가마
チビチリガマ

자키미 성터座喜味城跡

비오스의 언덕
ビオスの丘

쇼코쿠 슈한도코로 겐

329

추루카메도
젠자이

요미탄 도자기 마을
やちむんの里

반주테이

255

75

스이엔

58

하치렌

요미탄

우루마 시

아마쇼쿠도

도구치 비치
渡具知ビーチ

오키나와 시

우루마
젤라토

37

고디즈

해중도로
海中道路

10

16

스키야우루마

330

329

코메하치 소바

카츠렌 성터
勝連城跡

에메랄드 펍 라운지

파야오 직매점

아메리칸 빌리지
アメリカンビレッジ

이온몰

선셋 비치
サンセットビーチ

카르마
오가닉스

안안 차탄점

플라우만스 베이커리

나카무라 가문의 저택
中村家住宅

트로피칼 비치
トロピカルビーチ

산스시

나카구스쿠 성터
中城城跡

기노완 시

미나토가와 외국인 주택단지
港川瀬ステイツサイドタウン

우라소에 시

하

내일도 이곳에 머물고 싶다
중부 서해안

해변 리조트와 남빛 바다, 산호 비치, 쇼핑과 놀이의 천국 아메리칸 빌리지, 요미탄 도자기 마을, 매혹적인 숍과 맛집이 몰려 있는 미나토가와 외국인 주택단지까지, 중부 서해안의 매력은 끝이 없다.

★★★★★

오키나와의 멋스러운 개성이 와르르!
미나토가와 외국인 주택단지
港川棄ステイツサイドタウン 미나토가와 스테이트 사이드 타운

미나토가와는 편집 숍, 카페, 레스토랑 등이 모여 있는 곳으로, 오키나와의 핫 플레이스이다. 독특한 것은 이곳이 나하 북쪽 우라소에 시浦添市에 있는 평범한 주택가라는 점이다. 이곳의 모든 건물은 1층으로, 번화가를 상상하며 찾는 이들을 잠시 당황하게 만든다. 미나토가와에는 건물 62채가 있는데, 1950년대 미군 병사들을 위해 만든 서양식 주택이다. 미군이 새로운 기지를 건설하여 떠나자 미나토와가는 인적이 드문 곳이 되었다. 이 건물의 가치를 알아챈 사람들은 일본 본토에서 이주한 사람들이었다. 이주민들은 방치된 건물에 개성 넘치는 인테리어로 가게를 꾸미며 생기를 불어넣었다. 주택으로 만들어졌기 때문에 모든

구글좌표 Minatogawa Parking Lot

가게의 구조가 대게 비슷하다.

가게 안으로 들어가면 마치 초대받아 온 것 같은 기분이 든다. 특별한 목적 없어도 구경하고 산책하기 위해 이곳을 찾아오는 사람들이 많다. 미나토가와 상점들의 진짜 매력은 건물 안으로 들어가야 제대로 확인할 수 있다는 점을 잊지 말자. 대부분의 카페와 레스토랑에는 한국어 메뉴판도 구비되어 있어 주문하기 쉽다.

▌**Travel Tip** 숍마다 주차 공간을 확보하고 있긴 하지만 주말엔 주차장이 부족하다. 마을 가운데에 유료 주차장30분에 100엔이 있으니 활용해보자. 주택단지는 주거 공간으로 사용되고 있는 곳도 있으니, 구경할 때는 조심스럽게 행동하자. 마을 안에 미나토가와 타운 지도가 커다랗게 세워져 있다. 지도에는 각 상점 호수를 번호로 표기해 놓았다. 미리 호수를 확인해서 찾으면 더 편리하다.

찾아가기 ❶ 렌터카 나하공항에서 58번국도 경유하여 30분 ❷ 버스 나하 버스터미널에서 20번, 120번名護西空港線, 나고시공항선, 28번読谷線, 요미탄선 승차하여 미나토가와港川 정류장에서 하차. 도보 5분 주소 沖縄県浦添市港川2丁目 17−3(Minatogawa Parking Lot) 홈페이지 http://minatogawa-shop.r-cms.biz/

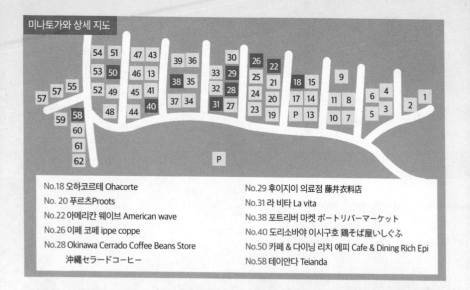

미나토가와 상세 지도

No.18 오하코르테 Ohacorte
No. 20 푸르츠Proots
No.22 아메리칸 웨이브 American wave
No.26 이페 코페 ippe coppe
No.28 Okinawa Cerrado Coffee Beans Store
　　沖縄セラードコーヒー

No.29 후이지이 의료점 藤井衣料店
No.31 라 비타 La vita
No.38 포트리버 마켓 ポートリバーマーケット
No.40 도리소바야 이시구호 鶏そば屋いしぐふ
No.50 카페 & 다이닝 리치 에피 Cafe & Dining Rich Epi
No.58 테이안다 Teianda

요즘 미나토가와의 소문난 맛집과 카페

1 본토에서도 유명한, 동화 속 빵집 같은
이페 코페 ippe coppe, No.26

구글좌표 이페코페

히얀 건물에 민트 색 문이 산뜻한 베이커리이다. 가게 앞에 커다란 벤자민 나무와 아세로라 나무체리 모양의 과일나무가 우뚝 서 있어 마치 동화 속 빵집 같다. 성인 대 여섯 명이 들어가면 꽉 찰 정도로 협소하고 진열대도 소박해 동네 빵집 같은 분위기지만, 오키나와뿐 아니라 일본에서도 유명한 베이커리다. 재료는 모두 엄선해서 고른 천연 재료이다. 홋카이도 밀가루, 오키나와 북부 오기기 마을의 지하수, 오키나와의 천연 효모종을 사용하여 만든다.

천연효모 식빵, 베이글, 스콘, 프루추 그래놀라 등이 인기가 좋다. 특히 스콘의 맛이 일품이다. 겉은 바삭하고 속은 입에서 녹을 만큼 부드럽다. 식빵 또한 맛이 좋다. 아이스크림처럼 부드럽고 고소해 아무것도 곁들이지 않고 먹어도 맛이 일품이다. 점심이 지나면 모든 빵이 판매되기 때문에 서두르는 것이 좋다. 주소 沖縄県浦添市港川2丁目 16-1 전화 098-877-6189 영업시간 12:30~18:30 휴무 화·수요일, 세 번째 주 월요일 추천메뉴 스콘, 식빵 예산 1000엔 내외 홈페이지 https://www.ippe-coppe.com

② 너무 예쁘고 달콤한 타르트
오하코르테 Ohacorte, No.18

맵코드 33 341 033*25
구글좌표 오하코르테

아기자기하고 예쁜 타르트 전문점으로 오키나와에서 가장 유명하다. 초기에 오픈한 곳 중 한 곳으로, 미나토가와를 세상에 알린 일등 공신이다. 타르트는 얇게 구운 밀가루 반죽에 달콤하게 찐 과일이나 제철 과일 등을 얹어 만든 파이를 말한다. 오하코르테는 장인 정신이 느껴지는 정성으로 만든 타르트로 유명하다. 꼭 제철 과일만을 사용하기 때문에 계절마다 메뉴가 바뀐다. 메뉴는 언제나 다양하다. 갖가지 과일로 다양한 모양, 색, 맛을 낸다. 오하코르테는 타르트 크기를 7cm로만 만드는데, 먹기 좋은 이상적인 크기가 7cm이기 때문이란다. 매달 18일에는 새로운 메뉴를 선보인다. 가게 앞 아기자기한 정원에 앉아 타르트를 먹으면 그 맛은 두 배로 달콤해 진다.

주소 沖縄県浦添市港川 2 丁目2－17－19 전화 098 875 2129 영업시간 11:30~19:00(연중무휴) 추천메뉴 자몽 타르트 예산 800엔 내외 홈페이지 ohacorte.com

③ 분위기 좋은 곳에서 파스타를 즐기자
라 비타 La vita, No.31

구글좌표 26.263070, 127.715692

붉은 간판을 제외하고 모든 것이 하얗게 빛나는 이탈리안 레스토랑이다. 집 구조를 잘 살렸으며, 각 방은 테이블이 놓여 있는 독립된 공간으로 가족끼리 연인끼리 오붓한 분위기를 즐기기 좋다. 라 비타 피자와 파스타의 맛은 두말할 필요가 없다. 얇고 고소한 피자 도우 위에는 토마토와 흐드러지는 하얀 치즈, 허브가 어우러져 있어 한 입 베어 물 때마다 감탄이 절로 나온다. 런치 메뉴인 '오늘의 요리'는 주방장이 추천하는 요리로 매일 바뀐다. '오늘의 파스타'와 '오늘의 피자' 메뉴도 있다. 분위기 있는 곳에서 조용하게 이탈리아의 맛을 만끽하기 정말 좋은 곳이다.

주소 沖縄県浦添市港川 2 丁目 15-3 전화 098 878 9808
영업시간 11:30~22:00(점심 11:30~15:00 카페 15:00~18:00
저녁 18:00~22:00 마지막 주문 21:00까지) 휴무 화요일
추천메뉴 피자, 파스타 예산 1500엔 내외

④ 소바 왕으로 뽑힌 최고의 소바 맛집
도리소바야 이시구후 鶏そば屋いしぐふー, No.40

구글좌표 26.263388, 127.716062

미나토가와를 대표하는 소바 집으로 오키나와에서도 유명하다.
외국인 주택가에 있는 일본 전통 음식점이라 이국적인 느낌이
들며, 특히 빨간 간판에 한문으로 새겨진 글씨가 독특하게 다가
온다. 오키나와 소바는 대개 돼지 육수를 사용하는데, 이 집은 닭
육수를 사용한다. 독특한 닭 육수로 '오키나와 소바왕 대회'에서
초대 소바 왕으로 뽑히기도 했다. 닭 육수 소바는 느끼하지가 않
고 깔끔한 맛이 일품이어서 외국 여행객들에게 더욱 인기가 좋
다. 오키나와 북부 얀바루 지역 토종닭만을 사용해 믿음이 간다.
100엔을 추가하면 뷔페식으로 채소와 국수를 샤브샤브로 먹을
수도 있다. 닭으로 만든 일본식 만두도 아주 맛이 좋다. 바삭하게
튀긴 교자 속 닭고기가 부드럽게 씹히는 맛이 일품이다.

주소 沖縄県浦添市港川2丁目 13-6 전화 098 879 7517
영업시간 09:00~17:00 휴무 월요일(공휴일이면 화요일)
추천메뉴 닭구이 소바 예산 1000엔 내외

⑤ 커피 향이 그리워지면
Okinawa Cerrado Coffee Beans Store
沖縄セラードコーヒー, No.28

구글좌표 26.263075, 127.715530

미나토가와에는 커피 전문점이 많지 않아 이곳 커피 향은 더욱
매력적으로 다가온다. 문을 연지 오래 되지 않았지만, 본토에서
도 알아주는 오키나와의 로스팅 전문 업체 세라도 커피에서 운
영하는 곳이다. 미나토가와가 유명해지기 전부터 이곳에서 커피
를 볶아 판매했다. 이 집 원두의 특징은 커피 특유의 쓴맛에 단맛
도 느껴지는 것이며, 식어도 그 향과 맛이 그대로 살아 있어 차갑
게 먹어도 맛이 아주 좋다. 로스팅한 커피 12가지 중에 자신에게
맞는 커피를 고를 수 있으며, 잘 모르겠으면 직원에게 도움을 청
하면 된다. 아메리카노와 에스프레소 등도 판매한다. 가장 인기
가 좋은 메뉴는 산미가 좋은 '세라도 블랜드'이다

주소 沖縄県浦添市港川2丁目 15-6 전화 0120 447 442
휴무 화·목 공휴일 영업시간 12:00~18:30(주문 마감 18:00)
예산 500엔 내외 홈페이지 http://beansstore.jp/

6 뒷마당이 예쁜 이국적인 프렌치 레스토랑
카페 & 다이닝 리치 에피 Cafe & Dining Rich Epi, No.50

구글좌표 26.263338, 127.716506

요즘 미나토가와에서 가장 핫한 맛집으로 꼽히는 곳으로, 분위기가 이국적인 프랑스식 레스토랑이다. 캐주얼한 분위기인데다 음식 양도 많고 플레이팅이 예뻐 인기가 좋다. 오키나와의 신선한 재료만을 고집하기로 유명하다. 가장 인기가 좋은 메뉴는 오키나와 돼지고기로 만든 '아구미트 도리아'이다. 바삭하게 씹히는 그래놀라와 드레싱이 돼지고기와 어우러져 오묘하면서 담백한 맛을 낸다. 점심시간에는 생선 요리를 판매한다. 가게 뒤편엔 예쁘고 작은 마당이 있어 추억을 남기기 좋다. 전날까지 예약해야 이용 가능하다.

주소 沖縄県浦添市港川2丁目 14-5
전화 098 943 1713
영업시간 11:00~17:00 저녁 18:00~22:00
휴무 월요일 추천메뉴 아구미트 도리아
예산 1000엔 내외

7 소바와 카레, 새우라멘과 샐러드까지
테이안다 Teianda, No.58

구글좌표 26.263841, 127.716510

재봉틀과 고풍스러운 가구 덕에 브런치 카페 분위기가 나는 음식점이다. 하지만 이곳은 오키나와 소바와 카레, 샐러드 등을 파는 밥집이다. 테이안다는 오키나와 방언으로 '손의 기름'을 의미하는데, '만든 사람의 손맛이 또 하나의 조미료'라는 긍정적인 의미를 가진 말이다. 가게 이름처럼 주인장인 히라타 씨 부부는 메뉴 하나하나에 손맛과 정성을 들여 만든다. 오키나와 소바 또한 직접 개발한 육수와 면으로 만들어 내오는 것이다. 메뉴 중에 '닭 백탕 새우 라멘'의 맛이 일품이다. 닭 육수를 베이스로 하여 새우와 해산물을 넣고 우려낸 국물이라 깔끔하면서도 바다 향이 깊게 배어난다. 카레라이스와 신선한 제철 과일과 채소로만 만들어내는 오키나와 샐러드도 일품이다. 한국어 메뉴판도 구비되어 있다. 주소 沖縄県浦添市港川 2-10-8

전화 098 876 5628 영업시간 11:00~16:00(마지막 주문 15:00)
휴일 월요일(월요일이 공휴일인 경우 다음 주 화요일 휴무)
예산 1000엔 추천메뉴 닭 백탕 새우 라멘, 매운 커리, 오키나와 샐러드

① 아메리칸 향기가 솔솔 피어나는 빈티지 소품
아메리칸 웨이브 American wave, No.22

구글좌표 26.262491, 127.715570

스누피 장난감, 미키마우스 패치, 토이스토리 주인공 인형과 카우보이 모자 등 박물관이나 골동품 점에서 볼 법한 오래된 미국 소품이 가득한 숍이다. 거실을 지나면 여자 의류와 남자 의류가 있는 방들도 나온다. 여자 옷 방은 복고풍 스카프, 드레스, 구두, 액세서리 등이 진열되어 있어, 가게라기보다는 패션에 관심이 많은 미국 소녀의 방에 들어간 기분이 든다. 남자 옷 방도 미국 감성이 물씬 풍긴다. 리바이스 청바지와 카우보이 허리띠, 중절모 등을 찾아볼 수 있다. 이 숍의 주인은 도쿄에서 살다가 오키나와에 반해 이주한 미국인 크리스 씨이다. 복고풍 애호가로 미국에서 직접 빈티지 느낌의 액세서리, 의류를 수집해 이 가게를 만들었다.

주소 沖縄県浦添市港川2-16-9 전화 098 988 3649 영업시간 12:00~20:00 휴무 12월 25일, 4월 초순부터 6월 하순과 9월 중순부터 10월 하순까지 화요일 홈페이지 http://www.americanwave.jp

② 세련된 소박함이 묻어나는 패션 편집 숍
후이지이 의료점 藤井衣料店, No.29

구글좌표 26.262789, 127.715755

화려함 보다는 소박함과 느껴지는 패션 중심 편집 숍이다. 오키나와 디자이너들이 만든 남녀 의류, 천연 염색 스카프, 티셔츠, 원피스, 가방 등 다양한 제품을 판매한다. 콘셉트는 오키나와의 소박한 삶이다. 그래서 가게 내부도 화려하게 치장되기 보다는 소박하면서도 세련된 분위기로 꾸몄다. 상품 하나하나가 주인장이 엄선한 것들이라 개성이 넘쳐 구경하는 재미가 만점이다. 화장실을 드레스 룸으로 꾸민 것이 눈길을 끈다. 옷을 들고 화장실에 들어가 갈아입고 거울에 비친 아름다운(?) 자신을 발견하기 좋다. 오키나와 도자기와 슬리퍼, 액세서리도 판매한다. 패션에 관심 있는 여행객이라면 꼭 들러보길 권한다. 물론 지갑 관리는 각자의 몫이다.

주소 沖縄県浦添市港川2丁目15-7 전화 098 877 5740 영업시간 11:00~19:00 휴무 화요일

③ 여심을 흔드는 라이프스타일 편집 숍
포트리버 마켓 ポートリバーマーケット, No.38

구글좌표 portriver market

라이프스타일 편집 숍이다. 오키나와에서 생산되는 좋은 제품들만 엄선하여 판매하는 멋스럽고 세련된 가게다. 안으로 들어가면 벽에 야자수가 그려져 있고, 아기자기한 라이프스타일 상품이 진열대를 가득 채우고 있다. 상품들은 오키나와 디자이너들이 천연 소재로 만든 스카프, 유기농 식품, 도자기 등이다. 구경만 해도 시간이 후딱 지나간다. 아로마 무농약 과실로 만든 발효 주스는 오키나와 여성들에게 인기 만점인 상품이다. 가게 내부는 외국인 주택의 구조를 잘 살려 각 방마다 테마가 다른 제품으로 꾸몄다. 눈도 즐거운데다가 지름신이 강림할 가능성이 많은 곳이므로 지갑 관리를 잘해야 한다.

주소 沖縄県浦添市港川2丁目15-8 전화 098 911 8931 영업시간 월·수·금 11:00~18:00 화·목·토 12:30~18:00 휴무 일·공휴일

④ 수제잼부터 미국 빈티지 소품까지
푸르츠 proots No.20

구글좌표 26.262749, 127.715396

라이프 스타일 셀렉트 숍이다. 빨간 문과 빨간 로고가 눈에 띈다. 가게 안에는 상품들이 아주 깔끔하게 디스플레이 되어 있어 들어가자마자 기분이 좋아진다. 오키나와 식재료로 만든 수제잼, 차, 오키나와 전통염색으로 만든 스카프와 공예품, 미국에서 수입한 빈티지 소품과 식료품 등을 판매하는 독특한 셀렉트숍이다. 거실과 방마다 다른 콘셉트로 디스플레이 되어 있으며, 한 방은 카페로 사용하고 있어 잠시 앉아 사색하기 좋다.

주소 沖縄県浦添市港川(字)2丁目16-7 전화 098 955 9887 영업시간 10:30~18:30 휴일 수요일

 ★★★★★

미국 아닌 미국 같은 너
아메리칸 빌리지 アメリカンビレッジ, 아메리칸 비렛지

맵코드 335 264 52*52(공영주차장)

구글좌표 american village

1945년부터 1972년까지 오키나와는 미군 군정 하에 있었다. 1972년 일본에 반환됐으나 지금도 오키나와 전체 면적의 20% 정도는 여전히 미군 기지로 사용되고 있다. 오키나와 중부 서쪽에 위치한 작은 도시 차탄초北谷町는 무려 도시의 60%가 미군 기지이다. 이런 사연 때문에 분위기가 일본이 아니라 미국의 오래된 도시 같다. 미군을 상대로 영업하는 레스토랑, 술집, 타투 숍 등이 즐비하다. 우리의 용산 기지나 이태원과 비슷하지만, 미국인을 위해 편의 시설, 쇼핑센터, 위락 시설을 세우고 계획 도시화하였다는 것이 조금 다르다. 그중 가장 대표적인 곳이 '아메리칸 빌리지'이다.

아메리칸 빌리지는 1981년까지만 미군 비행장으로 쓰이던 곳을 매립하여 건설한 거대한 쇼핑 타운이다. 미국 샌디에고의 시포트 빌리지를 모델로 만들어졌다. 35만평 대지 위에 가게 100여 개와 60

여 개 식당이 들어서 있다. 대관람차, 아메리칸 데포, 데포 아일랜드 쇼핑센터, 이온 쇼핑몰, 미하마 7플렉스
영화관, 베셀 호텔 캄파나 오키나와, 힐튼 오키나와, 차탄 리조트 등이 빌리지 안에 자리 잡고 있다.

아메리칸 빌리지를 상징하는 관람차를 지나 빌리지 안으로 들어서면 다른 세상이 펼쳐진다. 여기저기 성조
기가 걸려 있고, 미국 브랜드숍이 가득한 게 일본이 아니라 미국의 어느 쇼핑 거리를 걷는 기분이 든다. 리바
이스, 폴로, NBA나 MLB 유니폼, 중고 운동화나 가방이 넘쳐난다. 식당도 햄버거, 피자, 멕시칸 타코 등 이국
의 음식을 파는 곳이 많다.

쇼핑센터를 지나 해안가 쪽으로 걸어가면 선셋비치가 나온다. 석양이 아름다운 곳으로 유명하며, 해수욕
과 일광욕을 즐기는 사람들에게 인기가 좋다. 주말이 되면 비치 주변에서 크고 작은 행사들이 열린다. 프리
마켓인 '함비 나이트 마켓'을 비롯하여, 음악 밴드나 비보이들, 아티스트들의 공연이 비정기적으로 열린다.

찾아가기 ❶ 렌터카 나하 공항에서 58번국도 경유하여 40분 ❷ 버스 나하 버스터미널에서 20번名護バスターミナル行, 나고버스터미
널행, 120번名護西空港線, 나고니시공항선 버스 타고 쿠와에桑江 정류장 하차. 도보 3분 주소 沖縄県中頭郡北谷町美浜
전화 098 926 5678 운영시간 10:00~23:00(매장마다 다름) 홈페이지 okinawa-americanvillage.com

1 대관람차에서 로맨틱한 풍경을
카니발 파크 미하마 カーニバルパークミハマ

카니발 파크 미하마는 대관람차가 우뚝 서 있는 건물로 패션과 잡화 숍, 오락실 그리고 레스토랑이 몰려 있는 쇼핑센터이다. '다이코쿠 100엔 숍'이 이곳에서 가장 유명한 숍 중에 하나로 꼽힌다. 이 건물의 메인은 단연 스카이맥스60Skymax 60이라고도 불리는 관람차이다. 높이 60m로 정상에서 바라보는 아메리칸 빌리지의 풍경은 이국적이면서 로맨틱하다. 특히 밤에는 조명을 켜고 돌아가 아메리칸 빌리지의 야경을 더욱 빛내준다. 대관람차는 카니발 파크 미하마 3층과 연결되어 있다. 일본 영화 <눈물이 주룩주룩>의 촬영지로도 유명하다. 대관람차 주소 沖縄県中頭郡北谷町美浜 15-69 전화 098 982 7735 운행 11:00~22:00 요금 성인 500엔 어린이 300엔 탑승 시간 15분

2 아메리칸 스타일 쇼핑 타운
아메리칸 데포 アメリカンデポ

모두 세 개의 동으로 이루어져 있는 쇼핑 타운으로 카니발 파크 미하마 건너편에 있다. A, B, C동으로 이루어져 있는데, A동은 오키나와에서 미국 패션과 소품을 가장 많이 취급하고 있는 곳이다. 오키나와 여성들에게 인기 좋은 패션 숍 니코도Nikodo 미하마 점이 있다. B동에는 오키나와 티셔츠 원조 브랜드 하부 박스Habu Box 미하마 점과 아동복 스킵Skip 그리고 식당 등이 있다. C동에는 미국 스타일의 패션과 소품 등을 파는 소호 숍이 있다. 주소 沖縄県中頭郡北谷町美浜 9-1 전화 098 926 3322 영업시간 10:00~21:00

3 바다와 맞닿아 있어 더 좋아
데포 아일랜드 デポアイランドビル

아메리칸 빌리지 안에서 가장 큰 규모를 자랑하는 쇼핑센터이다. 빌딩 9개에 수많은 점포가 미로처럼 연결되어 있다. 아직도 새로운 점포가 계속 문을 열고 있다. 건물이 바다와 맞닿아 있어 더욱 인기가 좋다. 캐주얼 패션 숍, 액세서리 숍, 식당 등이 있다. 주소 沖縄県中頭郡北谷町美浜 9-1 전화 098 926 3322 영업시간 10:00~21:00

④ 쇼핑센터 옆 미술관
보쿠넨 미술관 ボクネン美術館

데포 아일랜드 바로 옆에는 유선형 건물 '아카라'가 있다. 이 건물의 하이라이트는 보쿠넨 미술관이다. 보쿠넨은 판화가이자 조각가로, 오키나와를 대표하는 예술가 중 한 명이다. 그는 오키나와의 자연에서 영감을 얻어 작업하기로 유명하다. 미술관에서는 그의 매력 있는 작품들을 관람할 수 있다. 입장료가 조금 비싸기는 하지만 미술에 관심이 있는 여행객이라면 가볼만 하다. 독특한 아카라 건물 또한 보쿠넨이 디자인했다고 전해진다. 건물 안에는 미술관 외에 레스토랑과 다양한 숍들도 있다. 주소 沖縄県中頭郡北谷町美浜 9-20 전화 098 926 2764 운영시간 11:00~21:00(하절기 10:00~21:00, 최종입장 20:30) 휴일 부정기 요금 성인 800엔 학생 500엔

⑤ 게임 마니아의 천국
시사이드 스퀘어 シーサイドスクエア

남자들이 좋아하는 곳으로, 쉽게 설명하자면 거대한 오락실이다. 일본의 게임 회사 '세가'sega에서 직영하고 있다. 볼링장과 게임센터 등이 있는데, 게임센터에서는 옛날 게임부터 3D 게임까지 다양하게 즐길 수 있다. 요즘 한국에서 유행하는 인형 뽑기 기계, 스티커 기계 등도 즐비하다. 이외에 맥도날드, 라멘 가게, 패션 숍 등이 있다. 주소 沖縄県中頭郡北谷町美浜 9-8 전화 098 936 6741 운영시간 10:00~23:00

⑥ 해변가의 낭만 벼룩시장
함비 나이트 마켓 ハムビ夜市

선셋비치에서 주말마다 열리는 플리 마켓이다. 참여하는 연령대가 다양하여 판매하는 상품 또한 패션, 액세서리, 미군 제품 등 제법 여러가지다. 한쪽에는 먹을거리와 술을 판매하는 노점상들이 자리 잡고 있어 입까지 즐거워진다. 오키나와 주민과 여행객들이 모여 함께 즐거운 시간을 보낼 수 있는 곳이다. 13:00부터 22:00까지 열리며, 아메리칸 빌리지에서 차로 5분 정도 거리에 있다. 선셋비치는 더 비치 타워 오키나와 호텔 뒤쪽이다. 전화 098 936 8273

아메리칸 빌리지와 그 주변의 맛집과 카페

 ★★★★☆

맛이 깊은 육수와 쫄깃한 면의 콜라보
하야테마루 라멘 追風丸

| 맵코드 335 264 50*63 |
| 구글좌표 26.316900, 127.755556 |

홋카이도에 본점을 두고 있는 라멘 체인점으로 오키나와에 지점이
5곳이나 있다. 그중 아메리칸 빌리지 시사이드 스퀘어シーサイドスクエ
ア의 차탄점北谷店의 인기가 가장 좋다. 가게에 들어가면 훈남들이 큰
소리로 인사하며 반가이 맞아준다. 여성 고객이라면 마음이 설레고
눈까지 즐거울 것이다. 이 집의 라멘은 홋카이도 산 밀을 사용하여
만드는데 오랜 시간 숙성 과정을 거쳐 면발이 탱탱하다. 그래서 툭
툭 끊어지는 오키나와 소바를 먹다가 이곳 라멘을 먹으면 깜짝 놀

라게 된다. 맛이 깊은 육수와 쫄깃한 면의 콜라보가 끝내준다. 다양한 라멘 중에서 해물이 듬뿍 들어간 해물
스케멘을 추천한다.
찾아가기 아메리칸 빌리지의 시사이드 스퀘어シーサイドスクエア 내 위치. 관람차에서 서쪽으로 도보 6분 주소 沖縄県中頭郡北谷
町美浜(字) 9-8 전화 098 926 0027 영업시간 11:30~24:00 휴일 없음 예산 800엔부터1인 추천메뉴 스케멘つけめん

 ★★★★☆

햄버거와 타코라이스 즐기기
포케팜 Pocke Farm

| 맵코드 335 253 82*17 |
| 구글좌표 포케팜 |

쇼핑몰 아메리칸 데포 B동American Depot B 앞에 있는 노천 레스토랑
으로 간단한 식사를 즐기기 좋은 곳이다. 가게 앞에 다양한 메뉴가
사진으로 걸려 있고, 여기저기 크고 작은 화분들이 놓여 있어 아열
대 분위기를 자아낸다. 가장 유명한 메뉴는 햄버거와 타코라이스이
다. 두툼한 쇠고기 패티와 신선한 야채가 입안에서 녹는다. 멕시코
음식 타코의 오키나와 버전인 타코라이스도 인기가 좋다. 볶음밥,
살사 소스, 야채의 조화가 이색적이다. 이곳에 앉아 식사를 하고 있
으면 미국에 와있는 것 같은 기분이 든다.
찾아가기 아메리칸 데포 B동 앞 노천, 관람차에서 서남쪽으로 도보 5분
주소 沖縄県中頭郡北谷町美浜 9-12 전화 080 8581 1405
영업시간 10:00~21:00 휴일 없음 예산 700엔부터1인
추천메뉴 타코라이스タコライス

 ★★★★☆

가성비 최고 초밥
구르메 회전 초밥 시장 グルメ回転寿司市場 구르메 스시

| 맵코드 335 264 30*54 | 구글좌표 26.316766, 127.759224 |

아메리칸 빌리지 입구에 우뚝 서 있는 회전 초밥 집이다. 아메리칸 빌리지를 찾은 한국 여행객이 꼭 들르는 초밥집이기도 하다. 가게 안에 들어가면 여기저기서 들려오는 한국말이 정겹다. 모든 테이블에 주문용 모니터가 있으며, 한국어도 있어 주문하기 쉽다. 접시 당 110엔부터 350엔 정도로 저렴한 편이다. 스시 마니아라면 조금 아쉬울 수는 있지만 한국의 초밥보다는 훨씬 맛있다. 가성비 최고의 초밥집이다. 찾아가기 관람차에서 동남쪽으로 도보 2분 주소 沖縄県中頭郡北谷町美浜2丁目4-4 オアシス美浜ビル 전화 098 926 3222 영업시간 11:00~22:00 휴일 목요일 예산 1,000엔(1인)~

 ★★★★☆

달콤한 자색 고구마 아이스크림
블루실 아이스크림 차탄점 ブルーシール 北谷店

| 맵코드 098 936 9659 | 구글좌표 26.313668, 127.761142 |

블루실Blue Seal은 오키나와 아이스크림 브랜드이다. 자색 고구마로 만든 '베니이모'가 가장 대표적인 아이스크림이다. 아메리카 빌리지 근처에 3개 지점이 있다. 차탄점이 주차하기에 용이하다. 데포 아일랜드 D동 Depot Island D 2층과 해변 쇼핑몰 데포 아일랜드 시사이드Depot Island Seaside 2층에도 직영점이 있다. 찾아가기 ❶ 차탄점 관람차에서 남쪽으로 도보 7분 ❷ 데포 아일랜드점 관람차에서 서남쪽으로 도보 7분 ❸ 데포 아일랜드 시사이드점 관람차에서 서남쪽으로 도보 9분 차탄점 주소 沖縄県中頭郡北谷町美浜1丁目 5-8 전화 098 936 9659(차탄점) 영업시간 10:00~24:00 휴일 없음 예산 600엔부터

★★★★☆

미군도 인정한 햄버거
고디즈 ゴーディーズ

| 맵코드 33 584 567*25 | 구글좌표 26.334048, 127.747538 |

아메리칸 빌리지 인근에서 햄버거가 가장 맛있는 곳이다. 외국인 주택을 개조해 분위기가 이국적이다. 건물 앞 빨간 문을 보는 순간 새콤한 케첩과 햄버거가 연상된다. 직접 숯불에 구워내는 오키나와 소고기 수제 패티가 아주 맛이 좋다. 입속에서 터지는 육즙과 풍미가 일품이며 야채도 신선하다. 주인이 영어에 능숙하다. 찾아가기 ❶ 아메리칸 빌리지에서 북쪽으로 렌터카로 10분2.9km ❷ 나하공항에서 58번국도 경유하여 렌터카로 45분 주소 沖縄県中頭郡北谷町砂辺 100 전화 098 926 0234 영업시간 월~금 11:00~22:00 토·일 08:00~11:00 휴일 설날 추천메뉴 햄버거ハンバーガー 예산 800엔부터

★★★★☆

일본의 대표적인 우동 전문점
마루가메 제면 차탄점 丸亀製麺 北谷店 마루가마세멘 차탄텐

맵코드 098 936 1310

구글좌표 26.324527, 127.755268

아메리칸 빌리지 북쪽 차탄 어항 근처에 있다. 세계 최대 사누키 우동 전문 브랜드로 한국에도 13개 지점이 있다. 사누키 우동은 굵은 밀가루 국수로 일본 카가와 현이 고향이다. 카가와 현은 벼농사를 짓기에는 강우량이 부족해 밀농사를 많이 짓는데, 예전부터 밀가루 국수가 맛있기로 유명한 곳이다. 우동의 면이 쫄깃하고 식감이 살아있다. 주문부터 계산까지 '셀프'로 진행된다. 우동의 종류, 면발의 굵기, 육수의 종류를 손님이 선택하면 면을 뽑아 조리한다. 주먹밥, 튀김 같은 메뉴도 있다. 찾아가기 ❶ 아메리칸 빌리지에서 북쪽으로 도보 10분 ❷ 아메리칸 빌리지에서 북쪽으로 렌터카로 4분(1.1km) ❸ 나하 버스터미널에서 120번 버스 승차하여 쿠와에桑江 정류장 하차, 도보 10분 주소 沖縄県中頭郡北谷町美浜3丁目 6-3 전화 098 936 1310 영업시간 11:30~23:00 휴일 없음 추천메뉴 옛날우동巾釜溫玉うどん 예산 800엔부터 홈페이지 toridoll.com

 ★★★★☆

마블링이 끝내주는 일본 와규
안안 차탄점 安安 北谷店

맵코드 098 936 0119

구글좌표 26.302432, 127.759902

아메리칸 빌리지 남쪽 아라하 비치Araha Beach 근처에 있는 와규 전문점이다. 일본은 메이지 시대부터 서양에서 기술을 들여와 소를 개량하고 사육 방법을 개선했다. 와규는 마블링 함량이 높은 편이라 부드럽고 육즙이 많다. 안안 차탄점은 우리나라 고깃집과 분위기가 상당히 비슷하다. 우리처럼 연기를 흡입하는 기계 장치가 있는 불판 위에서 고기를 굽는다. 고기는 부위별로 판매한다. 생구이보다 주로 양념을 해서 먹는데, 양념의 종류가 많다. 고기는 접시당 판매한다. 한 접시에 몇 점 나오지 않아 한국 여행객은 당황할 수 있지만 부위별로 다양하게 주문할 수 있다는 장점도 있다. 돼지고기도 판매하며, 주차장이 넓어서 좋다. 찾아가기 ❶ 아하라 비치에서 도보 1분 ❷ 아메리칸 빌리지에서 남쪽으로 렌터카로 8분2km ❸ 나하공항에서 58번국도 경유하여 렌터카로 50분 주소 沖縄県中頭郡北谷町北谷 2-13-6 전화 098 936 0119
영업시간 17:00~06:00 휴일 없음 추천메뉴 안안갈비安安カルビ 예산 1인 1,500엔부터 홈페이지 www.fuji-tatsu.co.jp/

★★★☆

흥겨운 레게음악과 자메이카 요리
플렉스 바 & 그릴 FLEX Bar & Grill

맵코드 098 926 0470
구글좌표 26.306248, 127.759788

아메리칸 빌리지 남쪽 아라하 비치Araha Beach 주변에 있는 자메이카 레스토랑 겸 바이다. 자메이카에서 직접 공수한 향신료와 소스를 신선한 닭고기와 돼지고기에 재워 가게 앞에서 구워낸다. 가게 부근에 다다르면 고기 굽는 냄새에 벌써 입맛이 당긴다. 흥겨운 레게음악이 흐르는 실내는 완전 자메이카이다. 손님들 반 이상이 외국인이다. 닭고기, 돼지고기로 만든 데모든 그릴이 정말 맛있다. 겉은 바삭하고 속은 부드러운데 자메이카의 향신료와 어우러져 짭짤하면서 고소하다. 그릴에 구운 고기가 카레와 함께 나오는 그릴커리도 추천한다. 일본 카레에 자메이카 향신료를 더해 맛이 진하다. 자메이카 도넛이라 불리는 기다랗고 쫀득한 빵을 카레에 찍어 먹으면 맛이 그만이다. 도넛은 그릴 메뉴에는 포함되어 나오지만, 그릴 커리에는 포함되지 않으므로 따로 주문해야 한다. **찾아가기** ❶ 아메리칸 빌리지에서 렌터카로 남쪽으로 6분1.6km ❷ 나하공항에서 58번국도 경유하여 렌터카로 45분 **주소** 沖縄県中頭郡北谷町北谷2丁目 20-5 **전화** 098 926 0470 **영업시간** 월~금 17:00~24:00, 토·일 16:00~24:30 **추천메뉴** 자메이카 닭고기 그릴chicken gril, 그릴 커리gril curry **예산** 1,500엔부터 **홈페이지** Bar-flex.com

---

 ★★★★☆

킨포크의 도시 포틀랜드에 온 듯한
지바고 커피 웍스 오키나와 ZHYVAGO COFFEE WORKS OKINAWA

맵코드 098 989 5023
구글좌표 zhyvago coffee

아메리칸 빌리지에서 서쪽으로 걸어가면 거짓말처럼 갑자기 망망대해가 펼쳐진다. 바다를 바라보고 있노라면 자연스레 커피 한잔이 떠오르는데, 지바고 커피 웍스 오키나와는 그럴 때 가기 좋은 곳이다. 콘셉트는 미국의 포틀랜드다. 일본인인 주인장은 포틀랜드 여행 중 풍부한 자연과 여유로운 라이프스타일에 크게 감명 받고 돌아와, 2014년 포틀랜드 풍의 카페를 오픈했다. 안으로 들어가면 스타일리시한 주인장이 반갑게 인사를 건넨다. 멋스럽게 꾸며진 카페에서 푸른 바다를 바라보며 마시는 커피 한잔은 감동적이기까지 하다.

찾아가기 ❶ 아메리칸 빌리지에서 서쪽으로 도보 7분550m ❷ 선셋비치에서 도보 3분260m ❸ 나하공항에서 58번국도 경유하여 렌터카로 55분 **주소** 沖縄県中頭郡北谷町美浜 9-46 distortion seaside 1층 **전화** 098 989 5023 **영업시간** 09:30~17:00 휴일 없음 **예산** 600엔부터 **홈페이지** zhyvago-okinawa.com

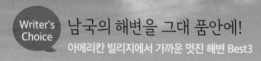

Writer's Choice

남국의 해변을 그대 품안에!
아메리칸 빌리지에서 가까운 멋진 해변 Best3

① 하얀 산호 모래가 은전처럼 빛나는
트로피칼 비치 トロピカルビーチ

`맵코드` 33 403 300*83 　`구글좌표` 트로피칼 비치

1993년 해외에서 산호 모래를 사들여 만든 아름다운 인공 비치이다. 아메리칸 빌리지와 이웃해 있어 여행객과 현지 젊은이들이 많이 찾는다. 펜스를 쳐서 수영 존을 설정해 놓아 안전하게 바다를 즐길 수 있다. 다만 수심이 깊지 않아 스노클링이나 해양 스포츠는 즐길 수 없다. 비치 주변에는 오키나와 컨벤션 센터와 호텔들이 들어서 있고, 기노완 해양공원도 조성되어 있다. 공원 안에는 바비큐 시설, 산책로 등이 잘 꾸며져 있어 쾌적한 여행을 즐기기 좋다. 4월이 되면 오키니와 여름을 알리는 축제 '류큐카이엔사이'가 열린다. 화려하고 거대한 불꽃이 밤하늘을 장식하는 불꽃축제로 유명하다.

찾아가기 ❶ 렌터카 나하공항에서 58번국도 경유하여 35분 ❷ 버스 나하 버스터미널에서 26번기노완 나하 A.P.선, Ginowan Naha A.P Line 32번컨벤션센터선행 コンベンションセンター 승차하여 컨벤션센터コンベンションセンター 정류장 하차
주소 沖縄宜野湾市真志喜 4-2-1 전화 098 897 2759 운영시간 09:00~21:30(4/15~10/31 09:00~18:00에 수영 가능)
홈페이지 http://www.tropicalbeach.jp

② 남태평양 비치처럼 이국적인
선셋 비치 サンセットビーチ

맵코드 33 525 175*48
구글좌표 선셋 비치

아메리칸 빌리지 끝자락에 있는 인공 비치다. 선셋 비치는 아메리칸 빌리지를 더욱 이국적인 곳으로 만들어 준다. 일 년 내내 여행객과 현지인의 발길이 끊이지 않는다. 아메리칸 빌리지에 있는 호텔 투숙객뿐만 아니라 미군, 여행객, 오키나와 시민도 이용한다. 주위 풍경과 국적이 다양한 사람들 덕에 남태평양의 어느 비치에 와 있는 기분이 든다. 아름다운 석양은 야자나무 실루엣과 어우러져 한 폭의 그림 같은 분위기를 연출한다. 주변 환경이 아름다워 연인들의 데이트 코스로도 인기가 좋다. 최대 수심은 3m이고 방파제가 파도를 막고 있어 수영하기 매우 좋다. 스노클링은 불가하다. 찾아가기 ❶ 렌터카 나하공항에서 58번국도 경유하여 40분 ❷ 버스 20번, 120번名護西空港線, 나고시공항선, 28번読谷線, 요미탄선 승차하여 쿠와에桑江 정류장 하차. 도보 10분 주소 沖縄県中頭郡北谷町美浜 2 전화 098 936 8273 운영시간 09:00~19:00 주차 1일 500엔(아메리칸 빌리지 주차장도 이용 가능) 홈페이지 uminikansya.com

③ 해양 스포츠를 즐겨라!
미야기 해변 宮城海岸 미야기카이간

맵코드 33 584 015
구글좌표 26.328974, 127.744130

아메리카 빌리지 북쪽 해변으로, 산책로를 잘 갖추고 있다. 해양 스포츠를 즐길 수 있는 곳으로 유명하다. 다른 해변에 비해 파도가 높은 편이어서 서핑보드를 즐기는 사람들을 쉽게 찾아볼 수 있다. 또 산호 군락지가 넓게 펼쳐져 있어 스노클링을 즐기기도 좋다. 다만 파도가 세고 바위가 많아 바다 지형을 잘 알고 있는 현지인이 많이 즐긴다. 경험이 많은 중급 해양 레포츠 애호가들에게 추천한다.

찾아가기 ❶ 렌터카 나하공항에서 58번국도 경유하여 45분 ❷ 버스 20번, 120번名護西空港線, 나고시공항선, 28번読谷線, 요미탄선 승차하여 카이힌코엔마에海浜公園前 정류장 하차 후 도보 15분 전화 098 926 5678 수영 가능 시기 4월 15일~10월 31일

 ★★★★☆

애니메이션의 환타지 마을 같은
요미탄 도자기 마을 やちむんの里 요미탄 야치문노 사토

맵코드 338 554 11*84

구글좌표 yomitan pottery village

오키나와 도자기 '야치문'을 만들어 내는 상징적인 곳이다. 야치문의 고향은 원래 나하의 쓰보야 야치문 거리였다. 나하 시가 점점 도시화되자, 1974년 오키나와 최초의 인간문화재 지로 씨가 숲과 나무가 많아 도자기 만들기에 좋은 조건을 갖춘 요미탄손読谷村으로 가마를 옮겼다. 시간이 흐른 뒤 도예가들이 하나, 둘 모이기 시작하며 요미탄 도자기 마을이 형성되었다. 나무로 불을 때 도자기를 구워내는 전통 가마 방식을 아직도 고수하고 있다. 큰 가마가 여럿 있는데, 요미탄 잔야키北窯売店·요미탄 쓰보야야키·유탄자야키·기타 가마 등이 대표적이다.

요미탄 도자기 마을은 유명세와 달리 한적한 편이다. 길 양 옆으로 공방과 숍이 드문드문 자리 잡고 있다. 요미탄 잔야기 공방에 가면 가마가 있어 함께 둘러보기 좋다. 작업하는 모습을 지켜볼 수 있으며, 운이 좋으면 가마의 온도를 높이고 있는 장인을 만날 수도 있다. 그 모습은 신비롭게 느껴지며, 마치 미야자키 하야오의 애니메이션 <하울의 움직이는 성>에서 불을 피워 거대한 성을 움직이던 사람들처럼 보이기도 한다. 사진 촬영은 미리 물어보고 하는 게 좋다.

찾아가기 ❶ 렌터카 나하공항에서 58번국도 경유하여 1시간 ❷ 버스 나하 버스터미널에서 120번名護西空港線, 나고시공항선 탑승하여 오야시이리구치親志入口 정류장 하차 후 도보 10분 주소 沖縄県中頭郡読谷村座喜味 2653-1 전화 098 958 4468 운영시간 09:00~18:00(매장마다 다름) 홈페이지 http://www.okinawainfo.net/yomitan.htm

1 인간문화재의 장녀가 운영하는
미야모토 宮陶房

마을 초입에 있는 숍으로 대대로 이어져온 물고기 문양이 유명하다. 오키나와의 첫 인간문화재 긴조 지로 씨의 장녀 미야기 스미코 씨가 운영해 더욱 유명하며, 숍 바로 옆에 공방이 있어 직접 구경 할 수도 있다. 영업시간 09:00~18:00, 연중무휴

2 도자기 마을에서 가장 유명한
요미탄 자카키 공동 직판장 読谷山焼窯共同売店

야마다 신만, 요미네 짓세이, 다마모토 데루마사, 긴조 메이코 등 네 장인의 작품을 판매하는 곳이다. 요미탄 도자기 마을에서 가장 유명한 숍이자 상징으로 여겨지는 곳이다. 빨간 지붕에 돌벽으로 이루어진 건물이 주변 풍경과 어우러져 고즈넉한 분위기를 자아낸다. 영업시간 09:30~18:00(겨울 17:30까지), 화요일 휴무

3 세련되고 예술성 깊은
요미탄 잔야키 기타 가마 매장 北窯売店

요미탄 잔야키 기타 가마의 직판점으로 야기 마사타카, 요나하라 마사모리, 마쓰다 요네시, 마쓰다 교지 등 4명의 작품을 판매한다. 전통 색이 짙은 도자와 화려하지 않지만 세련된 도자가 많다. 대중성보다는 예술성에 가깝다는 평을 듣고 있다. 영업시간 09:00~17:30, 부정기 휴무

4 아기자기해서 여심을 자극한다
갤러리 우쓰와야 常秀工房, 쓰네히데 공방

여성들에게 가장 인기가 많은 공방이자 숍이다. 전통 기법을 사용하면서도 현대적인 느낌이 나는 쓰보야로 유명하다. 물방울 패턴이 들어간 접시, 손바닥 크기의 주전자 등 아기자기한 도자들이 많다. 영업시간 09:00~18:00, 부정기 휴일

 ★★★★☆

류큐로 가는 타임머신을 타자
류큐무라 琉球村

맵코드 206 033 125*43
구글좌표 ryukyu village

중부를 대표하는 민속촌이다. 남부의 오키나와 월드가 문화와 자연이 결합된 테마파크라면, 류큐무라는 류큐 마을을 재현한 공간에서 공방과 민속 공연, 전통 음식까지 체험할 수 있는 곳이다. 류큐 전통 의상 우치나가이스를 입고 기념 촬영도 할 수 있다. 또 류큐무라엔 100년 이상 된 민가 7채를 옮겨와 재현해 놓았다. 민가에서 당시의 생활상을 엿볼 수 있다. 특히 니시이시가키西石垣 고택은 류큐 전통 음악과 무용 공연으로 여행객들의 발길을 잡는다.

류큐무라의 백미는 류큐 시대를 재현한 퍼레이드와 공연이다. 시간에 따라 다양한 퍼포먼스가 열린다. 가장 흥미로운 것은 역동적이고 경쾌한 류큐 전통 무용이다. 단순한 몸동작이지만 경쾌한 박자와 노랫소리로 관객을 즐겁게 한다. 분위기가 무르익으면 북을 어깨에 메고 춤을 추는 남자들이 등장한다. '에이사'ェィサ-라 불리는 북춤으로, 음력 7월 15일 오키나와 최대 명절인 '오봉'백중맞이 때 추는 춤이다. 원래 청춘남녀가 마을을 돌며 각 가정의 무병장수를 기원하는 춤이었다. 박진감이 넘치고 역동성이 강하다. 공연이 끝나면 배우들이 관람객과 함께 춤을 추고, 사진 촬영도 한다. 여행객에게 인기 만점이다. 이외에 오키나와 전통 도자인 '쓰보야' 체험도 할 수 있고, 뱀쇼를 볼 수있는 '하브센터'도 둘러볼만 하다.

찾아가기 ❶ 렌터카 나하공항에서 오키나와자동차도로沖縄自動車道 경유하여 1시간 20분 ❷ 버스 나하 버스터미널에서 120번名護西호港線 나고시공항선 승차하여 류큐무라마에琉球村前 정류장 하차 주소 沖縄県国頭郡恩納村山田 1130 전화 098 965 1234 입장료 성인 1,200엔 6세~15세 600엔 5세 이하 무료 운영시간 8:30~17:30(마지막 입장 17:00), 하절기(7월~9월) 9:00~18:00(마지막입장 17:30), 연중무휴 홈페이지 https://www.ryukyumura.co.jp/ko/

류큐무라 공연 시간표

공연	시간	장소
에이사(북춤)	09:00, 10:00, 13:00, 16:00	중앙광장
오키나와 전통 무용과 음악	11:00, 12:00, 14:00, 15:00	니시이시가키 고택
퍼레이드	10:00, 16:00	중앙광장
뱀쇼	08:45, 09:15 09:40, 10:40 11:15, 11:40, 13:40, 14:15, 14:40, 15:15 15:40, 16:40	하브 센터

체험 여행을 더 깊이 즐기고 싶다면

무라사키무라 体験王国むら咲むら

맵코드 33 851 318 구글좌표 체험왕국 무라사키무라

중부 지역에 있는 또 다른 민속촌이다. 요미탄손에 위치한 이 민속촌은 류큐시대를 재현한 류큐무라와 비슷한 테마파크이지만 유리공예, 도자 만들기, 전통 무용 같은 프로그램에 직접 참여할 수 있는 체험 중심 테마파크. 오키나와 방언 교실도 마련되어 있다. 오키나와의 전통과 문화를 더 깊이 체험하고 싶은 여행자라면 무라사키무라를 추천한다. 여행이 더 풍부하고 입체적으로 기억될 것이다. 찾아가기 ❶ 렌터카 나하공항에서 58번국도 혹은 오키나와자동차도로沖縄自動車道 경유하여 1시간~1시간 5분 ❷ 버스 나하 버스터미날에서 28번読谷線 요미탄선 승차하여 오~아따리大当 정류장 하차. 북서쪽으로 도보 10분 주소 沖縄県中頭郡読谷村高志保 1020-1 전화 098 958 1111 입장료 성인 600엔 중·고등학생 500엔 초등생 400엔 운영시간 09:00~16:00(연중무휴) 홈페이지 http://www.murasakimura.com/

 ★★★★☆

세계문화유산, 작은 수원 화성 같은
자키미 성터 座喜味城跡 자키미조시아토

맵코드 338 544 28*55

구글좌표 zakimi castle

요미탄 도자기 마을 서쪽에 있다. 12번현도県道를 경유하여 차로 6~7분이면 다다를 수 있다. 중부를 대표하는 성곽 중 한 곳으로, 유네스코 세계문화유산이다. 15세기 전반에 해발 125m의 언덕에 만들어졌다. 이 성을 만든 이는 오키나와가 통일되기 전인 삼산 시대 최고의 건축가이자 장군이었던 고사마루護佐丸이다. 그는 북부의 나키진 성을 보고 충격 받아, 나키진을 뛰어넘는 걸작을 만들기 위해 자키미를 축성했다.

자키미는 나키진보다 훨씬 작은 성이다. 하지만 성곽은 매우 단단하고 두껍다. 틈이 전혀 없어 촘촘한 직물처럼 정교하다. 작은 수원 화성처럼 보이기도 한다. 성에 오르면 날씨가 좋은 날에는 슈리성과 나하, 저 멀리 서해의 케라마 제도까지 눈에 들어온다. 또 고즈넉한 요미탄손読谷村의 마을 풍경도 마음 넉넉히 담을 수 있다. 아름다운 석양을 볼 수 있는 곳으로도 유명하며, 고즈넉한 분위기 덕에 오키나와 연인들의 데이트 장소로도 손꼽힌다.

찾아가기 ❶ 렌터카 나하공항에서 오키나와자동차도로沖縄自動車道와 58번국도 경유하여 1시간 ❷ 버스 나하 버스터미널이나 아메리칸 빌리지의 쿠와에桑江 정류장에서 29번 버스読谷線 요미탄선 탑승 후 자키미이리구치座喜味入口 정류장 하차. 서북쪽으로 도보 10분 주소 沖縄県中頭郡読谷村座喜味 708-6 전화 098 958 3141 입장료 무료 홈페이지 vill.yomitan.okinawa.jp

 ★★★☆☆

아직도 남아 있는 전쟁의 상흔
치비치리 가마 チビチリガマ

맵코드 33 852 212*58
구글좌표 26.406095, 127.724062

오키나와 전쟁의 참혹함을 가장 잘 보여주는 곳이 가마와 방공호이다. 류큐 시절부터 일본에 조공을 받쳐야 했던 오키나와 사람들은 일본에 대한 감정이 좋지 않았다. 일본 또한 류큐를 속국 정도로 생각했다. 일본군은 주민들이 미군 편이 되는 것이 두려워 방공호나 석회암 동굴인 '가마'에 가두고, 집단 자결을 강요하기도 했다. 게다가 미군은 이런 사실을 알고 화염방사기로 가마를 무차별 공격하여 수많은 사망자가 발생하였다. 당시 이를 '가마 전술'이라 불렀다. 중부 요미탄에도 이런 가마가 있는데, 치비치리 가마이다. 이 가마에서 140명이 사망했고, 85명은 집단 자살했다. 희생자 대부분이 노인이나 미성년자였다. 사탕수수 밭 옆 작은 계곡에 있다. 입구에는 평화를 기원하는 손 편지가 붙어 있다. 오키나와의 아픈 역사에 관심 있는 여행객이라면 찾아가자.

찾아가기 ① 잔파 곶에서 렌터카로 남쪽으로 10분 4.6km ② 자키미 성터에서 서쪽으로 렌터카로 7분 2.6km
주소 沖縄県中頭郡読谷村字波平 1153

강제 징용 조선인을 위한 위령비

한의 비 恨の碑   맵코드 33 882 776*15   구글좌표 26.418947, 127.731098

치비치리 가마에서 멀지 않은 곳에 2차 세계대전 때 강제 징용으로 끌려온 조선인들을 위한 위령비, '한의 비'가 있다. 경상북도에서 끌려온 조선인의 증언을 토대로 만들어졌다. 작은 마을 옆 묘비들이 있는 공터에 세워졌는데, 커다란 나무가 위령비를 품고 있다. '이 땅에 돌아가신 오빠 언니들의 영혼에 이 섬은 왜 조용해졌을까. 왜 다시 말하려 하지 않는가.'라고 한글로 쓰여 있고, 징용되어 끌려가는 청년과 오열하는 어머니 그리고 해골 모습을 한 일본군이 부조로 새겨져 있다. 일본인 평화 운동가들의 도움으로 설립된 뜻 깊은 위령비이다. 잠시 들러 잘못된 역사의 슬픔을 되새기는 시간을 가져보자. 찾아가기 ① 치비치리 가마에서 북쪽으로 렌터카로 7분 2.1km ② 잔파 곶에서 렌터카로 남서쪽으로 12분 주소 沖縄県中頭郡読谷村瀬名波 597

★★★☆☆

보트 타고 아열대 숲 속으로
비오스의 언덕 ビオスの丘 비오스노 오카

오키나와 내륙에는 정글 같은 숲이 많다. 1년 내내 푸른 숲은 정령이 살아있는 듯 신비롭기 그지없다. 한번쯤 숲 여행을 하고 싶다면 중부에 있는 비오스 언덕을 추천한다. 오키나와 본섬의 아열대 자연 환경을 재현한 테마파크로, '비오스'란 그리스어로 생명 혹은 목숨을 뜻한다.

테마파크지만 식상하지 않은 아름다운 수목원이다. 10만 평이넘는 대지는 '자연과의 만남'을 주제로 구성되어 있다. 가장 인기가 좋은 프로그램은 호수 유람선을 타고 '우후타치구무'라는 습지를 관람하는 것이다. 한국어 서비스가 없어 아쉽지만 가이드가 동승한다. 독특한 숲에서 유람선을 타고 있으면 마치 정글 탐험대가 된 것 같은 기분이 든다. 물소와 물고기 떼가 가득한 1km 구간을 25분 동안 관람한다. 습지 탐험을 하는 동안 류큐 전통의상을 입은 무용수의 오키나와 전통 춤 공연도 볼 수 있다. 카누30분를 타고 직접 노를 저으며 호수의 아름다움을 만끽할 수도 있다. 그밖에 염소에게 먹이 주기, 물소가 끄는 마차 타기, 미니기차 타기 같은 프로그램이 있어 가족 여행객에게 인기가 좋다.

맵코드 206 005 202*55

구글좌표 26.422960, 127.796158

찾아가기 ❶ 렌터카 나하 공항에서 오키나와자동차도로沖縄自動車道 경유하여 1시간40km
❷ 버스 나하 버스터미널에서 120번名護西空港線 나고공항선 승차 후 나카도마리仲泊 정류장 하차. 택시 10분

주소 沖縄県うるま市石川嘉手苅 961-30

전화 098 965 3400

입장료 성인 710엔 어린이(4세~초등학생) 360엔 입장권+유람선 1,230엔(어린이 720엔)

운영시간 09:00~18:00(17:00까지 입장)

휴무 연중무휴

홈페이지 http://www.bios-hill.co.jp

📷 ★★★★★

석양, 등대 그리고 슬픈 로맨스
잔파 곶 残波岬 잔파미사키

오키나와 본섬 서쪽 맨 끝 있는 곳으로 서해안의 경승지로 꼽힌다. 30m 높이의 산호초 절벽이 2km 정도 이어진다. 일본의 슬픈 로맨스 영화 <눈물이 주룩주룩>에서 남녀 주인공이 하얀 등대가 있는 푸른 초원에서 비를 맞으며 길을 잃고 헤매는 장면이 나오는데, 그곳이 잔파 곶이다.

진파 곶은 아름답지만 거친 곳이다. 파도가 힘차게 몰려오다 기학학적으로 깎아지른 산호초 절벽에 부딪히며 산산이 부서진다. 절벽 위에서 이 모습을 보고 있으면 거친 아름다움에 압도되고 만다. 절벽 위의 하얀 등대는 잔파 곶의 뷰포인트다. 멀리서 보면 에메랄드빛 바다와 절벽 그리고 하얀 등대가 한 폭의 그림 같다.

절벽 중앙부에는 근엄하게 오른 팔을 쭉 뻗어 하늘을 가리키고 있는 동상이 있는데, 이 동상의 주인공은 14세기 류큐 시절 중국과 정식 교역을 이끌어낸 '다이키'라는 호족이다. 여행객들은 이 동상 옆에 서서 다이키와 비슷한 포즈로 사진을 찍으며 여행의 추억을 남긴다. 그밖에 잔파 곶 주변에는 마린 스포츠를 즐기기 좋은 잔파 비치, 레스토랑과 휴게소를 갖추고 있는 잔파 미사키 공원이 있다. 잔파 곶은 오키나와에서 석양이 가장 아름다운 곳으로도 꼽힌다. 시간 맞춰 가면 해가 저물며 풀어내는 멋진 풍경을 감상할 수 있다.

맵코드 1005 685 378*55
구글좌표 잔파곶

찾아가기 ❶ 렌터카 나하공항에서 1시간 10분 ❷ 버스 나하 버스터미널에서 28번 버스 탑승하여 요미탄 버스터미널残谷バスターミナ 하차 후 택시로 이동(8분) 주소 沖縄県中頭郡読谷村宇座 1861 전화 098 982 9216 입장료 무료(등대 200엔) 운영시간 09:00~16:00 홈페이지 http://www.vill.yomitan.okinawa.jp/

Travel Tip 버스 카페에서 자색 고구마 아이스크림을 맛보자

잔파 곶 입구에는 버스를 이용해 만든 카페가 있다. 오키나와의 명물 자색 고구마 아이스크림과 햄버거 등을 판매한다. 산책 후에 휴식 취하기 좋다. 잔파 곶은 바람이 많이 불고 길이 험한 곳이므로 바람막이 외투와 편한 신발은 꼭 준비하자. 또 햇빛이 무척 강한 편이다. 선크림이나 모자를 준비하는 것도 잊지 말자.

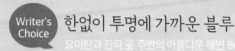

한없이 투명에 가까운 블루
요미탄과 잔파 곶 주변의 아름다운 해변 Best3

① 호수처럼 잔잔한 액티비티 천국
잔파 비치 残波ビーチ

맵코드 1005 656 693*20   구글좌표 zanpa beach

잔파 곶 바로 남쪽에 있다. 고운 모래와 에메랄드빛 바다가 아름답다. 거친 파도를 잔파 곶 절벽이 막아줘 바다지만 호수처럼 잔잔하다. 어린 아이들이 놀기 좋아 가족 여행객에게 특히 인기가 좋다. 비치 주변에는 호텔 외에는 특별한 시설이 없어서 분위기가 조용하고 평화롭다. 바다 최대 수심은 2.5m 정도이다. 여름에는 수상 스키, 웨이크 보드, 스노클링 등 다양한 해양 레저 스포츠를 즐길 수 있다. 샤워실, 탈의실 등이 잘 갖춰져 있다.

찾아가기 ❶ 렌터카 나하공항에서 오키나와자동차도로沖縄自動車道와 58번국도 경유하여 1시간 10분 ❷ 버스 나하 버스터미널에서 28번 탑승하여 요미탄 버스터미널読谷バスターミナ 하차. 택시 8분 주소 読谷村字宇座 1933 전화 098 958 3833 운영시간 4월1일~10월31일 09:00~18:00 11월1일~3월31일 09:00~17:00 편의시설 이용료 샤워실 100엔(3분) 라커 200엔 선탠의자 1500엔(1일) 해양 스포츠 비용 다이빙 8,300엔(2시간) 수상스키 2.100엔(10분) 웨이크 보드 2,100엔(10분) 카누 1,100엔(30분)

② 스노클링, 형형색색 산호와 물고기
니라이 비치 ニライビーチ

| 맵코드 33 881 090 | 구글좌표 nirai beach |

2014년 일본 환경부가 실시한 수질 조사에서 AA를 받았을 정도로 깨끗하고 맑다. 호텔 닛코아리비라 Nikko Alivila, ホテル日航アリビラ에서 운영하는 비치지만, 투숙객이 아니더라도 무료로 사용할 수 있다. 곱고 하얀 모래 해변은 보는 것만으로 마음이 설렌다. 자연 해변 끝에 커다란 암석이 있어 더욱 아름답다. 물이 빠지는 간조기에 스노클링을 즐기기 좋다. 형형색색 산호와 아열대 물고기를 구경할 수 있다. 물이 차는 만조에는 카약, 스키보트 등 해양 레저를 즐기기 좋다. 호텔이 관리해서 해변이 깔끔하며, 해파리 방지 그물도 있어 안심하고 물놀이를 즐길 수 있다. 이곳은 바다거북의 산란 장소이다. 산란기에는 출입 금지 구역이 만들어지기도 한다. 닛코아리비라 호텔 옆에는 예쁘고 멋진 교회 Alivila Glory Church가 있다. 멋진 인증샷을 남기고 싶으면 이곳으로 가면 된다.

찾아가기 ❶ 렌터카 나하공항에서 오키나와자동차도로沖縄自動車道 경유하여 1시간 10분 ❷ 버스 나하공항에서 리무진 버스 B 노선을 타고 호텔닛코아리비라ホテル日航アリビラ -코미탄시니ー에서 하차 주소 沖縄県中頭郡読谷村儀間 600 전화 098 982 9111 운영시간 6월~8월 09:00~18:30 4·5·9·10월 09:00~18:00 편의시설 이용료 샤워실 200엔(3분) 라커 200엔 해양 스포츠 비용 스노클링 투어 6,170엔(2시간) 윈드서핑 2.060엔(1시간) 제트스키 10분에 3,600엔(4세~초등생 2,570엔) 홈페이지 http://www.alivila.co.jp/aboutus/nirai-beach.html

③ 석양을 바라보며 바비큐 파티를
도구치 비치 渡具知ビーチ

| 맵코드 33 703 235*50 |

| 구글좌표 26.364963, 127.737551 |

도구치 비치는 요미탄의 도마리구시쿠 공원 안에 있는 천연 비치다. 1945년 이곳에서 미군이 오키나와 상륙 작전을 펼쳤다. 해변에 '미군 상륙의 비'가 세워져 있다. 중부 서해안에서 현지인들이 가장 애용하는 자연 비치 중 한 곳으로, 물결의 투명도가 좋고 파도가 적다. 리조트와 레저시설은 없고 바비큐 시설과 잔디 광장 등 편의시설은 잘 갖추고 있다. 바비큐 시설은 예약을 해야 사용할 수 있다. 해변은 크지 않아 분위기가 소박하다. 수심이 깊지 않아 스노클링을 즐길 수 없다. 동중국해 쪽으로 지는 석양을 바라보며 비치 파티를 즐기기에 최적의 장소다.

찾아가기 나하공항에서 오키나와자동차도로沖縄自動車道 혹은 58번국도 경유하여 렌터카로 1시간 주소 沖縄県中頭郡読谷村渡具知 228 전화 098 982 8877 편의시설 이용료 샤워실 100엔(3분) 라커 100엔 바비큐시설 4,000엔 (1일 전 전화 예약 필수)

 ★★★★★

환상, 환상! 오키나와 최고의 스노클링 스팟
마에다 곶과 푸른 동굴 真栄田岬 & 青の洞窟 마에다미사키 & 아오노도우쿠츠

맵코드 206 065 685*71

구글좌표 푸른동굴

마에다 곶은 오키나와 중부 온나村_{恩納}에 있는 산호초 지대다. 산호가 융기해 생긴 절벽이 절경을 연출한다. 또 바다는 오키나와 최고의 투명함을 자랑한다. 절벽 위에서는 아름다운 풍광을 감상하고 절벽 아래서는 최고의 바다를 온몸으로 체험할 수 있다. 절벽에서 바다로 내려갈 수 있는 계단이 있다. 아래로 내려가면 에메랄드빛 바다가 끝없이 펼쳐진다. 20m 전방까지 산호초로 이루어져 있어서 수심이 얕고 파도가 심하지 않다. 조금 더 바다로 나아가면 산호 지대가 끝나고, 수심 7m가 넘는 바다가 나타난다. 이런 조건 때문에 스노클링과 다이빙 애호가들에게 성지로 추앙받고 있다. 디즈니의 애니메이션 <니모를 찾아서>의 주인공 '쿠마노미'를 비롯하여 다양한 아열대 물고기도 만날 수 있다.

마에다 곶의 백미는 오키나와어로 '쿠마가 가마'_{クマガーガマ}라고 불리는 천연 동굴 '푸른 동굴'이다. 길이는 38m이고 가로 폭은 3~6m 정도이다. 푸른 동굴에서는 말과 글로는 다 형용할 수 없는 아름다운 바다를 볼 수 있다. 제주 사람인 필자는 세상 어디의 바다를 가든 크게 감동받지 않는 편이지만, 푸른 동굴의 바다는 감동 그 이상이었다. 해양 액티비티를 즐기기에 이보다 더 좋은 곳은 없다.

찾아가기 ❶ 렌터카 나하공항에서 330번국도와 오키나와자동차도로_{沖縄自動車道}를 경유하여 1시간~1시간 10분, 아메리칸 빌리지에서 30분 ❷ 버스 나하 버스터미널에서 20번, 120번_{名護西空港線} 나고시공항선 승차하여 야마다_{山田} 정류장 하차. 도보 20분 주소 沖縄県国頭郡恩納村字真栄田 469-1(주차장) 전화 098 982 5339 주차장 운영시간 07:00~17:30(6~9월 19:00, 연중무휴) 주차비 시간당 100엔 홈페이지 http://www.maedamisaki.jp

마에다 곶에서 스노클링 제대로 즐기기 다이빙 숍 가이드를 이용하자

마에다 곶에서 해양 스포츠를 즐기려면 그곳 지형을 잘 아는 다이빙 숍을 이용하는 것이 중요하다. 스노클링과 다이빙 초보자라도 쉽고 편하게 즐길 수 있도록 설명해준다. 예약을 하는 게 좋지만 성수기 때에는 힘들 수도 있다. 날씨가 좋지 않은 때는 바다 출입이 금지되므로 업체에 확인하고 예약하는 것은 필수이다. 푸른 동굴 인근의 바다는 바람과 파도가 센 편이라 종종 관리사무소에서 출입을 금하기도 한다. 예약하면 집결지는 대부분 마에다 곶 주차장이다. 가격은 다이빙 시간에 따라 3,500~5,000엔, 스노클링+다이빙은 10,000엔 안팎이다. 현금을 준비하자.

핑크 머메이드 Pink Mermaid

스쿠버 다이빙, 스노클링 전문 숍이다. 마에다 곶 주차장에 숍 트럭이 상시 대기 중이다. 일본뿐 아니라 해외 여행객도 많이 찾는다. 영어가 가능하며 한국인 스태프도 있다. 한 강사가 한 팀을 전담하며, 수중 촬영 서비스도 해준다.

집합장소 沖縄県国頭郡恩納村真栄田 469-1 전화 090 4513 0892 영업시간 08:00~20:00 예산 3,500엔~17,000엔 홈페이지 http://blue-okinawa.com(한국어 가능)

아오노도쿠쓰야 青の洞窟屋

이 업체만의 비밀 포인트가 있어 인기가 좋다. 다양한 산호초와 아열대 물고기를 조용한 환경에서 즐길 수 있다. 스노크링은 그룹당 1명이, 스쿠버 다이빙은 2~3명당 전담 가이드 1명이 진행한다.

집합장소 沖縄県国頭郡恩納村真栄田 469-1 전화 098 956 4515 영업시간 08:00~20:00 예산 3,500엔~8,500엔 홈페이지 http://www.blue-cave.info

네추럴 블루

다이버 강사들 대부분이 국제 자격증 소지자이고 해양 스포츠 전공자이다. 영어 가이드가 가능해 외국 여행객들에게 인기가 많다. 수중 사진 무료 촬영 서비스도 하고 있다. 사진은 메일로 보내준다.

집합장소 沖縄県国頭郡恩納村真栄田 469-1 전화 090 9497 7374 영업시간 10:00~16:00 예산 5,000엔~10,000엔(부가세 별도) 이메일 info@natural-blue.net 홈페이지 http://www.natural-blue.net

 ★★★★★

기묘한 석회암 절벽과 그 위의 드넓은 초원

만좌모 万座毛

맵코드 206 312 038*55

구글좌표 만좌모

만좌모는 중부 서해안에 있는 석회암 절벽과 그 위에 펼쳐진 초원을 말한다. 오키나와 홍보용 사진이나, 오키나와를 배경으로 촬영된 드라마에서 꼭 등장하는 명소지이다. 석회암이 침식되어 만들어진 기묘한 절벽은 마치 바다에 코를 늘어트린 코끼리처럼 생겼다. 마치 코끼리가 바닷물을 마시고 있는 것 같다. 절벽 위로는 푸른 벌판이 눈부시게 펼쳐져 있다. 예로부터 류큐 8경으로 유명하며, 18세기 초 류큐의 왕 쇼케이가 이곳 풍경을 보고 '민 명이 앉을 만한 넓은 들판'이라고 칭찬해 만좌모라는 이름을 갖게 되었다.

산책로로 진입해 조금 걸어가면 만좌모가 모습을 드러낸다. 절벽으로 밀려오는 파도와 에메랄드빛 바다가 환상 풍경을 만들어낸다. 산책로를 따라 계속 걸어가면 아름답기로 유명한 아나 인터컨티넨탈 만자 비치 리조트가 눈에 들어온다.

찾아가기 ❶ 렌터카 나하공항에서 오키나와자동차도로沖縄自動車道 경유하여 1시간 이상 ❷ 버스 나하 버스터미널에서 120번 버스나고시 공항선, 名護市 空港線 탑승하여 온나손야쿠바마에온나손 면사무소 앞, 恩納村役場前 정류장 하차. 북동쪽으로 도보 10분
주소 沖縄県国頭郡恩納村字恩納 2871 전화 098 966 1280

낭만 가득, 설렘도 가득
마에다 곶과 만좌모 사이의 멋진 해변 Best3

① 보트 타고 해적 체험을 하자
르네상스 비치 ルネッサンスビーチ

맵코드 206 034 686*08

구글좌표 르네상스 리조트 오키나와

중부 서해안 유명 리조트인 르네상스 호텔 전용 비치이다. 호텔에 투숙할 경우 옥외 수영장, 사우나, 다양한 유·무료 워터 프로그램을 즐길 수 있다. 아이가 있는 가족에게 머물기 좋은 호텔이다. 투숙하지 않는 경우 비치 입장료를 내야하며, 비치를 오갈 때 호텔 로비를 지나야 한다. 르네상스 비치는 모래가 곱고 투명한 물빛으로 유명하지만 해변은 작은 편이다. 하지만 독특한 해양 스포츠 프로그램이 많아 인기가 좋

다. 특히 해적선 보트를 타면 해적 분장을 한 직원들이 보트 위에서 연극이나 쇼를 선보이기도 한다. 씨워크, 파라세일링, 윈드서핑 등 다양한 해양 스포츠를 즐길 수 있다. **찾아가기** 렌터카 나하공항에서 오키나와자동차도로沖縄自動車道 경유하여 50분 버스 ❶ 나하공항에서 리무진 버스 B노선 탑승 후 르네상스 호텔 하차 ❷ 나하 버스터미널에서 20번, 120번名護西空港線 나고시공항선 승차 후 르네상스호테루마에ルネッサンスホテル前 정류장 하차 **주소** 恩納村山田 3425-2 **전화** 098 965 0707 **운영시간** 4월26일~10월31일 9:00~17:00 **휴일** 없음 **입장료** 3,240엔(초등학생 2,160엔, 파라솔 사용하지 않고 비치만 사용한다면 무료 입장 가능) **해양 스포츠 비용** 스쿠버 다이빙 10,000엔(1시간 30분) 보트 스노클링 5,000엔(1시간 20분) 플라잉 제트 보트 7,500엔(30분) **홈페이지** http://www.renaissance-okinawa.com/

② 조용히 해변의 아름다움을 즐기고 싶다면
문 비치 ムーンビーチ

맵코드 206 096 587*47

구글좌표 문 비치 호텔

문 호텔의 전용 비치다. 비치를 오갈 때 호텔 로비를 지나야 하지만 입장료만 지불하면 투숙객이 아니어도 부담 없이 이용할 수 있다. 겨울에는 입장료가 없다. 문 호텔은 1975년 오키나와 엑스포 당시 건설되었으나 최근 리모델링 하여 깔끔하다. 문 비치의 샤워실, 화장실 등 편의시설도 언제나 최고 수준이다. 비치 또한 고운 모래와 깨끗한 물로 유명

하다. 이용객 대부분이 호텔 투숙객이라 사람이 많지 않은 편이다. 조용히 시간을 보내면서 오키나와 해변의 아름다움을 즐기기 좋다. **찾아가기** 렌터카 나하공항에서 오키나와자동차도로沖縄自動車道 경유하여 55분 버스 ❶ 나하공항에서 리무진 버스 B·C노선 탑승 후 문 비치에서 하차 ❷ 나하 버스터미널에서 120번名護西空港線 나고시공항선 승차 후 문비치마에ムーンビーチ前 정류장 하차 **주소** 恩納村前兼久 1203 **전화** 098 964 3512 **운영시간** 4월~6월 09:00~17:00 7월~9월 09:00~18:30 10월1일~31일 09:00~18:00 **휴일** 없음 **입장료** 500엔 **편의시설** 파라솔 1000엔(1일) **홈페이지** http://www.moonbeach.co.jp

③ 어린이를 위한 오션 파크
만자 비치 万座ビーチ

맵코드 206 313 247*14
구글좌표 ANA 인터컨티넨탈만자비치

중부 서해안은 리조트와 고급 호텔이 많은 제주도의 중문관광단지와 분위기가 비슷하다. 만자 비치는 이 지역에서 가장 유명한 해변으로, 만좌모의 멋진 풍경을 눈에 담으며 해양 스포츠를 즐길 수 있다. ANA인터컨티넨탈호텔에서 관리하는 비치지만 누구나 사용할 수 있으며, 편의시설이 잘 갖춰져 있다. 특히 어린이를 위한 오션파크가 있어 가족 단위 여행객에게 인기가 좋다. 드래곤 보트, 스노클링 같은 해양 스포츠를 즐길 수 있다. 윈드서핑과 요트 스쿨, 낚시 프로그램도 운영한다. 특히 다양한 해양 스포츠 메뉴로 구성된 프로그램 마린어드벤처패키지가 있어 인기가 좋다.

찾아가기 ❶ 렌터카 나하공항에서 오키나와자동차도로沖繩自動車道 경유하여 1시간 10분 ❷ 버스 나하공항에서 리무진 버스 D노선 탑승 후 아나만자비치에서 하차 주소 る东市与那城伊計 1012 전화 098 966 1211 운영시간 3월20일~10월 09:00 ~18:00 나머지 09:30~17:00 휴일 없음 주차요금 500엔 편의시설 이용료 샤워실 무료 라커 300엔 해양 스포츠 비용 드래곤 보트 2,100엔~3,000엔(시기에 따라 변동, 10분) 윈드서핑스쿨 4,500엔~7,500엔(시기에 따라 변동, 1시간) 요트스쿨 5,000엔~8,000엔(시기에 따라 변동, 1시간) 오션파크 성인 2,500엔~3,500엔, 어린이 1,500엔~2,500엔(시기에 따라 변동, 1일) 체험낚시 성인 2,500엔~3,500엔, 어린이 1,500엔~25,00엔(시기에 따라 변동, 2시간) 홈페이지 http://www.anaintercontinental-manza.jp/

신나는 '마린 어드벤처 패키지'

공통메뉴와 A메뉴 중에 몇 가지를 선택하여 즐길 수 있다. 성수기(4/29~5/6, 7/21~9/30)와 비성수기 (3/1~4/28, 5/7~7/20, 10/1~10/31)에 따라 가격이 다르다.

공통메뉴 서브마린, 오션 파크, 드래곤 보트, 아쿠아 의자, 더블 도넛, 제트 스키 배, 제트 스키 체험, 선셋 크루즈, 비치 스노케링, 산호발 스노케링, 씨 카약 투어 A메뉴 패러 세일, 체험낚시, 씨 워크, 찜질 페이셜 에스테틱(30분, 14:00~18:00 이용 가능), 아름다운 타라소 테라피 체험(30분) ❶ 마린어드벤처팩1 공통 메뉴 2개 선택, 성수기 7500엔어린이 6500엔, 비성수기 4500엔어린이 3500엔 ❷ 마린어드벤처팩2 공통 메뉴 3개 선택, 성수기 11,000엔어린이 9000엔, 비성수기 7000엔어린이 6000엔 ❸ 마린어드벤처팩3 공통 메뉴 2개+A메뉴 1개 선택, 성수기 16,000엔어린이 13,000엔, 비성수기 12,000엔어린이 10,000엔

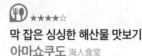

막 잡은 싱싱한 해산물 맛보기
아마쇼쿠도 海人食堂

맵코드 098 957 0225　구글좌표 26.390229, 127.723559

요미탄 촌 도야都屋 항에 있다. 항구의 부설 직판장 겸 식당이다. 건물 1층에서는 생선, 튀김, 포장 생선회 등을 판매하고 2층은 식당이다. 음식은 가격이 합리적인데다 당일 잡아온 해산물이라 신선도가 뛰어난다. 참치와 문어, 오징어 등을 밥 위에 얹어 내오는 해물덮밥 우민추동이 인기 메뉴이다. 저렴한 가격으로 해산물 요리를 마음껏 즐기기 좋다. 1층에서 구매한 해산물을 2층에 가지고 올라와 먹을 수도 있다. 야외 테라스도 갖추고 있다. 요미탄에서 생산되는 향토 제품도 판매한다. 찾아가기 ❶ 요미탄 도자기 마을에서 서남쪽으로 렌터카로 15분5.8km ❷ 아메리칸 빌리지에서 58번 국도 경유하여 북쪽으로 렌터카로 30분11.2km 주소 沖縄県中頭郡読谷村都屋 33 전화 098 957 0225 영업시간 11:00~16:00 휴일 없음 추천메뉴 우민추동都屋の海人丼,해물덮밥 예산 1100엔(우민추동) 홈페이지 yomigyo.shimatabi.jp

 ★★★☆☆

장난감 구경도 하고, 젠자이도 먹고
추루카메도 젠자이 鶴亀堂ぜんざい

맵코드 098 958 1353

구글좌표 26.406224, 127.742302

자키미 성터 입구에 있는 작고 귀여운 젠자이 전문점이다. 얼핏 보면 장난감 가게 같다. 가게 안에 일본 만화 주인공 울트라맨, 도라에몽, 슈퍼마리오 등 장난감이 가득하다. 장난감들의 크기는 손가락만한 것부터 어린아이만한 것까지 아주 다양하다. 테이블 두세 개와 바가 전부인 작은 젠자이 전문점이지만 오키나와에서는 꽤 유명한 곳이다. 시간을 들여 조린 단팥죽과 부드럽게 간 얼음이 조화를 이루며 입에서 살살 녹는다. 딸기, 레몬, 멜론 시럽을 사용한 젠자이 등 종류도 다양하다. 자키미 성터를 찾았다면 잊지 말고 들러보자. 메뉴판에 사진이 있어 주문하기 쉽다.

찾아가기 ❶ 요미탄 도자기 마을에서 서쪽으로 렌터카로 9분2.3km ❷ 잔파 곶에서 동남쪽으로 렌터카로 12분5.9km ❸ 아메리칸 빌리지에서 58번 국도 경유하여 북쪽으로 렌터카로 26분13.7km 주소 沖縄県中頭郡読谷村座喜味 248-1 전화 098 958 1353 영업시간 10:00~17:00 휴일 수요일(여름에는 무휴) 추천메뉴 젠자이ぜんざい 예산 500엔 홈페이지 tsurukame358.ti-da.net

★★★★☆

자키미 성터 앞 숲속 베이커리
스이엔 屋水円

맵코드 098 958 3239

구글좌표 26.404817, 127.741965

동화 속 빵집 같은 베이커리이다. 자키미 성터 남쪽 작은 오르막길 오른쪽 숲길로 접어들면 우거진 숲을 지나 작은 정원이 있는 아담한 오두막 같은 민가가 나타난다. 깊은 숲속 분위기가 나서 헨델과 그레텔의 집이라도 찾아가는 기분이 든다. 스이엔은 오키나와에서도 유명한 베이커리다. 일단 빵이 독특하다. 밀가루와 효모, 물, 소금만을 이용해 만드는데, 심플하고 맛있다. 온도를 조절하면서 천천히 발효시켜 만든 빵의 종류는 15개이다. 유기농 코코넛 빵과 오키나와 시나몬롤이 대표적인 메뉴이다. 많이 만들지 않아 금방 팔리므로 오픈 시간에 맞춰가는 것이 좋다. 주인이 기르는 당나귀가 있는 빵집으로도 유명하다. 찾아가기 ❶ 자키미 성터에서 남쪽으로 도보 5분 ❷ 아메리칸 빌리지에서 58번국도 경유하여 북쪽으로 렌터카로 26분13.7km 주소 沖縄県中頭郡読谷村座喜味 367 전화 098 958 3239 영업시간 10:30~17:00 휴일 월~수요일 예산 500엔부터 홈페이지 suienmoon.exblog.jp

 ★★★★☆

자색 고구마로 만든 수제 소바
반주테이 番所亭

맵코드 098 967 7377

구글좌표 26.404817, 127.741965

반주테이는 오키나와의 명물 자색 고구마로 면을 만드는 소바 가게이다. 이곳의 자색 고구마 소바 '베니자루'는 뜨거운 육수가 아니라 일본의 메밀 소바처럼 차갑게 먹는다. 일본에서는 자색 고구마 소바를 '자루 소바'라고도 하는데, 면 굵기는 메밀 소바와 비슷하지만 소바 면보다 훨씬 쫄깃하고 탱탱해 아주 맛있다. 진한 국수장국을 살짝 묻혀 먹는데 간이 적당하고 시원하여 오키나와의 더운 날씨와도 잘 어울린다. 그외 다양한 오키나와 소바를 판매한다. 자키미 성터와 요미탄 도자마을과 가까우며, 주차장이 넓어 이용하기 좋다.

찾아가기 ❶ 자키미 성터에서 동남쪽으로 12번현도 따라 렌터카로 10분2.5km ❷ 요미탄 도자기 마을에서 남쪽으로 도보 17분, 렌터카로 5분1.4km ❸ 류큐무라에서 렌터카로 남서쪽으로 6~8분4.2km 주소 沖縄県中頭郡読谷村喜名 473 전화 098 958 3989 영업시간 11:00~21:00 휴일 수요일 추천메뉴 베니자루紅ざる 예산 800엔부터

🍴 ★★★★☆

흥이 넘치는 경쾌한 라멘집
하치렌 はちれん

오키나와에서 가장 유쾌한 라멘집이다. 가게 앞 티켓 자판기에서 원하는 메뉴를 선택하고 동전을 넣으면 티켓이 나온다. 티켓을 들고 들어가면 주인과 직원이 디스코 리듬을 타며 라멘을 만든다. 주방이 바 바로 앞에 있어 그 모습을 즐겁게 지켜볼 수 있다. 분위기 덕에 라멘 맛이 더욱 좋다. 면발은 탱탱하고 쫄깃하다. 국물은 돼지를 오랜 시간 고아 깊은 맛이 느껴지며, 부드러운 짠맛과 은은한 단맛이 어우러져 감칠맛이 난다. 면과 국물을 따로 먹는 국수 츠케멘つけめん도 아주 맛있다. 일본 단골손님뿐 아니라 미군 단골손님도 많다.

찾아가기 ❶ 자키미 성터에서 남쪽으로 렌터카로 6분2.6km ❷ 요미탄 도자기 마을에서 남쪽으로 렌터카로 7분2.8km, 류큐무라에서 렌터카로 남서쪽으로 10분5.8km 주소 沖縄県中頭郡読谷村喜名 2346-11 전화 098 958 6471

영업시간 11:30~15:00, 17:00~20:00 휴일 화요일 추천메뉴 라멘らーめん 츠케멘つけめん 예산 800엔부터

마에다 곶과 만좌모 주변 맛집과 카페

 ★★★★☆

온갖 맛집이 다 모여 있는 휴게소
온나노에키 나카유쿠이 이치바 おんなの駅 なかゆくい市場

맵코드 206 035 769*82

구글좌표 onna eki market

온나손에 있는 미치노에키휴게소로 현지인들이 가장 많이 찾는 곳이다. 마에다 곶과 마에가네쿠 어항前兼久漁港, Maeganeku 사이 해안가에 있다. 나하와 모토부 반도를 잇는 58번국도 변에 있어서 많은 사람들이 들른다. 휴게소에 맛집이라는 표현을 쓰는 게 좀 당황스러울 수도 있겠지만, 오키나와의 휴게소는 어느 곳이든 절대적 사랑을 받는다. 오키나와에 8개 미치노에키가 있는데, 휴게소마다 줄을 서서 기다려야 하는 다양한 맛집이 들어서 있다. 인기가 좋은 가게는 류핑琉冰이라는 과일 빙수 전문점이다. 트로피칼 프루츠 빙수가 가장 인기가 많은데 빙수 위에 파인애플, 망고 ,아이스크림 등을 얹어 내온다. 비주얼이 그만이다. 빙수 가게 말고도 튀김, 주먹밥, 소바 등 다양한 가게가 있다. 북부를 향해 가는 중이라면, 반대로 북부에서 내려오는 중이라면 온나노에키를 기억해두자. 찾아가기 ❶ 마에다 곶과 류큐무라에서 북동쪽으로 렌터카로 7~10분 ❷ 만좌모에서 58번국도 경유하여 남서쪽으로 렌터카로 26분11.2km ❸ 추라우미 수족관에서 449번국도와 오키나와자동차도로沖縄自動車道 경유하여 1시간 10분 주소 沖縄県国頭郡恩納村仲泊 1656-9 전화 098 964 1188 영업시간 10:00-19:00(마지막 주문 16:30) 휴일 1월 1일~2일 홈페이지 onnanoeki.com

🍽 ★★★★☆

오키나와 닭백숙과 가정식 요리
단무 田芋

맵코드 098 964 6444   구글좌표 26.436005, 127.792479

온나노에키온나 휴게소 서쪽에 있는 류큐 요리 전문점이다. 가게 뒤 텃밭에서 일부 채소를 직접 재배하고, 생선은 당일 재료로 요리하는 믿음직한 음식점이다. 오키나와식 백숙도 판매하는데, 오키나와 서쪽에 있는 구메 섬의 닭만 사용한다. 구메 섬은 오키나와에서 수백 킬로미터 떨어져 있는 아주 먼 섬이다. 먼 곳에서 온 닭이지만 백숙은 정말 맛있다. 단무의 백숙은 토란을 비롯한 여러 가지 채소와 약재를 닭과 함께 넣고 푹 삶는다. 맛은 우리 백숙과 비슷하다. 생선 요리와 오키나와 가정식 메뉴도 있다. 찾아가기 ❶ 마에다 곶과 류큐무라에서 북동쪽으로 렌터카로 7~10분 ❷ 만좌모에서 58번국도 경유하여 남서쪽으로 렌터카로 26분11.2km ❸ 추라우미수족관에서 449번국도와 오키나와자동차도로沖縄自動車道 경유하여 1시간 10분 주소 沖縄県国頭郡恩納村仲泊 2081-1 전화 098 964 6444 영업시간 12:00~23:00 휴일 부정기 추천메뉴 백숙水炊き 예산 1,000엔부터 홈페이지 http://turnmu.com/

 ★★★★☆

온나손의 아름다운 바다가 한눈에
카페 도카도카 カフェ土花土花

맵코드 098 965 1666　구글좌표 doka doka

중부 서해안 마에가네쿠 항前兼久漁港, Maeganeku 동쪽 언덕에 있는 갤러리 카페이다. 1층은 도예 공방이고 2층이 카페 도카도카이다. 공방을 운영하는 작가가 주인장이며, 카페에는 그의 작품이 전시되어 있다. 오키나와에서 꽤 유명한 작가로, 전통 방식 가마에서 도자기를 굽는다. 2000년 오키나와에서 개최된 주요 8개국 선진 정상회담 때에는 이 카페에서 만든 식기가 사용되기도 했다. 이 카페의 가장 큰 매력은 전망이다. 높은 언덕에 있어 2층 테라스에 앉으면 온나손의 아름다운 바다가 한눈에 들어온다. 화덕에서 구워낸 피자와 토스트가 인기 메뉴이며, 아름다운 풍경을 바라보며 여유로운 시간을 보낼 수 있다. 일본어가 가능하다면 도예체험 교실에 도전해볼 수도 있다. 정보는 홈페이지에서 확인하자. 찾아가기 ❶ 마에다 곶과 류큐무라에서 북쪽으로 렌터카로 7분~10분 ❷ 만좌모에서 남쪽으로 22분9.4km 주소 沖縄県国頭郡恩納村前兼久 243-1 전화 098 965 1666 영업시간 11:00~17:00 휴일 일요일 추천메뉴 피자ピザ 토스트トースト 예산 1,000엔부터 홈페이지 http://dokadoka.ti-da.net/

 ★★★★☆

류큐 음악이 흐르는 이자카야
지누만 베테덴 ちぬまん別邸店

맵코드 098 989 0987　구글좌표 26.450613, 127.805335

마에다 곶과 만좌모 사이, 리조트가 몰려 있는 온나손에 있다. 오키나와 토종 이자카야 프랜차이즈로 지점이 6개이다. 대부분 호텔 출신 셰프들이 요리를 해 수준이 높은 편이며, 온나손에 있는 지누만 베테덴지누만 타운점이 가장 유명하다. 현지 농가와 계약을 통해 북부 지역의 돼지고기와 중부 지역의 신선한 해산물을 공급받고 있다. 주 메뉴는 생선회, 초밥, 찬푸르チャンプルー, 야채와 두부를 볶아 만든 요리 라후테ラフテー, 돼지 삼겹살을 양념에 졸인 요리 등 오키나와 요리이다. 아와모리, 칵테일 등 다양한 술도 즐길 수 있다. 이곳은 또 매일 밤 류큐 전통 음악을 라이브로 즐길 수 있는 곳이다. 언제나 흥이 넘치며, 점장이 친절하기로도 유명하다. 온나손의 호텔에서 지누만을 오가는 픽업서비스를 해주니 호텔에 문의해보자. 찾아가기 ❶ 마에다 곶과 류큐무라에서 58번국도 경유하여 북동쪽으로 렌터카로 8~10분 ❷ 만좌모에서 58번국도 경유하여 남서쪽으로 렌터카로 17분8.8km 주소 沖縄県国頭郡国頭郡恩納村前兼久 前兼久 523-2 1F 전화 098 989 0987 영업시간 17:00~00:00 휴일 없음 추천메뉴 생선회刺身 볶음밥チャーハン 예산 1,000엔부터

🍴 ★★★★☆

분위기 좋고 맛도 좋은 꼬치 전문점

꼬치 바 마키 串ＢＡＲまっきぃ 쿠시 바르 마키

맵코드 098 965 6636 구글좌표 26.451758, 127.805500

분위기 좋은 꼬치 집이다. 고급 호텔과 리조트가 많은 온나손 마에가네쿠 어항前兼久漁港, Maeganeku 북쪽 도로변에 있다. 주변 가게들이 대부분 규모가 있고 고급스런 분위기인데, 코치 바 마키는 작고 아담하다. 바와 몇 개의 테이블이 전부이지만, 인기는 아주 좋다. 자리는 항상 만석이며, 꼬치구이 냄새가 솔솔 흘러나오면 그냥 지나칠 수가 없다. 주인장의 자부심도 대단하며, 언제나 땀을 흘리면서도 유쾌하게 열심히 꼬치를 굽는다. 닭꼬치인 야키토리가 인기 메뉴이다. 저녁 6시에 문을 열어 재료가 소진되면 문을 닫는다. 휴무일 또한 주인장 마음대로다. 대신 맛은 정말 좋다.

찾아가기 ❶ 마에다 곶과 류큐무라에서 58번국도 경유하여 북동쪽으로 렌터카로 8~10분 ❷ 만좌모에서 58번국도 경유하여 남서쪽으로 렌터카로 16분8.6km
주소 沖縄県国頭郡恩納村前兼久 910 전화 098 965 6636 영업시간 18:00~
휴일 일요일, 부정기 추천메뉴 닭꼬치焼き鳥 야키토리 예산 1,000엔

🍰 ★★★★☆

팬케이크와 생크림의 달콤한 조화

하와이안 팬케이크 하우스 파니라니 ハワイアンパンケーキハウス パニラニ

맵코드 098 966 1154 구글좌표 26.508989, 127.872303

이국적 분위기의 하와이 풍 팬케이크 하우스다. 만좌모 위쪽 다이아몬드 비치 근처에 있다. 가게 쇼윈도에는 서핑보드가 놓여 있어, 하와이 느낌이 물씬 풍긴다. 안으로 들어가면 직원들이 '알로하'를 외치며 인사한다. 일본 여행자들에게 인기가 좋다. 콘셉트는 '미국의 아침식사'다. 팬케이크와 생크림을 베이스로 메뉴에 따라 베이컨, 감자튀김 등을 얹어 내온다. 한입 베어 물면 팬케이크와 생크림의 조합이 입에서 살살 녹는다. 오키나와에서 맛보기 힘든 부드러움과 달콤함이다.

찾아가기 만좌모에서 58번국도 경유하여 북동쪽으로 렌터카로 6분3km 주소 沖縄県国頭郡恩納村瀬良垣 698 전화 098 966 1154 영업시간 07:00~17:00(마지막 주문 16:30) 휴일 부정기 추천메뉴 베리베리 팬케이크베리-베리-パンケーキ 스테이크 베이컨 펜케이크ステーキベーコンペンケーキ 예산 1,000엔부터

오래도록 풍경에 취하고 싶다
중부 동해안

낙원이 있다면 바로 이런 곳일까? 남빛 바다, 하얀 산호 해변, 속이 훤히 비치는 투명한 물빛……하루 종일 바다만 바라보고 싶어지는 곳. 환상 바다와 해중도로, 옛 성터와 오래된 저택이 당신의 여행 친구가 되어줄 것이다.

 ★★★★★

환상 드라이브, 마치 바다 위를 달리는 듯
해중도로 海中道路 카이추도로

맵코드 499 576 286*13
구글좌표 26.331789, 127.925823

오키나와 여행의 백미는 드라이브다. 푸른 바다를 옆에 두고 달릴 수 있는 해안도로가 몇 곳 있는데, 여행자들이 가장 사랑하는 도로는 단연 해중도로이다. 오키나와 본섬과 헨자 섬, 미야기 섬, 이케이 섬까지 총 16.7km를 이어주는 도로 가운데 초입부터 헨자섬까지 이어주는 4.7km의 해중도로가 단연 하이라이트다. 굽어지는 도로 하나 없이 직선으로 쭉 뻗어 있는 도로 양 옆으로 에메랄드빛 바다가 끝없이 펼쳐진다. 마치 바다 위를 달리고 있는 것 같은 짜릿한 기분이 든다. 도로 동쪽에 있는 하마히가 섬이 방파제 같은 역할을 해주기 때문에 바다는 호수처럼 잔잔하다. 바다가 아니라 호수 위를 달리는 기분이 든다.

찾아가기 나하공항에서 오키나와자동차도로沖縄自動車道 경유하여 렌터카로 1시간
주소 沖縄県うるま市与那城屋平

드라이브를 제대로 즐기고 싶다면

해중도로를 달려 헨자 섬을 지나면 보트를 타거나 스노클링을 즐기는 사람이 많이 보인다. 리조트와 유명 관광지가 몰린 서쪽보다 조용해서 여유로운 여행을 하기에 좋다. 이곳엔 여행객에게 알려지지 않은 아름다운 곳들이 곳곳에 숨어 있다. 대표적인 곳이 이케이 섬이다. 이케이 섬에 가면 바다색이 더욱 투명한 에메랄드빛으로 바뀐다. 이 섬에 현지인들에게 인기 만점인 이케이 비치와 오도마리 비치가 있다. 해중도로에서 멈추지 말고 이케이 섬까지 멋진 드라이브를 즐겨보자.

📷 ★★★★☆

360도 파노라마 풍경을 당신에게
카츠렌 성터 勝連城跡 카츠렌조아토

맵코드 499 570 170*77

구글좌표 katsuren castle

중부 동쪽엔 우루마 시오키나와에서 세 번째로 큰 도시가 있다. 시 동남쪽은 바다로 툭 튀어온 '카츠렌 반도'이다. 류큐 왕조 시대에 무역으로 번성을 누렸으며, 부를 쌓은 지방 호족들이 많이 살았다. 카츠렌 성터는 12~13세기에 쌓은 성으로, 카츠렌의 역대 성주들이 살았던 곳이다. 가장 유명한 사람은 10대 성주 아마와리阿麻和利이다. 그는 류큐 왕국을 멸망시키고 카츠렌으로 통일된 오키나와를 꿈꾸었지만 성공하지 못했다. 성벽은 2000년 세계문화유산에 등재된 '류큐 왕국 구스쿠 및 관련 유산군' 중 한 곳이다. 해발 98m 높이에 있으며, 성벽이 단단하고 육중하다. 다른 성들은 자연석으로 성을 쌓았으나 이 성벽은 돌을 사각으로 깎고 다듬어 사용했기 때문이다.

정상에 이르면 에메랄드 빛 바다와 파란 하늘 그리고 평화로운 오키나와 풍경이 360도 파노라마로 펼쳐진다. 특히 해질녘 풍경이 아름답다. 석양에 물드는 성곽이 세상에 영원한 것은 없다는 사실을 조용히 말해주고 있다.

▌Travel Tip 1주일 전까지 홈페이지에 신청하면 가이드 투어를 할 수 있다. 성으로 오르는 길에 우물 두 개가 있다. 하나는 우물의 수량을 보고 그 해 농작물의 작황을 점쳤던 우물 '우타미시가'이고, 다른 하나는 연분을 맺어주는 우물 '미투가'이다. 미투가에서 소원을 빌면 영원한 사랑이 이루어진다고 전해진다. 하지만 헤어지면 둘 중 한 사람이 목숨을 잃는다는 전설이 전해지는 우물이기도 하다.

찾아가기 ❶ 렌터카 나하공항에서 오키나와자동차도로沖縄自動車道 경유하여 1시간 ❷ 버스 나하 버스터미널에서 27번 승차 후 니시하라西原 정류장 하차. 도보 10분 주소 沖縄県うるま市勝連南風原 3908 전화 098 978 7373 입장료 무료
운영시간 09:00~18:00 홈페이지 http://katsurenjo.jp/kor/

 ★★★★★

오늘은 비밀스럽게 저 바다를 즐기자
이케이 비치 & 오도마리 비치 伊計ビーチ & 大泊ビーチ

중부 서해안은 명소, 호텔, 리조트가 모여 있는 반면 동해안 지역은 유명 관광지가 적은 편이다. 그러나 동해안에도 여행자가 잘 모르는 비밀 장소가 꽤 많다. 그 중에서 동쪽 끝자락 이케이 섬에 있는 이케이 비치와 오도마리 비치가 가장 인기가 높다. 아름다운 에메랄드 물빛을 자랑하는 두 비치는 성수기에도 붐비지 않아 여유롭게 바다를 즐기기에 좋다.

이케이 비치는 가는 길마저 아름답다. 오키나와에서 가장 아름다운 드라이브 코스인 해중도로를 지나 이케이 비치에 다다르면 물감을 풀어놓은 듯 에메랄드빛 바다가 나타난다. 이케이의 물 투명도는 오키나와 비치 중 최고이다. 기묘한 바위들이 풍경을 더 아름답게 완성해준다. 바위 주변은 물고기가 많아 스노클링 하기에 좋다. 바나나 보트, 마린제트 등 해양 스포츠 프로그램도 다양하게 즐길 수 있다. 섬에서 운영하기 때문에 이케이 비치와 오도마리 비치는 입장료와 시설 이용료를 받는다.

이케이 비치가 이케이 섬의 얼굴이라면 오도마리 비치는 이케이의 숨겨진 보석이다. 오키나와 현지인들의 비밀 해수욕장이다. 그들은 여행객을 피해 오도마리 비치에서 조용히 여름 피서를 즐긴다. 이케이 비치 버금가는 투명한 남빛 바다를 자랑하며, 파도가 거의 없는 편이다. 다양한 아열대 물고기가 노닐어 스노클링을 즐기기에 이만한 곳이 없다. 조용히, 그리고 비밀스럽게 바다를 즐기고 싶다면, 주저 말고 오도마리 비치로 가라!

이케이 비치 맵코드 499 794 031 *06 구글좌표 ikei island beach
찾아가기 나하공항에서 오키나와자동차도로沖縄自動車道와 해중도로 경유하여 렌터카로 1시간 25분, 329번국도와 해중도로 경유하면 1시간 40분 주소 沖縄うるま市与那城伊計 405 전화 098 977 8464 운영시간 11월~3월 09:00~17:00 4월~10월 09:00~17:30(연중무휴) 입장료 어른 400엔 어린이 300엔 3세 이하 무료 편의시설 이용료 샤워실 200엔(5분) 라커 200엔 해양 스포츠 비용 바나나 보트 1,000엔(10시간) 웨이크 보드 5,500엔(20분) 스노클링 4,000엔(1시간) 마린제트 3,000엔(10분) 홈페이지 www.ikei-beach.com

오도마리 비치 맵코드 499 794 696*67 구글좌표 oodomari beach
찾아가기 나하공항에서 오키나와자동차도로沖縄自動車道와 해중도로 경유하여 렌터카로 1시간 30분 주소 沖縄うるま市与那城伊計 1012 전화 098 977 8027 운영시간 09:00~18:00(연중무휴) 입장료 어른 400엔 어린이 300엔(주차비, 샤워비 포함) 해양 스포츠 비용 드래곤 보트 2,000엔(10분) 카약 2,500엔(2인용, 20분) 홈페이지 http://www.oodomari.com/

기네스북에 오른 청정 소금을 맛보자
누치우나 ぬちうな

맵코드 499 674 694*63
구글좌표 누치마스 소금공장

오키나와 소금은 일본에서도 유명하다. 오키나와에는 소금 공장이 여럿 있는데, 가장 유명한 브랜드는 '누치마스'다. 우루마시를 지나 해중도로를 건너면 미야기 섬이다. 이 섬 동쪽 해안 언덕에 누치마스를 만들어내는 소금 공장 누치우나가 있다. 누치마스는 특별한 소금이다. 눈처럼 부드럽고 작은 결정체를 이루고 있으며, 오염물이 적고 세계에서 가장 많은 21종의 미네랄이 풍부하게 들어 있어, 2000년에 기네스북에 등재되는 영광을 누렸다. 염분이 몸에 쌓이지 않아 건강과 다이어트에도 좋다고 전해진다. 공장 안으로 들어가면 커다란 창을 통해 소금이 만들어지는 과정을 볼 수 있다.

공장 견학은 무료이다. 가이드 투어가 있긴 하지만, 일본어로만 진행되고 견학 코스도 짧아 굳이 가이드 없어도 부담 없이 견학할 수 있다. 게다가 누치우나 공장 주변은 아름다운 풍경으로도 유명하다. 전망대에서 미야기 섬과 태평양의 아름다운 풍경을 한 눈에 담을 수 있다. 공장 안의 숍과 레스토랑에서 소바, 카레, 파스타, 스위츠 등을 즐길 수 있다.

찾아가기 나하공항에서 오키나와자동차도로沖縄自動車道와 해중도로 경유하여 렌터카로 1시간 30분 주소 沖縄県うるま市与那城宮城 2768 전화 098 983 1140 운영시간 09:00~17:30 휴일 없음 홈페이지 http://nutima-su.jp

🍽 ★★★★☆

요리 콘테스트에서 입상한 맛집

디라부이 てぃーらぶい

헨자 섬 남쪽 하마히가 섬에 있는 퓨전 요리 음식점이다. 오키나와에서 가장 아름다운 드라이브 코스인 해중도로를 건너면 헨자, 하마히가, 미야기, 이케이 섬이 나온다. 모두 아름다운 섬이지만, 음식점이 많지 않아 현지인들도 도시락을 준비하거나 해중도로 휴게소에서 요기를 한다. 그렇다고 맛집이 없는 것은 아니다. 디라부이는 네 개 섬에서 가장 유명한 음식점이다. 80년 된 민가를 리모델링하였으며, 다다미 바닥을 사용하고 있어 정취가 느껴진다. 오키나와 요리 콘테스트에서도 입상한 실력 있는 맛집으로, 오키나와 퓨전요리 디라부이 정식이 유명하다. 제철 채소와 오키나와 돼지고기 절임인 스치카スーチカー를 된장과 함께 돼지기름에 볶은 요리로 담백하고 조금 짭짤하다. 이 요리를 먹기 위해 먼 길을 달려 일부러 찾아오는 사람이 많다. 소바와 볶음밥 메뉴도 있다.

맵코드 098 977 7688

구글좌표 26.326018, 127.953003

찾아가기 ❶ 해중도로와 헨자 섬에서 렌터카로 8분(2.5km) ❷ 카츠렌 성터에서 동쪽으로 렌터카로 20분 **주소** 沖縄県うるま市勝連浜 56 **전화** 098 977 7688 **운영시간** 11:00~16:00 **휴일** 화요일, 네 번째 수요일 **추천메뉴** 디라부이 정식てぃーらぶい 定食 **예산** 1,100엔

 ★★★★☆

달콤한 소금 아이스크림
우루마 젤라토うるまジェラート 구글좌표 26.338493, 127.890732

일본 사람들은 젤라토를 즐겨 먹는다. 젤라토는 이탈리아어로 아이스크림이라는 뜻으로, 과일이나 우유 맛 아이스크림에 견과류 퓌레 등을 섞어 얼린 것이다. 재미있게도 일본인들은 소금으로 만든 젤라토도 즐겨 먹는다. 우루마 젤라토는 소금 젤라토를 판매하는 대표적인 가게이다. 해중도로와 카츠렌 성터 중간 해안도로 변에 있다. 누치우나 소금 공장에서는 차로 20분 거리이다. 오키나와 소금은 열을 가하여 만드는데 일본 전역에서도 인기가 높다. 소금 젤라토는 아주 담백하고 의외로 맛이 달콤하다. 우유, 설탕, 물 모두 100% 오키나와 산이어서 더욱 인기가 좋다. 녹차, 야채, 망고, 블루베리 등 오키나와 산 유기농 재료로 만든 젤라토도 있다. 찾아가기 ❶ 해중도로에서 서쪽으로 렌터카로 6분3.5km ❷ 카츠렌 성터에서 동복쪽으로 렌터카로 9분4km 주소 沖縄県うるま市与那城照間 1860-1 전화 098 978 8017 영업시간 11:00~18:00 휴일 없음 추천메뉴 소금 아이스크림Island salt 예산 500엔

 ★★★★☆

우리 입맛에 잘 맞는 규동과 카레
스키야 우루마 마에바루점 すき家うるま前原店 구글좌표 26.374326, 127.856047

오키나와 음식이 입에 안 맞는다면 체인 음식점을 찾는 것이 좋다. 대중적인 입맛에 맞게 만들었기 때문에 실패할 확률을 적은 편이다. 스키야는 규동과 카레 전문점으로 일본에만 1,965개 지점이 있는 대표적인 프랜차이즈 음식점이다. 오키나와에도 5개 지점이 있다. 규동은 소고기덮밥으로 우리의 불고기덮밥과 비슷하다. 한국인의 입맛에도 잘 맞는다. 24시간 운영되기 때문에 언제라도 맛있는 음식을 먹을 수 있다. 우루마 시의 아와세 항泡瀬漁港에서 북쪽으로 2km 남짓 떨어져 있다. 주변에 대형마트와 맥도날드 그리고 노래방 등 편의시설이 있어 더욱 좋다. 찾아가기 ❶ 카츠렌 성터에서 렌터카로 8분4.2km ❷ 해중도로에서 서쪽으로 렌터카로 22분15km 주소 沖縄県うるま市字前原169番 4-3 전화 012 049 8007 영업시간 24시간 휴일 없음 추천메뉴 규동牛丼, 소고기 덮밥 예산 800엔

★★★★☆

신선한 해산물 요리를 저렴하게
파야오 직매점 パヤオ直売店 파야오 초쿠바이텐

맵코드 098 938 5811
구글좌표 26.323783, 127.834506

카츠렌 성터가 있는 카츠렌 반도는 예로부터 무역뿐 아니라 어업이 발달한 지역이다. 카츠렌 반도로 들어가기 전에 있는 아와세 항泡瀬漁港에 가면 자그마한 수산물 시장 파야오 직매점이 나온다. 해산물 요리를 값싸게 즐길 수 있어 많은 사람이 찾는다. 인근 바다에서 잡은 참치, 도미, 오징어, 새우 등 신선한 해산물을 만날 수 있다. 생선튀김, 우니, 오징어 요리 등 다양한 해산물 요리가 있으며, 가장 인기가 좋은 메뉴는 대하정식이다. 커다란 새우가 밥, 회와 함께 나온다. 해중도로와 카츠렌 성터 여행 길에 들러보자. 찾아가기 ❶ 카츠렌 성터에서 서쪽으로 렌터카로 12분6.5km ❷ 해중도로에서 서쪽으로 렌터카로 25분17km 주소 沖縄県沖縄市泡瀬 1丁目 11-34 전화 098 938 5811 영업시간 10:30~18:00(동절기 ~17:30) 휴일 없음 추천메뉴 대하정식大河定食 예산 1,000엔1인

 ★★★★☆

소바와 빙수를 얹은 젠자이
코메하치 소바 米八そば

맵코드 098 938 3266
구글좌표 26.323630, 127.829790

오키나와 전통 단팥죽인 젠자이ぜんざい와 소바 전문점으로, 2대째 운영하고 있는 오래된 맛집이다. 젠자이는 강낭콩으로 만든 단팥죽 위에 빙수를 얹어 만든다. 이 집 젠자이는 다른 집과 달리 간 얼음으로 만든 황새나 말 모양 조각 장식을 단팥죽 위에 얹어 내온다. 얼음 장식을 한 젠자이를 앞에 놓고 있으면, 먹어야 할지 말아야 할지 고민이 된다. 물론 한 입 먹으면 더없이 시원하고 달콤하다. 알록달록한 시럽을 뿌려 먹기도 한다. 소바도 담백하고 감칠맛이 난다. 우루마 시의 아와세 항泡瀬漁港에서 서쪽으로 1km 남짓 떨어져 있다.

찾아가기 카츠렌 성터에서 서남쪽으로 렌터카로 14분8km 주소 沖縄県沖縄市泡瀬5丁目 29-6 전화 098 938 3266 영업시간 점심 11:00~17:00(재료 소진 시 영업 종료) 휴일 목요일 추천메뉴 황새 젠자이鳳凰ぜんざい 예산 500엔(1인)

 ★★★★☆

마침내 동해안 풍경을 완성시켜주는
나카구스쿠 성터 中城城跡 나카구스쿠시루아토

맵코드 33 411 581*81

구글좌표 nakagusuku castle

슈리성은 새롭게 복원된 성이지만 중부 동해안엔 원형이 잘 보존된 성도 있다. 대표적인 곳이 나카구스쿠 성터이다. 류큐 왕국이 통일되기 이전인 14세기에 석회암으로 쌓은 석성으로 유네스코 세계문화유산에 등재되었다.

나카구스쿠 성터는 나하 시에서 북동쪽으로 약 22km 떨어져 있다. 오키나와 중부 동쪽 해안에서 태평양을 바라보고 있다. 비교적 고지대해발 160m에 축성했는데, 얼핏 보아도 적의 동태를 살피기에 아주 좋은 위치이다. 다행히 오키나와 전쟁 때 큰 피해를 입지 않아 옛 모습을 많이 간직하고 있다. 성벽은 물결치는 곡선미를 품고 있다. 암석과 자연 지형을 이용해 아름다운 곡선을 만들어낸 건축술이 돋보인다.

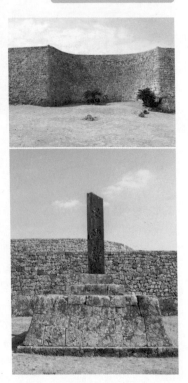

이 성의 백미는 성터 위에서 바라보는 풍경이다. 가장 높은 곳에 서면 서쪽에 있는 동중국해와 동쪽의 태평양을 한 번에 조망할 수 있다. 오키나와 중부의 평화로운 풍경도 눈에 담을 수 있다. 성터가 있는 나카가미 군의 기타나카구스쿠 지역은 동네가 한산하다. 그래서 더 깊게 성터와 동해안 풍경을 감상할 수 있다.

찾아가기 나하공항에서 오키나와자동차도로沖縄自動車道 경유하여 렌터카로 40분 주소 沖縄県中頭郡北中城村大城 503
전화 098 935 5719
입장료 성인 400엔 중고교생 300엔 초등생 200엔
운영시간 08:30~17:30(5월~9월엔 18:00까지)

 ★★★☆☆

무사의 삶 속으로, 200년 된 국보급 저택
나카무라 가문의 저택 中村家住宅 나마쿠라에 쥬타쿠

맵코드 33 441 249*02

구글좌표 26.289847, 127.800605

나카무라 저택은 나카구스쿠 성터에서 북쪽으로 1.4km 떨어져 있
다. 1782년경에 지은 지방 호족의 집으로, 숱한 전쟁을 용케도 피
하며 230년이 넘는 세월을 버텨왔다. 나카무라 저택은 일본 건축
양식과 오키나와 주거 문화를 아울러 담고 있다. 가마쿠라 막부
1185~1333, 무로마치 막부 시대1338~1573 일본 건축 양식에 오키나와
양식이 가미된 독특한 가옥이다. 특히 무사의 저택에 농가 형식이
더해진 게 눈에 띈다. 슈리에 있던 한 무사의 집에서 기둥과 기와를
가져와 무사 저택의 특징을 잘 살렸으며, 여기에 헛간과 축사 등을
만들어 농가의 특징도 보여주고 있다. 건물 뒤편에 가면 제주의 돗
통화장실과 비슷한, 화장실 겸 돼지우리 '푸르'도 볼 수 있다.

오키나와에 무사 저택의 모습과 호족의 생활상이 고스란히 남아
있는 예는 극히 드물다. 에도 막부 말기의 유명 우익 정치인 '요시
다 쇼인'이 한 달 가까이 이 저택에 체류했다는 기록도 남아있다.
1972년에는 국가 중요 문화재로 지정되었다. 신발을 벗고 들어가
실내를 구경할 수 있다. 당시에 사용했던 가구와 옷, 그릇 등이 전
시되어 있다.

▌Travel Tip 나카무라가 주택이 있는 기타나카구스쿠 마을에서
 나카구스쿠 성터까지 이어지는 146번 도로는 '일본의 걷고 싶은
 길 100선'에 선정된 아름다운 길이다. 마을 산책을 즐기기 좋다.

찾아가기 나하공항에서 오키나와자동차도로沖縄自動車道 경유하여 렌터카로 45분 주소 沖縄県中頭郡北中城村字大城 106
전화 098 935 3500 운영시간 09:00~17:30 입장료 성인 500엔 중·고등학생 300엔 초등학생 200엔 유아 무료

🍴☕ 나카구스쿠 성터와 나카무라 저택 주변의 맛집

🍴 ★★★★☆
교토식 우동과 돈부리 맛집
산스시 SANS SOUCI

맵코드 33 440 524*20 구글좌표 산스시

산스시는 '오키나와 교토의 만남'을 콘셉트로 하는 음식점이다. 오키나와 식재료를 이용하지만 전통적인 교토 조리법을 고집한다. 메인 메뉴는 우동과 돈부리일본식 덮밥이다. 교토 스타일 음식을 추구하는 곳이므로 일본 분위기가 물씬 풍길 것 같지만, 꼭 그렇지는 않다. 외국인 주택을 개조한 까닭에 오히려 카페처럼 만들어 아기자기하다. 돈부리는 오키나와 북부 얀바루의 영계와 중부 요미탄의 달걀을 사용해 만든다. 맛이 깊고 담백하다. 교토풍 카레 우동도 맛이 좋다. 디저트로는 파르페를 추천한다. 교토에서 공수해온 말차찻잎을 돌절구로 찧어 분말로 만든 뒤 물에 타먹는 일본 전통차와 흑설탕을 넣어 만들어 고소하면서도 달콤하다. 인기가 좋은 곳이라 웨이팅은 기본이며, 점심시간 이후부터 저녁 시간 이전까지 카페로 운영된다. **찾아가기 ❶**나카구스쿠 성터와 나카무라 저택에서 북서쪽으로 6분2.4km **❷**해중도로에서 서남쪽으로 32분16km **주소** 沖縄県中頭郡北中城村字萩道 150-3 パークサイド #1822 **전화** 098 935 1012 **영업시간 점심** 11:00~15:00 **카페** 15:00~17:30 **저녁** 17:30~21:00 **휴일** 부정기 **추천메뉴** 돈부리ドンブリ, 우동, 파르페パフェ **예산** 800엔~1,500엔1인 **홈페이지** http://sanssouci-kitanaka.com/

🍴 ★★★★☆
아메리칸 스타일의 점보 스테이크
에메랄드 펍 라운지 Emerald Pub Lounge エメラルドパブラウンジ

맵코드 098 932 4263 구글좌표 26.317983, 127.800883

기타나카구스쿠의 아다니야安谷屋 외국인 주택 지구에서 북쪽으로 자동차로 10분 거리에 있다. 아다니야에는 지금도 미군이 살고 있어서 군인과 가족들이 즐겨 찾는다. 일단 스테이크 크기에 놀라게 된다. 가장 유명한 메뉴가 점보 스테이크로 고기가 350g이나 된다. 고기가 너무 커서 칼질을 잘 해야 한다. 큼지막한 고기와 맛깔스러운 소스의 조화가 감동적이다. 그밖에 파스타 등 다양한 메뉴도 있다. 대형 쇼핑몰 이온몰 라이카무와도 가까워 쇼핑 후에 들르기 좋다. **찾아가기 ❶**나카구스쿠 성터에서 북쪽으로 렌터카로 12분5km **❷**해중도로에서 서남쪽으로 렌터카로 25분(14km) **❸**이온몰에서 동북쪽으로 도보 15분1km **주소** 沖縄県中頭郡北中城村島袋 311 **전화** 098 932 4263 **영업시간** 10:00~21:30(일요일 11:00~) **휴일** 부정기 **추천메뉴** 점보스테이크ジャンボステーキ **예산** 1,000엔~2,500엔1인

🍞 ★★★★★
오키나와 베이커리의 성지
플라우만스 런치 베이커리 PLOUGHMAN'S LUNCH BAKERY

| 맵코드 334 407 56*31 | 구글좌표 ploughmans lunch |

오키나와 중동부 기타나카구스쿠北中城는 나하에서 해중도로로 가는 경유지이다. 기타나카구스쿠의 아다니야安谷屋 지역은 미나토가와처럼 외국인 주택 타운이 있던 곳이다. 이곳도 주택을 카페나 베이커리, 레스토랑으로 리모델링하여 사용하고 있다. 플라우만스 런치 베이커리는 이 지역에서 가장 유명한 가게이다. 메뉴의 콘셉트는 '건강한 영국 농부의 식사'로, 효모 빵, 샌드위치, 샐러드 등을 만든다. 천연효모로 만드는데 빵 마니아라면 꼭 한번 맛 볼만하다. 특히 신선한 야채와 살라미가 들어간 샌드위치는 별미 중의 별미다. 한번 먹어보면 그 맛을 잊을 수 없다. 샐러드, 빵, 음료를 포함한 플라우만스 런치 센트도 있는데, 하루에 40인분만 판매한다. 인기가 좋은 곳이므로 점심 시간은 피해 가는 게 좋다. 찾아가기 ❶ 나카구스쿠 성터와 나카무라 저택에서 북서쪽으로 6분2.7km ❷ 해중도로에서 서남쪽으로 33분17km 주소 沖縄県中頭郡北中城村安谷屋 927-2 전화 098 979 9097 영업시간 08:00~16:00 휴일 일요일 추천메뉴 샌드위치サンドイッチ 플라우만스 런치 세트PLOUGHMAN'S Lunch Set 예산 1,400엔1인

🍴 🍲 오며 가며 들르기 좋다
중부 동해안의 또 다른 맛집과 숍

🍴 ★★★☆☆
일본식 카레 전문점
커리 하우스 CoCo カレーハウス CoCo

| 맵코드 098 982 5510 | 구글좌표 26.435157, 127.835786 |

동해안의 우루마 시 북부 이시카와 히가시온나에 있는 카레 체인점이다. 오키나와에만 10개가 넘는 체인점이 있다. 일본 카레는 인도 커리보다 향신료가 덜 들어가 맛이 상대적으로 담백하다. 이 집은 이시카와점沖縄石川店으로 일본식 카레를 원하는 여행객에게 추천한다. 다양한 카레를 밥뿐 아니라 면과 함께 즐길 수 있다. 매운 맛의 정도도 취향에 따라 선택할 수 있으며, 하프 사이즈도 판매한다. 24시까지 영업한다. 찾아가기 ❶ 해중도로에서 북쪽으로 렌터카로 31분 ❷ 중부 서해안의 온나노에키休게소에서 동쪽으로 렌터카로 10분 ❸ 나하공항에서 렌터카로 55분 주소 沖縄県うるま市石川東山本町2丁目 4-18 전화 098 982 5510 영업시간 11:00~00:00 휴일 없음 예산 800엔

🍴 ★★★★☆

점심엔 밥, 저녁엔 술
이자카야 타라노메 居酒屋 たらの芽

맵코드 098 989 3849 │ 구글좌표 26.427283, 127.826973

이시카와 히가시온나에 있다. 이 지역은 오키나와에서 동서 거리가 가장 짧다. 서쪽 온나손온나촌에서 우루마 시를 오가는데 자동차로 10분이면 충분하다. 온나손은 관광지인 반면 우루마는 현지인 주거지이다. 타라노메는 현지인에게 사랑받는 이자카야이다. 신선한 생선으로 초밥과 생선회를 만들고, 제철 식재료를 사용해 일본식 혹은 오키나와식 퓨전 요리를 만든다. 오키나와 재료로 만든 피자도 있다. 우루마 시 직장인들의 회식 장소로도 유명하다. 낮에는 점심식사도 가능하다.

찾아가기 ❶ 해중도로에서 북쪽으로 렌터카로 31분 ❷ 중부 서해안의 온나노에키휴게소에서 동쪽으로 렌터카로 10분 ❸ 나하공항에서 렌터카로 55분 주소 沖縄県うるま市石川白浜2丁目 3-2 전화 098 989 3849 영업시간 12:00~14:00(마지막 주문 14:00), 17:30~01:00(마지막 주문 24:00) 휴일 일요일 추천메뉴 생선회刺身 예산 1,500엔부터

 ★★★★☆

현지인에게 사랑받는 이자카야
쇼코쿠 슈한도코로 겐 諸国酒飯処 玄

맵코드 098 964 6427
구글좌표 26.406111, 127.830240

우루마의 북부 이시카와 히가시온나에 있는 이자카야居酒屋이다. 규슈 출신 부부가 직접 요리하는데, 오키나와·규슈·중국·한국 요리까지 섭렵한 요리의 달인이다. 직접 개발한 족발 튀김과 중화 누룽지탕은 물론 생선회, 초밥, 문어 초회, 생선 마늘 버터구이, 염소탕 같은 오키나와 요리도 맛볼 수 있다. 가게 콘셉트는 '각국의 요리를 맛보면서 빈둥거릴 수 있는 선술집'이다. 작은 정원이 보이는 프라이빗 룸도 있으며, 어린이들과 함께 가도 환영해준다. 주방장 아저씨는 한국 드라마 광팬이다. 한국에서 왔다고 하면 환하게 웃으며 반겨준다. 아와모리류큐의 증류주도 있으니 애주가라면 기억해두길.

찾아가기 ❶ 해중도로에서 북쪽으로 렌터카로 25분12.4km ❷ 카츠렌 성벽에서 북쪽으로 렌터카로 23분12.2km ❸ 나하공항에서 렌터카로 55분 주소 沖縄県うるま市石川東恩納 1397-2 ミハラヒルズ 미하라히루주 1F 전화 098 964 6427 영업시간 17:00~24:00(마지막 주문 23:30) 휴일 일요일 추천메뉴 생선회刺身 문어초회タコ酢 족발튀김てびちの唐揚げ 중화 누룽지中華おこげ 예산 1,500엔부터

 ★★★★☆

친환경 주스와 식재료 판매점
카르마 오가닉스 カルマオーガニクス

구글좌표 26.298096, 127.787177

요즘 일본에서는 매크로 바이오틱이라는 채식법이 유행이다. 매크로 바이오틱이란 유기농 야채를 뿌리부터 껍질까지 통째로 먹는 것을 일컫는다. 후쿠시마 원전 사태 이후 친환경 식자재에 대한 관심이 높아지면서 나타난 현상이다. 카르마 오가닉스는 친환경에 관한 모든 것이 있는 숍이자 카페이자 오가닉 백화점이다. 소금이나 꿀 같은 친환경 식료품부터 요리 서적, 조리도구 등이 가득하다. 숍 한 쪽에서는 당근, 생강, 레몬 등으로 만든 주스와 신선한 야채로 만든 음료를 판매한다.

찾아가기 나카구스쿠 성터에서 서북쪽으로 렌테카로 8분3.3km 주소 沖縄県中頭郡北中城村安谷屋 1468-4 2F 전화 098 989 4861 영업시간 11:00~17:00 휴일 목~토요일 카페 예산 700엔1인 홈페이지 http://karmaorganics.jp/

 ★★★★☆

오키나와 최대 쇼핑몰
이온몰 오키나와 라이카무
イオンモール沖縄ライカム 이오모루 오키나와 라이카무

맵코드 335 304 06*45   구글좌표 이온몰

유명한 대형 쇼핑몰이다. 식당, 가전, 의류, 마트 등이 함께 있다. 일본의 이온몰 중 가장 크고, 일본의 쇼핑센터를 통틀어서는 두 번째로 크다. 5층 건물에 230여개 점포가 있다. 하루 종일 쇼핑해도 다 돌아보지 못할 만큼 규모가 어마어마하다. 유니클로, H&M, 애플 스토어 등 이름만 들어도 알만한 브랜드 숍들이 즐비하다. 쇼핑을 원하는 여행객이라면 절대 놓치지 말아야 할 곳이다. 건물 내에서 작은 음악회도 열려 더욱 즐겁다. 5000엔 이상 구매하면 면세 혜택을 받을 수 있으니 잊지 말자.

찾아가기 ❶ 렌터카 나하공항에서 오키나와 자동차도로沖縄自動車道 경유하여 45분32.1km, 나카구스쿠 성터에서 12분5km, 해중도로에서 30분20km ❷ 버스 나하공항에서 152번, 나하버스터미널에서 152번·25번 버스 탑승 후 이온몰 오키나와 라이카무イオンモール沖縄ライカム 정류장 하차 주소 沖縄県中頭郡北中城村 アワセ土地区画整理事業地区域内4街区 전화 098 930 0425 영업시간 10:00~22:00 휴일 없음 홈페이지 http://okinawarycom-aeonmall.com/

오키나와 여행의 베이스 캠프

나하 시

맛집·쇼핑센터·호텔이 몰려 있는 국제거리, 생기가 넘치는 마키시 전통 시장, 밤의 낭만이 넘치는 이자카야 골목, 오래된 츠보야 야치문 도자기 거리, 류큐 왕국의 DNA를 품은 슈리성, 쇼핑지구 오모로마치. 당신은 나하에서 여행을 시작하고 나하에서 즐겁게 마침표를 찍을 것이다.

소
해

다소가레카페

가이드포스트

게스트하우스
그랜드 나하

망고하우스

로손 편의점

호텔
뉴오키나와

겐초마에역

류보백화점

오카시고텐

블루실 아이스
크림/베이커리

구로몬도쿠노스케

오키나와 노야도
파미리 인

국제거리 国際通り

민숙게

나하 시청

오키나와 현청

아사히바시역

나하
버스터미널

나하공항

오하코르테

슈리성 지구

고토슈리노가라산보
호리카와   류탄   류큐사보
옥릉   아시비우나
玉陵   슈레이몬   칸칸이몬   슈리역
이시다   슈리성
타미차야   首里城
긴조초 돌다다미 길 首里金城
町石畳道

단보라멘   레네이먀   플랜트&소일
                                 마키시
뉴파라다이스 거리   미야코지마 소금   공원   마키시역
·오카 공원   ニューパラダイス通り
시나몬카페   오키나와노카제   국제거리
다이토소바   투이트리   国際通り
                          쿠루루
                          오키나와   국제거리 포장마차 마을
                          호텔 팜 로얄   国際通り 屋台村

호텔 JAL   돈키호테   다이코쿠
코류라멘   드러그   히바리야 커피   사카에마치 시장
                                                아사토역
스테이크88   오모로마치역
                                                슈리성

                    톤카티
피시보울   즈보야
·타   도자박물관
·주리 우키시마 가든 우키시마 거리 浮島通り
우키시마 가든   미무리   게스트하우스
은세공 '유'   카시와야
버드랜드   훗코리에   우츠와
                          지사카스   야치&문   류큐요리
                          마후커피   지젠쇼쿠   구마구와   치카푸
제1마키시 공설시장 第一牧志公設市場
키라쿠
                                                즈보야 야치문 거리
                                                壺屋やちむん通り

행복한 일탈이 시작된다
국제거리 지구

국제거리는 방콕의 카오산, 바르셀로나의 람블라스 같은 매혹적인 여행자 거리이다. 호텔, 맛집, 시장, 패션가, 이자카야, 도자기 마을이 거리 이곳저곳에 선물처럼 펼쳐져 있다. 남국의 낮과 밤을 제대로 즐겨보자.

📷 ★★★★★
일상 탈출! 여행자들의 베이스캠프
국제거리 国際通り 고쿠사이 도리

유명 관광지라면 여행자의 거리 하나쯤 있기 마련이다. 방콕의 카오산, 바르셀로나의 람블라스 같은 거리가 오키나와에도 있다. 나하공항 동북쪽에 있는 고쿠사이 도리라 불리는 국제거리다. 공항에서 유레일모노레일을 타면 15분 내외에 도착할 수 있다. 국제거리는 여행자의 베이스캠프가 되는 곳으로 오키나와에서 가장 번화한 거리이다. 저렴한 숙소부터 특급 호텔까지 들어서 있고, 선술집, 숍, 카페마다 여행객의 발길이 끊이지 않는다. 특히 뚜벅이 여행자와 개별 여행자에게 인기가 좋다. 국제거리 양 옆으로 늘어선 야자수는 남국의 이국적인 풍광을 연출한다. 특히 일본어가 새겨진 네온사인과 다양한 이미지의 간판이 어우러

맵코드 33 157 443

구글좌표 국제거리

❚ Travel Tip
매주 일요일 12시부터 18시까지 겐초기타구치 교차로에서 모노레일 마키시역까지 차 없는 거리로 변한다. 국제거리를 산책하며 자유를 만끽해보자

져 오끼나와만의 이색적인 분위기를 자아낸다.

국제거리는 겐초기타구치 교차로에서 아사토 삼거리까지 약 1.6km 이어지는 거리이다. 오키나와 전쟁 이후 화려한 모습으로 가장 먼저 복구가 되어 '기적의 1마일'이라 불린다. 국제거리라는 이름은 당시 나하 미사키시에 있던 '국제극장'에서 유래된 것이다.

국제거리는 쇼핑의 거리로도 유명하다. 오끼나와를 대표하는 쇼핑센터인 돈키호테, 오카시고텐 고쿠사이도리 마쓰오점, 류보 백화점 등이 있다. 도시적인 분위기보다 현지 분위기를 느끼고 싶다면 오키나와 최대 시장 마키시 공설시장을 추천한다. 또 오키나와를 대표하는 도자기 '즈보야 야키'의 발상지인 즈보야 야치문 거리, 오키나와에서 가장 멋스러운 우키시마 거리 등이 국제거리를 중심으로 모여 있어서 천천히 둘러보며 남국의 속살을 온전히 느낄 수 있다. 국제거리에 어둠이 내리면 네온사인으로 불을 밝힌 선술집, 레스토랑, 바 등이 여행객에게 손짓을 보낸다. 거리 연주가들이 노래를 부르며 분위기를 띄우면, 현지인들은 퇴근의 자유를, 여행자들은 일상 탈출의 해방감을 만끽한다.

찾아가기 모노레일 겐초마에역県庁前駅, 마키시역牧志駅에서 도보 2분, 미에바시역美栄橋駅에서는 도보 5분
주소 沖縄県那覇市牧志1丁目1 전화 098 863 2755

 ★★★★☆

푸짐해서 좋다! 나하의 부엌
제1마키시 공설시장 第一牧志公設市場 다이이치 마키시 코세쓰 이치바

맵코드 33 157 264*63
구글좌표 first makishi

돈키호테 국제거리점 남쪽에 있는 오키나와에서 가장 유명한 재래시장이다. 오키나와 말로는 '마치치'라고 한다. 1층에서는 오키나와의 신선한 해산물을 판매한다. 한국에서 볼 수 없는 독특한 물고기가 많아 구경하는 재미가 쏠쏠하다. 정육, 야채, 식료품, 열대 과일도 판매한다. 이 시장에서 꼭 봐야하는 명물이 하나 있는데 선글라스를 낀 돼지 머리 '제니퍼'이다. 미사토 정육점에 가면 볼 수 있다. 이 돼지를 보기 위해 많은 여행객이 일부러 시장으로 찾아든다. 2층은 식당가이다.

▌Travel Tip 마키시 공설시장은 돈키호테 국제거리점 동쪽 이치바혼도리 아케이드 거리를 통해 가는 게 편리하다. 원래 이곳에는 강이 있었다고 전해진다. 전쟁 후엔 '수상 점포'로 변했다가, 지금의 상점가로 발전했다. 여행객들은 간혹 이곳을 마키시 시장으로 오해할 수도 있으므로 주의가 필요하다.

공설시장에서 '모치아게' 즐기기 마키시에는 '모치아게'라고 불리는 서비스가 있다. 1층에서 물고기를 구매하고 2층으로 가 조리비와 자리 값을 지불하고 식사를 할 수 있는 서비스이다. 노량진수산시장과 비슷하다고 보면 된다. 2층에는 다양한 식당과 디저트 가게들도 있다. 오키나와 소바, 스테이크 같은 음식은 물론 간단히 술 한 잔 하기도 좋다. 시장 출입구는 모두 13곳이다.

★★★★☆
다양한 요리, 하나같이 맛있다
키라쿠 きらくkiraku
마키시 공설시장 2층에 있는 맛집이다. 쓰바메와 더불어 2층을 대표하는 맛집이다. 쓰바메보다 공간이 넓어 자리 잡기가 쉽다. 100종에 가까운 요리를 판매하는데 하나같이 맛이 좋다. 사시미, 찬푸르, 소바 등 오키나와 요리를 판매한다. 가격이 저렴해 인기가 좋다. 전화 098 867 6560 예산 400엔부터 영업시간 08:00~20:00 휴무 매달 넷째 주 일요일

찾아가기 모노레일 마키시역牧志駅에서 도보 9분. 국제거리 쇼핑몰 돈키호테ドン・キホーテ 옆 이치바혼도리 아케이드로 진입 주소 沖縄県那覇市松尾 2丁目 10−1 전화 098 867 6560 운영시간 08:00~20:00 휴일 매달 넷째 주 일요일

 ★★★★☆

오키나와에서 가장 스타일리시한
우키시마 거리 浮島通り 우키시마 도리

로손 맵코드 33 157 147
구글좌표 ukishima street

패션 스트리트로 오키나와에서 가장 세련된 거리이다. 우리나라의 홍대와 인사동을 섞어놓은 분위기다. 거리에는 유명 브랜드와 스포츠 유니폼으로 도배된 구제 숍, 아티스트들이 직접 만든 액세서리 가게, 도예품과 멀티숍, 그림책 서점, 멋스러운 카페, 맛집이 넘쳐난다. 이 거리만 보면 오키나와가 아니라 도쿄나 오사카의 멋스러운 골목에 있는 느낌이 든다. 그도 그럴 것이 대부분 숍 주인들이 일본 본토에서 넘어온 이주민이다. 각박한 도시 삶을 버리고 아름다운 자연을 찾아 오키나와로 온 사람들이다. 여유를 최고의 가치로 여기는 사람들이라 많은 가게이 정오가 지나서야 문을 열고 이른 밤에 문을 닫는다. 휴일도 비정기적이다. 600m가 조금 넘는 거리 곳곳에는 늦은 저녁에만 문을 여는 바와 선술집도 많다. 국제거리와 도자기 거리인 쓰보야 야치문 거리, 마키시 공설시장과도 연결되어 있어 구경거리가 많다.

▌Travel Tip 길이 좁은데다 일방통행로이므로 차로 진입하는 것은 좋지 않다. 여유롭게 걸어 다니며 우키시마 거리의 멋을 만끽해보자.

찾아가기 ❶ 모노레일 겐초마에역県庁前駅에서 도보 8분 ❷ 돈키호테 국제거리점에서 서쪽으로 4분

📷 ★★★★☆

개성 넘치는 거리와 파라다이스 같은 공원 산책하기
뉴파라다이스 거리 ニューパラダイス通り 뉴파라다이스도리

로손 맵코드 33 157 528
구글좌표 new paradice dori

파라다이스 거리는 여행객으로 북적이는 국제거리와 이웃해
있지만, 이 거리와 달리 한산하고 평화로운 분위기로 가득한 곳
이다. 거리 곳곳에 개성 넘치는 카페와 식당, 액세서리 숍, 옷 가
게 등이 조용히 자리를 잡고 있어서 천천히 구경하며 산책하기
좋다. 거리 이름 파라다이스는 이 거리에서 유명했던 댄스 클럽
'파라다이스'에서 유래했다.

이 거리의 미도리가오카 공원綠ヶ丘公園은 파라다이스를 연상시
키는 아름다운 공원이다. 넓은 공원에 큰 나무들이 가득하고
놀이터와 벤치도 있어, 국제거리를 실컷 누비고 다닌 후에 잠
시 쉬어 가기 좋다. 유모차를 끌고 지나가는 가족, 애완견과 산
책하는 사람, 운동하는 학생, 데이트 하는 연인들을 쉽게 찾아
볼 수 있다.

찾아가기 모노레일 미에바시역美栄橋駅에서 도보 5분. 국제거리 북쪽 블럭

 ★★★★☆

이자카야에서 낭만의 밤을 즐기자
국제거리 포장마차 마을 国際通り 屋台村 고쿠사이도리 야타이무라

로손 맵코드 33 158 482

구글좌표 26.216617, 127.690468

마키시 공설시장과 사카에마치 시장엔 현지인들에게 인기
좋은 이자카야가 많은 편이다. 하지만 영어 메뉴판이 없어
소통하는 게 부담스럽다. 국제거리 포장마차 마을은 손님의
80%가 외국 여행객이기 때문에 영어 메뉴판을 구비하고 있
어 부담 없이 찾을 수 있다.

포장마차 마을은 분위기 좋은 이자카야만 모여 있는 거리다.
20여 개가 넘는다. 오뎅, 꼬치, 튀김, 초밥, 소바 등 다양한 안
주가 손님을 기다린다. 포장마차 마을 입구에 안내도가 있어
가게를 선택하기도 어렵지 않다. 마을 안 공연장에서 오키나
와 민속 공연도 즐길 수 있다. 공연 정보와 점포 정보는 홈페
이지에서 확인할 수 있다.

찾아가기 모노레일 마키시역牧志駅에서 국제거리
따라 서쪽으로 도보 5분 주소 沖縄県那覇市牧志 3
丁目 11-17 운영시간 11:00~24:00(가게마다 조금
씩 다름) 홈페이지 http://www.okinawa-yatai.jp/

포장마차 마을의 대표 맛집 점포 정보는 마을 초입에 지도로 그려져 있다. 덴푸라 맛집 카이슈 시로노海味
しろの, 스시 맛집 츠키지 아오조라 산다이메築地青空三代目, 소바 맛집 무라카미 소바村咲そば, 철판 야키 전문
점 아지노보우味ノ坊 등이 많이 알려져 있다.

📷 ★★★★☆

남국의 정취가 스민 도자기 마을로 가자
즈보야 야치문 거리 壺屋やちむん通り 즈보야 야치문 도리

`맵코드 33 158 152`　　`구글좌표 즈보야오도리`

즈보야 야치문이란 오키나와를 대표하는 도자기 이름이다. 도자기 이름을 그대로 거리 이름으로 따왔다. 이 거리의 역사는 1682년으로 거슬러 올라간다. 류큐 왕족은 도자기 문화를 발전시키려고 즈보야 지역에 대규모 가마를 만들고 오키나와에 흩어져 있던 장인들을 한데 모았다. 요즘으로 치면 판교나 구로 같은 디지털 단지를 만든 셈이다. 당시 도자 선진국이었던 조선에서 장인들을 초청해 기술을 전수받았다고 전해진다. 즈보야 야치문은 정교하게 빚는 한국과 일본의 도자와는 많이 다르다. 세밀하다기보다는 투박하다. 오키나와의 물고기와 식물 등이 그려져 있어 오키나와만의 개성을 느낄 수 있다.

즈보야 야치문 거리는 400m로 짧은 편이지만 50개가 넘는 도예 공방과 체험 공방, 카페들이 아기자기 하게 모여 있다. 또 류큐 왕조 시대에 도공의 주거지로 쓰였다는 아라가키 주택 등이 지금도 남아 있어 거리 자체가 박물관이나 다름없다. 거리가 시작되는 곳에는 쓰보야 도자기 박물관이 있다. 박물관을 지나면 길에 촘촘히 박혀있는 돌길이 시작된다. 돌길을 걸어가면 오래된 오키나와 전통 가옥과 덩굴로 뒤덮인 돌담 등이 고즈넉한 분위기를 자아내며 자리하고 있다.

찾아가기 모노레일 마키시역牧志駅에서 도보 10분. 하야트 리젠시 나하 남동쪽 건너편

즈보야 도자기 박물관

도자기 마을 거리 초입에 있는 박물관으로 오키나와 도자기의 역사를 한눈에 볼 수 있다. 그들의 도자기의 역사를 살펴보다 보면 한국 도자기와의 연결점도 만날 수 있다. 다만 한국어 설명이 없어 아쉽다. 박물관에 옛 오키나와 민가도 재현해 놓았다.

찾아가기 마키시역牧志駅에서 도보 10분 주소 沖縄県那覇市壺屋 1 丁目 9-32
전화 098 862 3761 맵코드 33 158 153*40 구글좌표 26.213890, 127.690879
입장료 350엔(학생 무료) 운영시간 10:00~18:00 휴일 월요일

도공들이 살던 아라가키 주택

도자기 마을 거리를 걷다보면 아라가키新垣勲라는 붉은 간판이 걸려 있는 도자기 숍이 나온다. 이 숍을 끼고 언덕길을 오르면 붉은 기와로 된 주택이 눈에 들어온다. 이곳이 아라가키 주택으로, 류큐 왕조 시대에 도공이 거주하던 곳이다. 2002년 일본 중요문화재로 지정되었고, 붉은 기와에 있는 시사사자를 닮은 오키나와 전설의 동물가 유명해 사진을 찍으러 오는 여행객이 많다. 이 주택에는 '아가리누'라는 가마도 있다. 개인 주택이기 때문에 실내 구경은 못하지만, 외부에서도 중요한 것은 모두 볼 수 있다.

 ★★★★☆

현지인처럼 나하의 밤 즐기기
사카에마치 시장 栄町市場 사카에마치 이치바

| 맵코드 33 158 504 | 구글좌표 sakaemachi arcade |

국제거리 동쪽에 있는 작은 시장이다. 국제거리와 달리 조촐하고 분위기가 소박하다. 1955년에 문을 열었으며, 쇼와시대1926년~1989년 분위기가 아직 남아있다. 150개의 점포가 들어서 있다. 낮에는 분위기가 차분하지만, 저녁이 되면 이자카야 거리가 북적대기 시작한다.

어둠이 내리면 하루 일과를 마친 회사원들이 하나 둘 나타난다. 때맞춰 선술집들이 주황빛 불을 밝히고, 여기저기서 꼬치 굽는 연기가 흘러나온다. 꼬치, 사시미, 덴푸라, 돼지고기 등 메뉴도 다양하다. 여행객들도 눈에 띄지만 손님 대부분이 나하 시민들이다. 종로의 피맛골 같은 분위기로 차분하면서도 흥과 진솔함이 묻어난다. 6월에서 10월까지 매월 마지막 주 토요일에는 '사카에마치 시장 포장마차 축제'가 열린다. 현지 인기 그룹인 '아줌마 랩퍼즈'와 지역 뮤지션의 공연이 함께 열린다.

> ▌Travel Tip
> 현지인이 애용하는 가게들이라 영어 메뉴판이 있는 곳이 많지 않으므로, 미리 기본적인 일본어를 숙지하고 가는 것이 좋다. 야키 토리やきとり, 닭꼬치, 스시壽司, 초밥, 덴푸라天ぷら, 어묵, 야끼니꾸焼(き)肉, 불고기, 오키나와 소바沖縄そば, 오키나와 메밀국수, 비루ビール, 맥주, 아와모리 오키나와 사케泡盛, 오키나와 소주, 사케酒, 일본 정종 등만 알아도 주문하는데 큰 불편은 없다.

―――――――

찾아가기 모노레일 아사토역安里駅에서 북동쪽으로 도보 3분
주소 沖縄県那覇市安里 381 전화 098 886 3979

 ★★★★☆

쇼핑은 나하 신도심에서
오모로마치역 おもろまち駅

역사가 있는 도시라면 대부분 구도심과 신도심으로 나뉜다. 나하의 구도심를 대표하는 곳은 오키나와 현청지구와 국제거리이다. 신도심을 대표하는 곳은 나하 북동쪽에 있는 모노레일 오모로마치역 지구이다. 이곳엔 대형 쇼핑센터, 오키나와 박물관, 공원 등 생활과 밀접한 공간이 많다. 특히 쇼핑으로 유명한데. 명품관부터 유니클로, 무인양품 그리고 생활용품 상점까지 다양하다.

① 오모로마치역 시내 면세점, 물건 구입 후 상품은 공항에서
T 갤러리아 오키나와 DFS Tギャラリア 沖縄 T Galleria By DFS, Okinawa

| 맵코드 33 188 297*60 | 구글좌표 26.222578, 127.698086 |

오모로마치역 서쪽 옆에 있는 시내 면세점이다. 구찌, 오메가 등 다양한 럭셔리 브랜드가 들어가 있다. 한국에 없는 브랜드도 있다. 이곳은 '오키나와 특정 면세' 혜택을 받을 수 있는 곳이다. 이를 이용하려면 입구에 있는 리셉션 카운터에 등록해야 한다. 이름과 주소, 귀국 항공편 출발 시간 등을 등록하면 쇼핑 카드를 준다. 쇼핑은 비행기 출발 시간 2시간 전까지만 가능하다. 상품은 직접 인도할 수 없고, 결제 후 공항 인도 카운터에서 영수증 확인 후 받을 수 있다. 따라서 영수증을 잘 관리해야 한다. 쇼핑 시 또 상품 인도시 여권도 필요하다.
찾아가기 모노레일 오모로마치역 바로 서쪽 전화 0120 782 460 영업시간 09:00~21:00 홈페이지 https://www.dfs.com/kr/okinawa

② 쇼핑도 하고 나하 시민의 삶도 엿보고
Naha Main Place 那覇メインプレイス

| 맵코드 33 188 559*24 |
| 구글좌표 naha main place |

나하에서 가장 큰 쇼핑센터이다. 5층 규모로 의류점과 가구점, 서점과 영화관 등이 있다. 일본 브랜드가 많다. 쇼핑도 하고 나하 시민들의 일상생활도 엿볼 수 있다. 오모로마치역에서 서북쪽으로 6분 거리이다.
영업시간 09:00·24:00

③ 산책도 즐기고 문화체험도 하고
신도심 공원 新都心公園 Shintoshin Park

맵코드 33 218 017*20
구글좌표 Shintoshin Park

오키나와 현립박물관과 현립미술관 서쪽에 인접한 공원이다. 나무 숲, 산책로, 잔디광장, 운동장, 야외공연장 등이 있다. 기업과 단체의 야외 행사가 많이 열린다. 나하 시민이 애용하는 나들이 장소이다. 오모로마치역에서 서북쪽으로 9분 거리이다.

④ 우리나라보다 훨씬 싸다
유니클로 아메쿠리우보라쿠이치 점 ユニクロ 天久りうぼう楽市店

맵코드 33 218 062   구글좌표 26.229801, 127.690663

신도심 공원과 오키나와 현립박물관 서쪽에 있다. 창고 같은 매장으로 오키나와에서 가장 크다. 제품도 다양하며, 한국보다 가격이 훨씬 싸서 우리나라 여행객이 많이 애용한다. 5,000엔 이상 면세도 가능하다. 오모리마치역에서 조금 먼 게 단점이다.
찾아가기 ❶ 오모리마치역에서 서북쪽으로 도보 17분 ❷ 신도심 공원에서 서북쪽으로 도보 5분 전화 098 860 9550 영업시간 10:00~21:00

⑤ 미니멀리즘 굿즈의 천국
무인양품 무지 無印良品 天久 Muji

맵코드 33 218 062   구글좌표 26.229801, 127.690663

유니클로 매장과 붙어 있어서 한꺼번에 쇼핑하기에 좋다. 매장이 넓고 상품도 무척 다양하다. 굿즈 같은 미니멀리즘 상품의 천국이다. 가격이 국내보다 30% 정도 저렴한 것도 큰 장점이다.
찾아가기 ❶ 오모리마치역에서 서북쪽으로 도보 17분 ❷ 신도심 공원에서 서북쪽으로 도보 5분 전화 098 941 1164 영업시간 10:00~ 22:00

 ★★★★☆

오키나와의 내면 풍경 속으로
오키나와 현립박물관·미술관 沖縄県立博物館·美術館 오키나와 켄리츠하쿠부 츠칸 비주츠칸

| 맵코드 33 188 675*85 | 구글좌표 26.227333, 127.693860 |

오키나와는 야자수가 이국의 이미지를 만들어내고 하얀 산호와 에메랄드빛 바다가 넘실거리는 아름다운 섬이다. 그러나 이 섬에는 오랜 시간 아름다운 자연을 품고 살아온 사람이 있고, 그들이 만들어낸 문화와 역사도 있다. 오키나와 현립박물관은 그들의 문화와 역사 그리고 생태를 한눈에 담을 수 있는 곳이다. 박물관의 첫 인상은 가히 압도적이다. 반듯한 건물은 거대한 돌덩어리를 깎아 만든 것 같다. 그러나 사실은 류큐왕조 시대의 성 구스쿠를 현대적으로 재해석하여 디자인한 건물이다. 지상 4층, 지하 1층의 건물에는 자연사, 고고학, 미술, 공예, 민속 등 5개 부문 전시실이 있으며, 야외 전시실도 갖추고 있다.

박물관 입구 반대쪽에는 미술관이 있다. 현지 작가의 작품부터 해외 아티스트 작품까지 다양한 미술품을 전시하고 있다. 미술 전시뿐 아니라 건축·공예·서예 전시도 열리며, 문학·음악·무용 행사도 열린다. 국제거리 북동쪽, 면세점과 대형 쇼핑몰이 있는 오모로마치 신도심과 가까워 박물관과 미술관을 관람 후에 쇼핑하기도 좋다.

찾아가기 ❶ 렌터카 나하공항에서 약 30분
❷ 모노레일 오모로마치역おもろまち駅에서 북서쪽으로 도보 10분
주소 沖縄県那覇市おもろまち3丁目1-1 전화 098 941 8200
영업시간 일~목요일 9:00~18:00(17:30까지 입장) 금·토 9:00~20:00(19:30까지 입장)
홈페이지 http://okimu.jp/kr

 ★★★☆☆

나하의 해변을 즐기자
나미노우에 비치 波の上ビーチ

맵코드 33 186 150
구글좌표 naminoue beach

나하의 오아시스 같은 비치이다. 나하 공항과 이웃해 있고 시내에서 차로 10분이면 다다를 수 있다. 나하 시민들은 이곳을 시민 비치라 부른다. 규모가 작은 인공비치지만 고운 모래를 자랑한다. 도시적인 분위기와 오키나와 자연의 매력을 동시에 품고 있다. 유유자적 시간을 보내며 오키나와의 바다를 느끼기 좋다. 해변 앞 바다 위로 나하공항과 시내를 연결하는 나하니시 도로那覇西道路가 뻗어 있다. 한강의 다리를 보는 듯한 느낌이 든다. 밤에는 파도 소리를 들으며 산책하기 좋다.

찾아가기 모노레일 겐초마에역県庁前駅 북쪽 출구에서 도보 15분 주소 沖縄県那覇市若狭 1丁目 1-25-11 전화 098 863 7300 해수욕기간 4월~10월 09:00~18:00 홈페이지 naminouebeach.jp

---

등 뒤로 푸른 바다가 펼쳐진다

나미노우에 신사波上宮 나미노우에구

오키나와에서 일본 본토 분위기를 느낄 수 있는 곳이다. 나미노우에 비치를 지나 작은 언덕을 오르면 나미노우에 신사가 나타난다. 옛날 뱃사람들이 바다로 나가기 전 무사안녕을 기원하며 기도를 드리던 곳이다. 아름다운 절벽 위에 있는데, 신사 뒤로는 바다가 시원하게 펼쳐져 있다. 나하 시민과 본토 여행객이 기도를 올리는 모습을 볼 수 있다. 나미노우에 비치에 들렀다가 가볍게 산책하기에 좋다.

맵코드 33 186 150 구글좌표 naminouegu
찾아가기 모노레일 겐초마에역県庁前駅 북쪽 출구에서 도보 15분
주소 沖縄県那覇市若狭 1丁目 25-11 전화 098 868 3697
운영시간 9:30~16:30 홈페이지 naminouegu.jp

🍴☕

국제거리의 맛집과 카페

🍴 ★★★☆☆

전통 있는 스테이크 전문점
스테이크 88 ステーキ88

구글좌표 steakhouse88(국제거리점)

국제거리에는 스테이크 하우스가 정말 많다. 셰프가 스테이크를 구우면서 불쇼를 보여주는 곳도 있고, 전통 스테이크로 승부를 하는 곳도 있다. 스테이크 88은 국제거리에서 가장 유명하고 오래된 스테이크 전문점 중 한 곳이다. 일본 최남단 섬 이시가키의 초원에서 자란 소 이시가키큐와 일본 큐슈 지방의 소 그리고 오키나와 북부 지역의 돼지고기를 이용해 만든다. 스테이크만 먹을 수도 있고, 샐러드와 스프가 함께 나오는 세트 메뉴도 있다. 소가 그려진 이글거리는 철판 위에 소스와 함께 나오는데, 육즙이 살아있고 맛이 부드럽다. 가격도 저렴한 편으로 1인 2000엔이면 스테이크 세트를 맛볼 수 있다. 국제거리에만 영업점이 두 개이다.

국제거리 니시구치점 国際通り西口店 **찾아가기** 모노레일 겐초마에역県庁前駅에서 도보 7분 **주소** 沖縄県那覇市松尾１丁目４ 松尾 1-4-3永昇商事ビル2階 **전화** 098 867 8888 **영업시간** 11:00~23:00 **추천메뉴** 세트메뉴セットメニュー 오리지날 스테이크オリジナルステーキ **예산** 1,500엔~4,000엔1인 **구글좌표** 26.214486, 127.683307 **홈페이지** http://s88.co.jp

국제거리점 **찾아가기** 모노레일 마키시역牧志駅 서쪽 출구로 나와 로손편의점 끼고 좌회전. 도보 6분 **주소** 沖縄県那覇市牧志3丁目 1-6勉強堂ビル2F **전화** 098 866 3760

🍴 ★★★★☆

탱탱한 면발, 맛이 깊은 육수
라멘 코류 ラーメン康竜

구글좌표 코류라멘

오키나와엔 소바 음식점에 비해 라멘집이 많지 않다. 다행히 여행객이 많은 국제거리에는 맛있는 라멘집이 많이 있는데, 코류는 그 중에서도 이름난 라멘집이다. 국제거리에서 뉴파라다이스 거리로 가는 길에 있는 라멘 집으로, 전형적인 일본 라멘집 분위기가 난다. 입구에 있는 자판기에서 라면의 종류를 선택해 티켓을 구매하면 된다. 자판기에는 한글이 없지만 자판기 옆에 한국어로 라면 종류가 설명되어 있는 메뉴판이 있으니 참고하자. 라면 굵기, 국물의 농도, 매운 정도, 마늘이나 파 같은 토핑 4가지 등 다양한 선택 사항이 있어 개인의 기호에 맞춰서 주문할 수 있다.

찾아가기 모노레일 겐초마에역県庁前駅에서 도보 8분. 국제거리 공용 주차장 건너편 골목 **주소** 沖縄県那覇市牧志１丁目 2-3 **전화** 098 941 5566 **영업시간** 월~목・일 11:00~05:00(다음날 새벽) 금・토 11:00~06:00(다음날 새벽) 휴일 없음 **추천메뉴** 미소라멘味噌ラーメン 간장라멘醤油ラーメン **예산** 700엔~1,000엔1인 기준

🍴 ★★★★☆

여행객에게 가장 인기 좋은 라멘 집

라멘 단보 ラーメン暖暮

구글좌표 단보라멘

큐슈 후쿠오카 스타일의 라멘 집이다. 큐슈의 맛있는 라멘 집으로 유명해지기 시작하여 일본에만 체인점이 27개가 생겼고, 호주, 베트남 등 해외에도 체인점이 들어섰다. 여행객들에게 입소문이 나기 시작하면서 해외 가이드북에 소개되었고, 지금은 아시아 여행객에게 가장 인기가 좋은 라멘 집이 되었다. 한국어, 중국어, 영어 등 다양한 언어로 대화를 나누는 소리가 들려 신기하다. 메뉴판도 한국어를 비롯해 다양한 언어로 준비되어 있다. 주문은 자판기에 동전을 넣고 메뉴를 선택하면 된다. 영수증에 면발 굵기, 양념 등 선택 사항이 있으므로 기호에 맞게 선택하여 직원에게 전달하면, 진하고 담백한 맛있는 라멘이 나온다.

찾아가기 모노레일 미에바시역美栄橋駅에서 오키에이오도리沖映大通り 경유하여 도보 7분, 스타벅스 국제거리점에서 골목으로 202m 직진 주소 沖縄県那覇市牧志 2丁目 2-16-10 전화 098 863 8331 영업시간 11:00~02:00 휴일 없음 추천메뉴 계란 반숙 라멘半熟玉子ラーメン 교자餃子 예산 680엔 ~1,000엔(1인 기준) 홈페이지 http://danbo.jp

 ★★★★☆

저렴하지만 퀄리티 높은 스시

구로몬 도쿠 노스케(다이스케) 黒門徳乃介 Kuromon Tokunosuke

구글좌표 Kuromon Tokunosuke

구로몬 도쿠 노스케는 국제거리 남쪽 오키나와 현청 근처에 있다. 고급스러운 분위기에서 저렴한 가격에 맛있는 스시를 먹을 수 있는 곳이다. 주택가에 위치하고 있어 분위기가 조용하다. 인테리어가 깔끔하고 멋스럽지만 부담 없는 가격에 스시를 즐길 수 있어서 좋다. 가게는 바와 여러 개의 룸으로 나뉘어져 있다. 주인이기도 한 쉐프는 도쿠시마 현 출신으로 수십 년째 스시만 만들어온 장인이다. 메뉴는 계절과 당일 재료에 따라 달라지며, 가격이 저렴해 스시 세트도 부담 없이 즐길 수 있다. 참치 마니아는 싱싱한 뱃살을 회로 즐길 수 있다.

찾아가기 ❶ 모노레일 겐초마에역県庁前駅에서 남동쪽으로 도보 6분 500m, 현청 앞 사잇길로 진입 ❷ 국제거리의 로코 호텔Hotel Rocore Naha 에서 도보 3분, 현청 앞 사잇길로 진입 주소 沖縄県那覇市松尾 1丁目 9-33 전화 098 963 9377 영업시간 17:00~24:00 휴일 일요일 추천메뉴 스시세트寿司セット(10개, 2,300엔) 참치 뱃살 예산 600엔~3,000엔1인 홈페이지 kuromon-tokunosuke.jimdo.com

 ★★★★★

너무 맛있는 브런치
오하코르테 베이커리 オハコルテベーカリー

구글좌표 ohacorte bakery

나하 시청 남쪽, 나하 버스터미널 동쪽에 있다. 나하에서 가장 도시적인 카페 겸 베이커리이다. 타르트 하나로 오키나와 사람들의 입맛을 사로잡은 미나토가와 스테이드 사이드 타운의 오하코르테가 런칭했다. 본점과 마찬가지로 시민들의 절대적 사랑을 받고 있다. 본점보다 메뉴가 다양하다. 프렌치토스트, 카라멜 바나나, 햄버거, 파스타, 레몬 토스트 등 브런치 세트를 판매한다. 갓 구워낸 빵도 구매할 수 있고, 신선한 야채 코너도 있다. 인테리어도 멋스럽다. 나무를 많이 이용해 자연적이면서도 노출 콘크리트 실내가 현대적인 감성을 느끼게 해준다. 찾아가기 ❶ 나하시청에서 남쪽으로 도보 3분 ❷ 나하버스터미널에서 동쪽으로 3분 ❸ 모노레일 아사히바시역旭橋駅에서 330번국도 경유, 남동쪽으로 도보 7분 주소 那覇市泉崎 1-4-10 喜納ビル1F 전화 098 869 1830 영업시간 07:30~21:00 휴일 없음 예산 500엔~1000엔 홈페이지 ohacorte-bakery.com

 ★★★★☆

정원이 예쁜 야외 카페
히바리야 커피 珈琲屋台 ひばり屋

구글좌표 26.215713, 127.690328

작은 정원에 있는 그림 같은 야외 카페. 오키나와는 물론 일본에서도 아주 유명한 곳이다. 지바현 출신 주인이 처음엔 뉴파라다이스 거리 부근의 미도리가오카 공원緑ヶ丘公園에 커피숍을 오픈했는데, 지금은 오리온 거리 근처로 이전했다. 오리온 약국 옆 작은 골목으로 들어가면 아기자기하고 아름다운 정원이 나온다. 미소를 띤 주인이 작은 포장마차 안에서 정성껏 핸드드립 커피를 내려준다. 커피 향을 맡으며 여유롭게 시간을 보내기 좋다. 야외 카페라 우천 시에는 이용하기 어렵다.

찾아가기 ❶ 국제거리에서 오리온 거리로 진입하여 도보 2분. 오리온 약국 골목으로 진입 ❷ 마키시역에서 국제거리와 오리온 거리 경유하여 도보 6분 주소 沖縄県那覇市牧志3丁目 9-17 전화 090 8355 7883 영업시간 11:30~19:00 휴일 부정기 휴무. 우천시 홈페이지에서 확인 홈페이지 hibariya.blog66.fc2.com

★★★★☆

커피도 마시고 전시도 보고
레네미아 renemia

구글좌표 renemia

국제거리 마키시역 부근의 마키시 공원 건너편에 있는 카페이자
갤러리이다. 오키나와 출신의 디자이너와 일러스트레이터 부부
가 운영하는 곳으로, 오키나와 출신의 아티스트뿐 아니라 해외
아티스트들의 작품 전시도 연다. 카페로 들어가면 작품들이 먼
저 반긴다. 벽뿐 아니라 넓은 데스크에도 전시되어 있어 구경하
는 재미가 있다. 전시 공간 옆으로 작은 바가 있는 데, 이곳이 카
페. 메뉴는 커피밖에는 없지만, 관람을 하고 바에 앉아 커피 한
잔 마시면 예술적 분위기에 젖어들어 기분이 좋아진다. 다양한
그릇, 잔, 액세서리 등 디자인 제품도 판매한다. 홈페이지에서 전
시 소식과 이벤트 정보를 얻을 수 있다.

찾아가기 모노레일 마키시역牧志駅 1번 출구에서 북서 방향
주소 沖縄県那覇市牧志 2-7-15 전화 098 866 2501
영업시간 13:00~18:00 휴일 일요일 홈페이지 www.renemia.com

★★★★☆

술과 노래, 춤이 있는 이자카야
시마 우타 라이브 주리 島唄ライブ樹里

구글좌표 26.214020, 127.684691

국제거리 중간에서 남쪽으로 뻗은 마쓰오 쇼보쇼 거리松尾消防署通
ㅁ에 있는 이자카야이다. 이곳은 오키나와 민요 가수가 직접 운영하
는 곳으로, 주인장을 비롯해 민요가수들이 매일 밤 8시에서 10시 사
이에 오키나와 전통의상을 입고 노래 부르고 민속춤을 추며 분위기
를 살린다. 메뉴는 오키나와 전통 요리가 주를 이룬다. 돼지고기 장
조림인 라후테ラフテー와 덴푸라揚げもの가 아주 맛이 좋다. 오키나와
전통주 아와모리 등 다양한 술도 판매한다. 라이브 연주 스케줄은
홈페이지에서 확인할 수 있다. 찾아가기 모노레일 겐초마에역県庁前駅에서 도보 8분650m 주소 沖縄県那覇市松尾 2 丁目
2-29 전화 098 861 0722 영업시간 18:00~24:00(라스트 오더 23:00) 휴일 부정기 추천메뉴 라후테ラフテー 예산 1,000엔
~2,000엔1인 홈페이지 http://shimautalive0722.ti-da.net

지름신 조심하세요!
국제거리의 쇼핑 핫 스폿

 ★★★★☆

쇼핑 마니아의 천국
돈키호테 ドン・キホーテ

구글좌표 돈키호테 국제거리점

쇼핑을 좋아하는 사람이라면 놓치지 말아야 할 곳이다. 생활용품, 식품, 가전 등 다양한 제품들을 저렴하게 판매한다. 국제거리 중간 지점에 있는데 거대한 노란 간판이 한눈에 들어온다. 숍은 4층으로 이루어져 있으며 화장품, 오키나와 전통술 아와모리, 와사비, 액세서리, 문구, 가전이 가득하다. 한 장소에서 다양한 제품을 구경하고 쇼핑도 할 수 있는데, 1+1 이벤트, 할인 행사 등 다양한 이벤트가 일년 내내 열려 많은 사람들이 찾는다. 해외 여행객은 5001엔 이상 구매하면 8% 할인을 받을 수도 있다. 할인을 받으려면 여권이 반드시 필요하다.

찾아가기 모노레일 마키시역牧志駅 1번 출구에서 국제거리 따라서 도보 7분
주소 沖縄県那覇市松尾 2丁目 8-19 전화 098 951 2311
영업시간 24시간 휴일 없음 홈페이지 www.donki.com

 ★★★★☆

소금 쿠키, 소금 아이스크림
미야코지마 소금 宮古島の雪塩 미야코지마 노 유키시호

구글좌표 26.214019, 127.680530

미야코 섬의 소금과 소금으로 만든 쿠키와 아이스크림을 살 수 있는 숍으로 겐초마에역 부근 국제거리 초입 사거리에 있다. 오키나와 소금은 일본에서도 인기가 좋은 제품인데, 그 중에서 가장 유명한 소금이 미야코 섬의 소금이다. 세계에서 가장 많은 미네랄을 함유하고 있는 소금으로 2000년에 기네스북에 이름을 올리기도 했다. 이 숍에서는 미야코의 청정지역에서 생산된 소금은 물론 소금 쿠키, 소금을 넣은 소프트 아이스크림 등 소금으로 만든 다양한 제품을 판매한다. 여행객들이 기념품으로 많이 구입하며, 특히 아이스크림은 맛이 부드럽고 고소해 인기가 아주 좋다.

찾아가기 모노레일 겐초마에역県庁前駅에서 도보 3분 주소 沖縄県那覇市久茂地 3丁目 1-16 전화 098 860 8585 영업시간 10:00~22:00 휴일 없음

★★★★☆

맵코드 331 561 42*34

무인양품과 프랑프랑 매장이 있는
류보백화점 デパートリウボウ 데파토류보시호

구글좌표 류보백화점

나하를 대표하는 백화점으로 국제거리의 상징이다. 모노레
일 겐초마에역県庁前駅과 연결되어 이용하기 편리하다. 명품
관은 없지만 일본의 대표 브랜드 매장이 있어 여행객들에
게 인기가 좋다. 일본 라이프스타일 브랜드인 무인양품良品
計画과 유럽 스타일의 인테리어 편집 숍 프랑프랑francfranc 등
의 매장이 8층에 있다. 지하 푸드코트에서는 햄버거와 피
자, 돈가츠 등으로 식사를 할 수 있다. 쇼핑과 식사를 한 곳
에서 해결 할 수 있어 시간이 빠듯한 여행자들에게 인기가

좋다. 주차장은 유료이나 1000엔 이상 구입하면 1시간, 5000엔 이상 구입하면 2시간 무료이다.
찾아가기 모노레일 겐초마에역県庁前駅 동쪽 출구와 연결 주소 那覇市久茂地1-1-1 전화 098 862 0334
영업시간 10:00~20:30(지하1층 10:00~22:00, 1·2층 10:00~21:00) 홈페이지 http://ryubo.jp

 ★★★★☆

과자와 기념품의 왕국
오카시고텐 御菓子御殿

구글좌표 26.213817, 127.681548

오카나와의 대표적인 과자와 디저트 체인점이다. 국제거
리에만 매장이 세 곳이다. 이 집의 베니이모 타르트는 여행
자들이 꼭 사가는 기념품이다. 프렌치 디저트 타르트와 자
색고구마를 결합한 것인데, 맛이 부드러우면서도 달콤하
다. 베니이모 타르트를 처음 만들어 판매한 곳이다. 국제
거리 매장 중 마쓰오점松尾店이 가장 규모가 크고 많이 찾는
다. 류큐 전통가옥 분위기로 꾸며져 있어 멀리서도 쉽게 찾

을 수 있다. 자색고구마 쿠키, 오모로크림 치즈 케이크, 망고 케
이크, 화장품 등 다양한 기념품들을 만날 수 있고, 베니이모 타르트의 제조 공정도 지켜볼 수 있다. 2층에는
오키나와 요리 매장이 있다.

마쓰오점 찾아가기 모노레일 겐초마에역県庁前駅에서 도보 3~4분 주소 沖縄県那覇市松尾 1丁目 2-5
전화 098 862 0334 영업시간 09:00~22:00 휴일 없음 예산 선물용 베니이모 타르트 12개들이 1박스 1050엔, 6개들이
630엔 홈페이지 www.okashigoten.co.jp

 ★★★★☆

천연 염색으로 만든 기념품
쿠쿠루 오키나와 kukuru okinawa ククル 沖縄

구글좌표 26.216935, 127.689633

오키나와에는 오키나와를 상징하는 신 시사, 꽃, 아열대 식물 등을 이용해 만든 기념품이 많다. 쿠쿠루는 이런 기념품을 구매할 수 있는 대표적인 체인점이다. 천연염색으로 만든 셔츠, 손수건 등 다양한 제품이 있다. 식물과 원색 꽃, 파도 등의 이미지로 제작되어 하와이를 연상시킨다. 오키나와의 독특한 기념품을 사고 싶다면 쿠쿠루 오키나와를 찾아보자. 국제거리에 나하점那覇店, 이치바점市場店(돈키호테 부근, 沖縄県那覇市松尾2-8-27), 시마유이점島結店(那覇市久茂地3-2-23) 등 3개 체인점이 있다.

나하점 찾아가기 모노레일 마키시역牧志駅에서 1번 출구에서 국제거리 따라서 서쪽으로 도보 5분 주소 沖縄県那覇市牧志 2丁目 4-18 전화 098 943 9192 영업시간 09:00~22:30 휴일 없음 홈페이지 www.kukuru-okinawa.com

 ★★★★☆

한국 여행객에게 인기 만점 드러그 스토어
다이코쿠 드러그 ダイコクドラッグ

구글좌표 26.215914, 127.688276

일본의 드러그 스토어는 우리의 약국과는 조금 다른 개념이다. 약은 물론 화장품, 스낵, 건강 기능성 제품, 잡화 등 아주 다양한 상품을 판매하는 생활 잡화 편의점 같은 곳이다. 가격도 저렴해 일본 사람들 뿐만 아니라 여행객들도 많이 찾는데, 특히 한국 여행객에게 인기가 좋다. 시세이도 퍼펙트 휩, 키스미 마스카라, 곤약 젤리 등이 한국 여행객들이 많이 찾는 상품이다. 국제거리의 다이코쿠 드러그는 대표적인 드러그 스토어로 꼽힌다. 국제거리에만 5개의 매장이 있는데, 돈키호테 동쪽 옆 골목에 있는 무쓰교점つみ橋店이 가장 유명하다. 세일 상품도 많고 1+1 행사 상품도 꽤 있다. 해외 여행객은 5001엔 이상 구입하면 8% 할인받을 수 있다.

찾아가기 모노레일 마키시역牧志駅 1번 출구에서 국제거리 따라서 서쪽으로 직진. 도보 8분550m 주소 沖縄県那覇市牧志 3丁目 1-41 전화 098 860 8383 영업시간 09:00~24:00 휴일 없음 홈페이지 http://daikokudrug.com

 ★★★★☆
오키나와 스타일의 원피스와 티셔츠
망고 하우스 mango house

구글좌표 mango house

쿠쿠루 오키나와가 기념품으로 적합한 상품을 판매하는 곳이라면, 망고 하우스는 오키나와 소재를 이용해 만든, 일상생활에서 입고 사용할 수 있는 의류를 판매하는 곳이다. 쉽게 말하자면 오키나와 라이프스타일 의류를 판매한다. 천연염색 제품도 있으며, 남국의 식물 이미지를 프린트 하여 넣은 원피스, 남방, 티셔츠 등이 있다. 컬러도 원색보다는 부드러운 파스텔 톤이 많아 여행객뿐 아니라 시민들에게도 인기가 좋다.

찾아가기 모노레일 겐초마에역県庁前駅에서 동쪽으로 도보 5분450m
주소 沖縄県那覇市久茂地 3 丁目 4 -6 전화 098 862 7447
영업시간 10:00~22:00
휴일 없음

 ★★★★☆
유명 잡지에 자주 나오는 멋진 디자인 숍
오키나와 노 카제 沖縄の風

구글좌표 okinawa wind

'오키나와의 바람'이라는 뜻을 가진 디자인 숍이다. 이곳 상품은 다른 기념품점 상품과 완전히 느낌이 다르다. 다른 숍들은 대체로 오키나와를 소재로 하여 대량 생산한 상품인데 반해, 이곳은 오키나와에서 활동하는 작가들이 각자의 스타일로 디자인한 소량의 작품을 판매한다. 티셔츠, 나무와 가죽 공방제품, 펠트 용품, 스카프, 가방, 커피잔 등 다양한 상품이 있는데 상당히 멋스럽고 모던해 지갑이 자연스레 열린다. 작가의 개성이 상품에 녹아 있고 독특하여 일본의 유명 잡지에도 자주 소개되고 있다.

찾아가기 모노레일 마키시역牧志駅에서 국제거리 따라서 서쪽으로 도보 4분 주소 沖縄県那覇市牧志 2-5-2
전화 098 943 0244 영업시간 11:00~20:00(7~9월 21:00까지)
휴일 설날(1월1일) 홈페이지 www.okinawa-wind.com

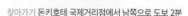

★★★★☆

나무로 만든 리싸이클링 인테리어 소품
톤카티 toncati

구글좌표 toncati

목재품을 재활용하여 리싸이클링 상품을 만드는 곳이다. 나무를 다시 자르고 깎고 조합하고 색까지 입혀 완전히 새로운 제품으로 탄생시킨다. 작업실이 숍과 같이 있어서 가게 안으로 들어가면 '뚝딱 뚝딱' 무언가를 만드는 정겨운 소리가 들린다. 상품은 화분, 액자, 테이블, 의자 등 아주 다양하다. 기성품에서는 찾아볼 수 없는 독특함이 묻어난다. 튀지 않는 색감, 정형화되지

않은 형태 그리고 일본 특유의 아기자기함이 더해져 아주 멋스러우면서도 귀엽다. 제품은 홈페이지에서도 확인할 수 있다. 우키시마 거리 동쪽 골목 니기와이 히로바 광장にぎわい広場, 구글좌표 26.214734, 127.687236 옆에 있다.

찾아가기 돈키호테 국제거리점에서 남쪽으로 도보 2분
주소 沖縄県那覇市松尾 2丁目 9-1 **전화** 098 868 9288 **영업시간** 10:00~12:00, 13:00~19:00
휴일 부정기 **홈페이지** toncati.com

★★★★☆

개성이 돋보이는 남성 패션 숍
플랜트 & 소일 plant & soil

남성 패션 멀티숍으로, 쉽게 접할 수 없는 젊은 일본 디자이너 브랜드들을 공수해와 판매한다. 주인이 추구하는 철학에 부합하는 제품만 취급한다. 숍 이름의 'plant'는 '모종'을 'soil'은 '토양이나 기반'을 의미하는데, 이는 오키나와에 맞는 패션, 예술, 사람, 물건, 상품으로 새로운 오키나와 라이프 스타일을 만든다는 의미이다. 그래서 디자이너들이 직접 디자인하고 생산해낸 브랜드를 선택한 것이다. 스타일이 깔끔하고 모던한 티셔츠, 팬츠, 코트, 넥타이 등이 주를 이룬다. 또 오키나와 예술가들과도 콜라보레이션을 통해 가죽 제품과 액세서리 등을 제작하고 있다.

찾아가기 모노레일 마키시역牧志駅 2번 출구로 나가 길을 건넌 후 도보 20m 주소 沖縄県那覇市安里 1丁目 1-1-3 전화 098 943 0017 영업시간 11:00~21:00 휴일 일요일 홈페이지 www.plant-soil2014.com

 ★★★★☆

오키나와 남성들을 위한 멀티숍
가이드포스트 guidepost

구글좌표 guidepost

오키나와 남성들을 위한 최고의 멀티숍이다. 가게 분위기가 모던하고 멋스럽다. 국제거리에서 북동쪽으로 조금 떨어진 주택가에 있는데, 멀리서도 손님이 일부러 찾아온다. 가게 입구에 거친 남성들을 상징하는 할리데이비슨 바이크가 서 있어 찾기 쉽다. 상품은 카이보이 모자, 라이더 자켓, 가죽 허리띠, 메쉬캡, 청바지 등 아주 다양하다. 도쿄의 디자이너 브랜드와 미국 브랜드를 주인이 엄선하여 들여온다. 가격은 조금 비싼 편이지만 남성 패션 피플에게는 천국과 같은 곳이다. 한국 여행객에게 잘 알려져 있는 그랜드 나하 게스트하우스Guest

House GRAND Naha와 이웃해 있다. 찾아가기 ❶ 모노레일 겐초마에역県庁前駅에서 북동쪽으로 도보 5분400m ❷ 미에바시역美栄橋駅에서 남서쪽으로 도보 7분550m 주소 沖縄県那覇市久茂地 2-10-1, 1F 전화 098 988 0922 영업시간 11:00~21:00 휴일 없음 홈페이지 guidepost-oki.com

우키시마 거리의 소문난 맛집과 숍

★★★★☆

콩으로 만든 햄버거 패티와 스테이크
우키시마 가든 浮島ガーデン

구글좌표 ukishima garden

우키시마 거리에 있는 채식 카페이다. 이탈리안, 프렌치, 아시안 스타일로 재해석한 콩과 채식 요리를 맛볼 수 있다. 한국에서는 조금 생소한 조리법이지만 상당히 맛이 좋다. 콩을 이용해 만든 햄버거 패티와 스테이크, 야채 런치 세트가 대표 메뉴이다. 햄버거는 맛이 담백하다. 식감이 고기로 만든 패티와 비교해도 손색이 없다. 런치세트도 인기가 좋다. 야채 요리 4~6가지가 나온다. 야채로 만든 타코라이스도 많은 사람이 찾는다. 계절별로 생산되는 야채에 따라 메뉴도 조금씩 바뀐다. 요즘 나하에서 가장 인기가 좋은 음식점 가운데 하나이다. 교토에도 지점이 있다. 찾아가기 ❶ 국제거리에서 우키시마 거리로 진입하여 도보 3분. 길 오른쪽에 위치 ❷ 모노레일 마키시역牧志駅에서 국제거리 경유하여 도보 10분850m 주소 沖縄県那覇市松尾 2 丁目 12-3 전화 098 943 2100 영업시간 11:30~15:00, 18:00~22:00 휴일 목요일 추천메뉴 스페셜 콤보 세트スペシャルコンボセット 예산 1250엔~2000엔1인 홈페이지 ukishima-garden.com

★★★★☆

친환경 야채 튀김과 샐러드
지젠쇼쿠 토 오야쓰 마나 Natural food and snack mana

구글좌표 26.212996, 127.689865

친환경 야채에 전통 조미료로 음식을 만드는 친환경 식당 겸 카페이다. 대표 메뉴로는 베지터블 플레이터와 베지터블 튀김 등이 있다. 신선한 야채로 튀김이나 샐러드를 만들어 밥과 함께 내오는데, 재료가 신선해 씹히는 맛부터 다르다. 특히 바삭한 튀김옷을 입은 야채 튀김 맛이 좋다. 화학조미료가 첨가되지 않아도 이렇게 맛있는 음식이 나올 수 있다는 게 놀라울 따름이다. 구마모토

현미로 밥을 짓고, 오키나와 무농약 야채로 샐러드와 튀김을 만든다. 우키시마 거리가 끝나는 지점 오른쪽 골목 마후 커피 건너편에 있다. 찾아가기 ❶ 국제거리에서 도보 6분. 우키시마 거리 따라 걷다가 길 끝나기 직전 오른쪽 골목으로 진입 ❷ 모노레일 마키시역牧志駅에서 국제 거리와 사쿠라자카나카 거리 경유하여 도보 10분850m 주소 沖縄県那覇市壺屋 1 丁目 6 壺屋 1-6-9 전화 098 943 1487 영업시간 식사 11:00~15:00 카페 15:00~17:00 휴일 화·수요일 추천메뉴 오늘의 런치 세트ランチセット 야채 튀김 모듬野菜天ぷら盛り合わせ 예산 1000엔부터1인

 ★★★★☆

달콤한 핸드 드립 커피 한 잔
마후 커피 마후 코히

구글좌표 mahou coffee

채식 레스토랑 지젠쇼쿠 토 오야쓰 마나 골목 건너편에 있다. 주인이 직접 로스팅 하고 블랜딩 한 커피를 맛볼 수 있는 곳이다. 주인의 커피 사랑과 자부심이 대단하다. 카페 분위기가 아주 좋다. 바와 좌석 몇 개가 놓여 있는 작은 카페지만, 나무 인테리어가 편안한 느낌을 준다. 이 카페에서만 맛볼 수 있는 커피도 있다. 스페셜 커피 마호 블렌드MAHOU BLEND와 디블렌드D"BLEND는 프렌치 로스트 기술로 향미를 자유자재로 조율해 혼합한 커피이다. 향이 기가 막히다. 주인은 커피가 평범한 일상을 화려하게 장식해주는 마법이라고 믿고 있으며, 커피 한 잔으로 누구나 달콤한 꿈을 꾸는 것 같은 느낌을 받기를 원한다. 초코 케이크도 맛이 좋다.

찾아가기 채식 레스토랑 '지젠쇼쿠 토 오야쓰 마나' 건너편. 국제거리에서 우키시마 거리로 진입하여 도보 6분 주소 沖縄県那覇市壺屋 1丁目 6-5 전화 098 863 6866 영업시간 10:00~18:00 휴일 일요일 추천메뉴 마호 블렌드MAHOU BLEND와 디블렌드D"BLEND 커피 예산 700엔부터 구글좌표 26.213033, 127.689760 홈페이지 mahoucoffee.com

 ★★★☆☆

보물 상자 같은 빈티지 숍
피쉬 보울 FISH BOWL

구글좌표 fish bowl

모자, 신발, 의류, 책, 장난감 등이 바닥, 벽면, 천장에 진열되어 있다. 바닥에는 신발과 책이, 벽에는 의류가, 천장에는 모자가 잔뜩 걸려 있다. 수십 년 전 제품부터 최근의 상품까지 종류가 다양하며, 대부분 미국과 일본 브랜드이다. 청바지와 청 자켓, 구두, 미국 스포츠 유니폼 등을 구경하다 보면 시간이 금방 흘러가 버린다. 가격도 비싸지 않아 지름신 내리기 딱 좋은 곳이다. 아동복도 있다. 우키시마 거리 왼쪽에 있다.

찾아가기 ❶ 국제거리에서 우키시마 거리로 진입하여 도보 2분180m ❷ 모노레일 마키시역牧志駅에서 국제거리 경유하여 도보 10분 주소 沖縄県那覇市松尾 2丁目 5-27 전화 098 866 9650 영업시간 월~금 11:00~21:00 토·일 12:00~21:00 휴일 없음 홈페이지 http://fishfishfish.ti-da.net

 ★★★★☆

가죽 제품, 모던하고 멋스러워 좋아!

버드랜드 Birdland バードランド 바도란도

구글좌표 birdland

가죽 제품 전문점이다. 주인장이 가죽품을 직접 수공예로 제작한 제품과 디자이너 가죽 제품들을 함께 파는 멀티숍이다. 가죽 쪼리 샌들, 액세서리, 가방 등을 만든다. 특히 가죽 쪼리가 인기가 많다. 착용감이 좋고, 엄지와 둘째 발가락 사이가 편안하다. 과하지도 부족하지도 않게, 모던하고 멋스럽게 디자인되었다. 라이더 자켓, 핸드백, 토드백 등도 판매한다. 천연가죽으로 만들어 가격이 조금 비싸지만 마니아라면 꼭 한번 들러볼만한 곳이다.

찾아가기 ① 국제거리에서 우키시마 거리로 3분 직진 후 오른쪽 골목으로 1분 진입 ② 모노레일 마키시역牧志駅에서 국제거리와 우키시마 거리 경유하여 도보 12분1km 주소 沖縄県那覇市松尾 2丁目 12-28 전화 098 863 2452 영업시간 13:00~20:00 휴일 목요일 홈페이지 birdlandokinawa.com

 ★★★★☆

예술품 같은 핸드메이드 은팔찌와 은귀걸이

은세공 '유' 沖縄手作銀細工 '琉' 오키나와 테즈쿠리 긴자이쿠 '유'

구글좌표 26.213853, 127.687387

수공예 실버 액세서리 브랜드숍으로, 우키시마 거리 중간 지점 가이난츄오 거리와 만나는 곳에 있다. 턱수염이 매력적인 훈남 주인장은 도쿄와 파리에서 금속공예를 공부하고 작가로 활동하다 오키나와에 정착한 실력파이다. 오키나와의 자연과 문화에서 영감을 얻어 수공예품을 만든다. 모던한 반지와 귀걸이, 팔찌 등에 다양한 문양을 예술적으로 표현했다. 숍 규모는 작지만 구경하는 재미가 있다. 예술 작품 같아 보이지만 착용하기에도 전혀 부담이 없다. 다른 작가의 작품도 판매하고 있으며, 가죽 공예제품도 있다. 워크숍도 진행하고 있어 일본어가 가능한 여행객은 신청이 가능하다. 정보는 홈페이지에서 얻을 수 있다.

찾아가기 ① 국제거리에서 우키시마 거리로 진입하여 도보 4분 ② 모노레일 마키시역牧志駅에서 국제 거리와 우키시마 거리 경유하여 도보 11분 주소 沖縄県那覇市松尾 2丁目 19-1 전화 098 959 0758 영업시간 12:30~18:00 휴일 화·수요일 홈페이지 ryu-silver.shop-pro.jp

★★★★☆

글로벌 빈티지 숍
지사카스 じーさーかす

구글좌표 26.213391, 127.689172

우키시마 거리를 걷는 여행자라면 꼭 들르게 되는 곳으로, 노점 상점처럼 출입문이 없는 숍이다. 일본 및 해외의 빈티지 잡화 가게로, 오래된 민가를 개조해 만들어 빈티지 박물관을 연상케 한다. 토이 아톰, 토이 미키마우스, 1982년 바르셀로나 올림픽 배지, 일본 프로 야구팀 캐릭터 인형, 오키나와 맥주 티셔츠 등등 정말 많은 물건이 가득하다. 가격도 저렴한 편이다. 100엔 정도로 구입할 수 있는 물건도 있다. 부담 없이 구경하기 좋으며, 독특한 기념품을 원하는 이에게 추천한다.

찾아가기 국제거리에서 우키시마 거리로 진입하여 도보 6분. 길 오른쪽 위치 주소 沖縄県那覇市牧志 3丁目 4-6 전화 098 943 1154 영업시간 11:00~20:00 휴일 없음

 ★★★☆☆

여행 기념품, 그림책 어때?
홋코리에 hoccorie

구글좌표 hoccorie

우키시마 거리가 끝나는 지점 왼쪽 골목에 있는 그림책 전문 서점이다. 여행지에서 무슨 서점이냐고 할 수도 있겠지만, 이 집 주인은 오키나와 여행자들이 그림책으로 또 다른 여유를 느꼈으면 하는 바람을 가지고 있다. 대부분 어른을 위한 그림책이다. 안으로 들어가면 가지런히 정리된 책이 손님을 반긴다. 서점 중앙의 커다란 테이블에도 그림책이 놓여 있다. 책장을 한 장 한 장 넘길 때 마다 다음 장에는 어

떤 그림이 나올지, 어떤 내용이 펼쳐질지 궁금해진다. 그림만으로도 따뜻한 감성이 느껴진다. 한국 여행자들 사이에서도 유명하다. 오키나와 여행에서 기념품으로 동화책을 선택한다면 이보다 독특한 여행이 또 있을까?

찾아가기 ❶ 국제거리에서 우키시마 거리로 진입하여 도보 6분 주소 沖縄県那覇市壺屋 1丁目 7-20 전화 070 5272 1451 영업시간 10:00~19:00 휴일 일요일 홈페이지 hoccorie.ti-da.net

 ★★★★☆

원색으로 빛나는 꽃 그림 소품
미무리 mimuri

구글좌표 mimuri

우키시마 거리의 꽃이라 불리는 숍이다. 꽃 그림을 그려 넣은 가방, 스카프, 지갑 등을 판매하는데, 모든 제품들이 원색이라 멀리서 봐도 한눈에 들어온다. 오키나와 최남단 이시가키 섬 출신 디자이너가 운영하는 가게로, '상품'이 아니라 '그림'이라는 콘셉트로 제작된 것이다. 디자이너가 직접 그려 넣은 것으로 아름다운 이시가키 섬에서 자란 감수성이 그대로 담겨 있다. 모든 상품은 오키나와 전통 염색 방식을 이용해 만들며, 가게에서 디자이너가 직접 제품을 제작하는 모습도 구경할 수 있다. 디자이너가 그림을 직접 그려 넣은 세계에서 단 하나 뿐인 지갑과 가방을 살 수 있다.

찾아가기 ❶ 국제거리에서 우키시마 거리로 진입하여 도보 3분240m. 길 왼쪽에 위치 ❷ 모노레일 마키시역牧志駅에서 국제거리 경유하여 도보 11분 주소 沖縄県那覇市松尾 2-7-8 전화 050 1122 4516

영업시간 11:00~19:00 휴일 목요일 홈페이지 www.mimuri.com

🍴 ★★★★☆

국제거리 최고의 소바 식당
다이토 소바 大東そば

구글좌표 다이토소바

국제거리 북쪽 뉴파라다이스 거리에 있다. 시나몬 카페와 같은 건물에 있으며, 오키나와에서 꽤 독특한 소바집으로 꼽힌다. 오키나와에서 동쪽으로 수백 키로 떨어진 미나미 다이토 섬 스타일로 소바를 만들기 때문이다. 돼지고기와 가쓰오브시로 낸 육수를 사용하고, 면발이 탱탱해 식감이 아주 좋다. 독특한 점은 고명으로 생선을 사용한다는 것이다. 주로 간장에 절인 참치와 고등어를 고명으로 쓰는데, 맛이 느끼하지 않고 담백하다. 점심시간에는 이 집 소바를 먹기 위해 긴줄이 만들어진다. 국제거리 주변에서 최고의 소바라 칭송받고 있다.

찾아가기 ❶ 국제거리 Hotel JAL City Naha에서 북서쪽으로 1분 직진. 우회전 하여 다시 1분 직진. 길 왼쪽에 위치 ❷ 모노레일 미에바시역美栄橋駅에서 오키에이오도리沖映大通り 경유하여 도보 7분550m 주소 沖縄県那覇市牧志 1丁目 4-59 전화 098 867 3889 영업시간 11:00~18:00 휴일 없음 추천메뉴 다이토소바大東そば 소키소바ソーキ 예산 1,000엔부터

☕ ★★★★☆

세련되고, 차분하고, 맛있는
시나몬 카페 Cinnamon Café

구글좌표 cinnamon cafe

뉴파라다이스 거리의 상징 같은 곳이다. 이 카페가 문을 열면서 뉴파라다이스 거리도 유명해졌다. 얼마 전 제주로의 이주 붐이 분 것처럼, 일본에서는 1990년대에 본토 사람들이 이주하여 멋스러운 카페를 열었는데, 시나몬 카페가 대표적인 곳이다. 가게 앞에 여성스러운 자전거 한 대가 놓여 있어 찾기 쉽다. 분위기는 차분하고 세련되었다. 나무로 만든 하얀 문, 가게 안 놓여있는 꽃과 예쁜 소품 덕에 로맨틱한 분위기가 흐른다. 커피, 라떼, 레몬에이드, 밀크티, 칵테일, 치즈 케이크 등이 있으며, 점심에는 파스타나 카레 등으로 간단한 식사를 할 수 있다. 다이토 소바와 같은 건물에 있다. 찾아가기 ❶ 국제거리 Hotel JAL City Naha에서 북서쪽으로 1분 직진. 우회전 하여 다시 1분 직진. 긴 왼쪽 위치 ❷ 모노레일 미에바시역美栄橋駅에서 오키에이오도리沖映大通り 경유하여 도보 7분550m 주소 沖縄県那覇市牧志 1丁目 4-59 전화 098 862 2350 영업시간 11:00~23:00(런치타임 11:00~15:00) 휴일 목요일 추천메뉴 세트 메뉴セットメニュー(오늘의 파스타 or 커리+디저트) 예산 1,000엔부터

★★★★☆

LP를 들으며 나하 최고의 커피를
다소가레 카페 たそかれ珈琲

구글좌표 26.217770, 127.682759

뉴파라다이스 거리 옆 미도리가오카 공원緑ヶ丘公園을 오른쪽에 두고 계속 걸어가면 머리 위에서 달리고 있는 모노레일이 보이고, 그 아래로 자동차가 열심히 달린다. 바로 그곳에 다소가레 카페가 있다. 카페 안으로 들어가면 완전히 다른 세상이다. 감미로운 재즈 음악과 그윽한 커피 향이 카페를 가득 채우고 있다. 도쿄의 카페에서 오랜 시간 경험을 쌓은 주인이 고향으로 돌아와 오픈했다. 커피 맛이 끝내준다. 직접 로스팅 하여 핸드드립으로 정성껏 커피를 내린다. 주인장이 직접 만든 케이크와 토스트도 판매한다. 커피를 마시며 엘피 재즈 음악을 듣고 싶다면 다소가레로 가자.

찾아가기 모노레일 미에바시역美栄橋駅 남쪽 출구로 나와 모노레일 밑 도로 따라 서쪽남으로 도보 7분. 길 왼쪽에 위치 주소 沖縄県那覇市牧志1-14-3, 1F 전화 090 8355 7883 영업시간 11:00~19:00(라스트 오더 18:30) 휴일 매달 1, 10, 20, 21, 30, 31일

 ★★★★☆

귀엽고 세련된 공예품 구경하기
투이트리 자카툭툭, zakka tuktuk

구글좌표 tuitree

뉴파라다이스 거리 중간에 있다. 자카툭툭과 투이트리トゥイトゥリー, tuitree로 동시에 불리는 가게이다. 오키나와 그릇, 천연염색 스카프, 액세서리, 기념품, 음악 CD 등을 판매한다. 뉴파라다이스 거리에서 안 거쳐 가는 이가 없을 정도로 유명한 숍으로, 오래된 민가를 고쳐 만들었지만 하얀 건물이라 하와이 풍의 이국적인 분위기가 물씬 풍긴다. 상품은 대부분 염색 작가인 주인이 외국 여행을 하면서 수집하여 들어온 것들이거나, 오키나와에서 활동하는 작가들이 만든 작품들이다. 금속공예 작품, 가죽제품, 도자기 등이 눈을 즐겁게 해준다. 여성 고객에게 인기가 좋다.

찾아가기 ❶ 국제거리 Hotel JAL City Naha에서 도보 3분 ❷ 모노레일 미에바시역美栄橋駅에서 오키에이오도리沖映大通り 경유하여 도보 6분 500m 주소 沖縄県那覇市牧志 1丁目 3-21 전화 098 868 5882 영업시간 12:00~19:00 휴일 수·목요일 홈페이지 www.tuitree.com/

 ★★★★☆

오키나와 전통술을 마시고 싶다면
오반자이 오키라쿠 おばんざい 沖らく

`구글좌표` 26.216645, 127.690527

국제거리 포장마차 마을은 국제거리 남쪽, 오리온 거리オリオン通り, 국제거리에서 남쪽으로 난 길 동쪽에 있다. 사케와 맥주, 아와모리 같은 술과 오뎅, 꼬치, 튀김, 초밥, 소바 등을 즐길 수 있다. 여행객이 많아 항상 친절하며 영어 메뉴판도 준비되어 있다. 다양한 오키나와의 술과 아와모리를 즐기고 싶다면 오반자이 오키라쿠를 추천한다. 아와모리 전문점으로 오키나와의 지역별 양조장에서 만든 아와모리와 아와모리 칵테일 등을 맛볼 수 있다. 훈남 주인장에게 아와모리에 대해 친절한 설명도 들을 수 있다. 아와모리는 보통 도수가 높은데 희석하면 15도 정도 된다. 대표적인 아와모리는 오키나와 양조협동조합에서 만드는 '난푸'泡盛南部와 기미무라 양조장에서 만드는 '단류'泡盛暖流 이다. 안주로는 오뎅이 맛있다. 찾아가기 모노레일 마키시牧志駅역에서 국제거리로 진입. 도보 4분 직진 후 좌회전하여 40m 주소 沖縄県那覇市牧志 3丁目 11-17 전화 098 802 6112 영업시간 11:00~24:00 추천메뉴 아와모리泡盛 오뎅おでん 예산 2,000엔~3,000엔1인 홈페이지 http://www.okinawa-yatai.jp/

 ★★★★☆

서비스 좋은 이자카야에서 염소 요리를
야기 료리 사카에 山羊料理 さかえ

`구글좌표` 26.216677, 127.690688

포장마차 마을은 오리온 거리オリオン通り, 국제거리에서 남쪽으로 난 길 동쪽에 있다. 2006년에 생겼는데 분위기 좋은 이자카야 20여 개가 모여 있다. 늘 사람들이 붐비며, 손님 대부분이 여행객이다. 야기 료리 사카에는 포장마차 마을 동쪽 길 건너에 있는 소박한 이자카야이다. 염소 요리로 유명해 현지인과 여행객이 즐겨 찾는다. 간판이 작아 잘 눈에 띄지 않지만, 아는 사람만 찾아온다는 맛집 중의 맛집이다. 주인장 아주머니가 재미있다. 바와 맞닿아 있는 주방에서 요리를 만드는데, 성격이 유쾌해 웃음이 떠나지 않는다. 서비스 안주도 많아 단골손님이 많다. 찾아가기 모노레일 마키시牧志駅역에서 국제거리 진입하여 도보 4분 직진 후 좌회전하여 40m 주소 沖縄県那覇市牧志 3丁目 12-20 전화 098 866 6401 영업시간 16:00~23:00 휴일 일요일 추천메뉴 염소육회山羊さしみ 예산 2,000엔~3,000엔1인

즈보야 야치문 거리의 소문난 맛집과 숍

 ★★★★☆

부쿠부쿠 차와 소바
류큐요리 치가푸 琉球料理 ぬちがふぅ 류큐로리누 치가푸

구글좌표 26.212749, 127.692996

류큐요리 치가푸는 차와 요리를 모두 즐길 수 있는 곳이다. 실내 분위기도 고풍스러워 조용하고 옛 정취가 흐르는 쓰보야 야차문 거리와 잘 어울린다. 인테리어 소품들에서도 옛 정취가 물씬 풍긴다. 류큐 전통 차 부쿠부쿠를 앞에 놓고 있기 좋은 분위기다. 오키나와 음식도 정갈하고 맛이 좋다. 특히 오키나와 소바와 사시미가 맛있다. 아이스크림 같은 디저트도 판매한다. 류큐의 음식을 먹으며 즈보야 야치문 거리를 바라보고 있으면 마음이 편안해 진다. 앞에는 류큐 시대 도공의 주택이 있는데, 가게 안에서 담 너머로 가마가 보여 더욱 운치가 흐른다. 찾아가기 ❶ 즈보야 거리 북쪽 안쪽에 위치. 국제거리에서 도보 6분. 사쿠라자카니카 거리를 경유하여 즈보야 거리로 진입 ❷ 모노레일 마키시牧志駅역에서 남쪽으로 도보 8분600m 주소 沖縄県那覇市壺屋 1丁目 28-3 전화 098 861 2952 영업시간 11:30~15:00, 17:30~22:00(라스트 오더 21:00, 저녁 타임은 10세 이하 노키즈존 운영) 휴일 화요일 추천메뉴 부쿠부쿠차ぶくぶく 오뎅おで, 정식세트定食セット 예산 1,000엔~3,000엔1인

 ★★★★☆

도자 셀렉트 숍
야치 & 문 yacchi & moon ヤッチとムーン 야치토문

구글좌표 yacchi&moon

야치 & 문은 다양한 오키나와 도자를 구경할 있는 곳이다. 2014년 오픈한 도자 셀렉트 숍으로 젊은 작가들의 작품을 구비하고 있다. 곰이나 고양이 등이 그려진 귀여운 도자부터 해골이 그려진 주전자까지 보는 이들의 눈길을 잡아당긴다. 민가를 개조해 만들어서 룸마다 다른 스타일의 도자를 전시해 놓고 있다. 구경하는 재미가 쏠쏠하다. 젊은 작가들의 작품이기에 현대적이면서도 아기자기해 여성 여행객에게 인기가 좋다. 찾아가기 ❶ 국제거리에서 도보 5분. 사쿠라자카니카 거리를 경유하여 즈보야 거리로 진입 ❷ 모노레일 마키시역牧志駅에서 남쪽으로 도보 9분800m 주소 沖縄県那覇市壺屋 1丁目 21-9 전화 098 988 9639 영업시간 10:00~19:00

★★★★☆

전통부터 현대 도자까지
구마구와 guma-guwa

구글좌표 guma-guwa

구마구와는 즈보야 거리에 있는 즈보야키 가마모토 이쿠토엔이
라는 공방이 운영하는 도자기 가게이다. 이쿠토엔은 330년 전통
의 유서 깊은 공방으로 도자 장인 마모토가 운영하는 곳이다. 장인
의 작품뿐만 아니라 젊은 도공들의 스마트한 작품까지 만나볼 수
있다. 흙과 유약은 모두 오키나와 자연산을 고집하고, 도자를 굽
는 방식도 전통 방식을 지키고 있다. 유서가 깊은 곳이지만 가게
는 아기자기하고 여성스럽다. 오키나와 전통 문양인 물고기 등이
그려진 것도 있고, 현대적인 패턴으로 디자인 한 도자도 눈에 띈
다. 맛없는 음식도 이곳 접시에 담으면 최고의 맛을 내줄 것 같다.

찾아가기 ❶ 국제거리에서 도보 5분. 사쿠라자카니카 거리를 경유하여
즈보야 거리로 진입 ❷ 모노레일 마키시역牧志駅에서 남쪽으로 도보 9분
650m 주소 沖縄県那覇市壺屋 1丁目 16-21 전화 098 911 5361 영업시간
10:30~18:30 휴일 없음 홈페이지 ikutouen.com

 ★★★★☆

접시부터 화분까지
우추와 차타로 노 코토 UTSUWA チャタロウ

구글좌표 utsuwa

다양한 작가의 도자를 모아서 판매하고 있다. 옛 민가를 개조해서
만들어서 거실과 방 등으로 쇼룸이 나뉘어져 있다. 각 방마다 도자
의 스타일이 다르다. 한 쇼룸은 부엌에서 쓸 수 있는 주전자, 젓가락,
접시 등이 아기자기하게 전시되어 있고, 다른 쇼룸은 화분, 찻잔 같
은 인테리어 소품이 전시되어 있어, 마치 도자 마니아의 집에 초대
된 것 같은 기분이 든다. 전통적인 도자가 얼마나 멋진 인테리어 소
품인지 이곳에 가면 알 수 있다. 도자기로 오키나와 라이프스타일을
보여주는 어여쁜 숍이다.

찾아가기 국제거리에서 도보 5분. 사쿠라자카니카 거리를 경유하여
즈보야 거리로 진입 주소 沖縄県那覇市壺屋 1丁目 8-12
전화 098 862 8890 영업시간 10:00~19:00 휴일 없음
홈페이지 cafe-chataro.com/

🍴 ★★★★☆

줄 서서 먹는 만두집

벤리야 교자 べんり屋餃子 벤리야 이무린룬

구글좌표 26.217180, 127.697089

사카에마치 시장은 낮과 밤의 분위기가 완전히 다른 곳이다. 낮에는 장을 보기 위해 나하 시민들이 많이 찾아오고, 밤에는 퇴근한 직장인과 여행객들이 분위기 좋은 이자카야에서 한 잔 하기 위해 많이 찾는다. 이자카야가 많은 이 거리에 유독 사람들이 줄 서서 기다리는 맛 집이 있는데, 상하이식 전통 만두 샤오룽바오를 파는 만두집 벤리야이다. 타이완 출신 주방장이 중국 스타일 만두를 만든다. 만두피는 얇고 부드러럽다. 만두소는 육즙이 가득하여 담백하고 맛있다. 물만두, 군만두, 새우 만두 등이 있으며 술도 판매한다. 노천 테이블에 앉아 술 한 잔에 만두 한 입 베어 먹으면 그 맛이 끝내준다. 찾아가기 모노레일 아사토역安里駅 동쪽 출구로 나와 시카마에치 시장으로 진입. 도보 3분260m 주소 沖縄県那覇市安里 388-1 전화 098 854 0177, 098 887 7754 영업시간 18:00~23:00 휴일 일요일 추천메뉴 샤오룽바오しょうろんぽう 예산 500엔~1000엔 홈페이지 sakaemachi-ichiba.net

🍸 ★★★★☆

45년 전통, 줄 서서 기다리는 이자카야

우리준 うりずん

구글좌표 26.217329, 127.696482

사카에마치 시장에서 가장 유명한 이자카야이자 오키나와에서도 손꼽히는 이자카야이다. 1972년에 문을 연 전통 있는 곳으로 오키나와의 서민요리부터 궁중요리까지 다양하게 다룬다. 대표 메뉴로는 오키나와식 코로케인 도우루텐이 있다. 도우루텐은 이 집에서 처음 시작된 것으로도 유명하다. 이라부차 사시미오키나와 생선회 등 안주가 무려 47가지에 이르며, 너무 다양해 고르기 어려울 정도이다. 오래된 일본식 목조 건물이라 실내 분위기가 고풍스러워 술 맛이 더욱 좋다. 인기가 좋아서 늘 줄을 서서 기다려야 한다는 것이 단점이다. 찾아가기 모노레일 아사토역安里駅 동쪽 출구로 나가 330번국도 경유하여 사카에마치 시장으로 진입. 도보 3분330m 주소 沖縄県那覇市安里 388-5 전화 098 885 2178 영업시간 17:00~00:00 휴일 없음 추천메뉴 도우루텐ド ゥル天 모듬회刺身盛り合わせ 예산 2,000엔~4,000엔 홈페이지 urizun.okinawa

★★★★☆

옆 손님과 친구가 되는 이자카야
쇼와차야 昭和茶屋

구글좌표 26.217402, 127.696855

사카에마치 시장 벤리야 교자와 같은 건물에 있다. 현지인이 인정하는 오래된 선술집이다. 직장인이 많이 찾는 곳으로 오래된 오키나와 이자카야 분위기가 물씬 풍긴다. 오키나와 출신 중년 부부가 운영하며, 안주 메뉴 또한 주로 오키나와 요리이다. 대표적 메뉴로는 소면과 야채를 볶아 만든 소면 찬푸르, 오키나와를 대표하는 채소 고야를 볶아 만든 고야 찬푸르 등이 있다. 맥주도 판매하지만 오키나와 전통술 아와모리의 인기가 더 좋다. 가게 한 쪽에서는 머리가 희끗한 노신사가 피아노를 라이브로 연주해주는데, 손님들은 연주에 맞춰 노래를 부르기도 하고 춤도 춘다. 술잔을 기울이다 보면 옆 손님과 자연스럽게 친구가 된다.

찾아가기 벤리야 교자와 같은 건물. 모노레일 아사토역安里駅 동쪽 출구로 나와 사카에마치 시장으로 진입. 도보 3분 주소 沖縄県那覇市安里388-1 전화 098 885 0550 영업시간 16:00~22:00 휴일 화·수요일(매월 둘·넷째 월요일) 추천메뉴 아와모리泡盛 고야 찬푸르チャンプルー 예산 2,000엔

 ★★★★☆

꼬치 전문 이자카야
니만하센고쿠 二万八千石

구글좌표 26.215975, 127.696422

꼬치 요리는 일본 이자카야에서 빠질 수 없는 메뉴로, 야키토리焼き鳥, 닭꼬치가 가장 인기가 좋다. 꼬치 요리 전문 이자카야 니만하센고쿠는 사카에마치도리栄町通り에 있다. 해기 지기 시작하는 이른 저녁에 오픈하는데 가게 근처만 가도 고소한 냄새에 군침이 돈다. 실내는 성인 다섯 명이 들어가면 꽉 찰 정도로 작지만 맛은 일품이다. 주문을 하면 바로 그 자리에서 코치를 구워 내온다. 야키토리 소금구이가 맛이 좋다. 우리네의 후라이드 치킨 같은 닭튀김도 있는데, 겉은 바삭하고 속은 부드러워 맥주와 환상 궁합을 자랑한다. 한국어 메뉴판은 없지만 주인장이 친절하게 설명해 준다.

찾아가기 모노레일 아사토역安里駅 동쪽 출구로 나와 사카에마치 기리栄町通리로 좌회전. 길 오른쪽에 위치. 도보 3분 주소 沖縄県那覇市安里(字) 388-10 전화 098 885 6478 영업시간 16:00~01:00 휴일 수요일 추천메뉴 모모モモ, 넙적다리, 사사미ササミ, 닭가슴살, 닭튀김鶏の唐揚げ 예산 2,000엔부터

류큐 왕국의 정취를 느끼자
슈리성 지구

슈리성 지역은 고궁과 한옥마을을 품은 서울의 북촌 같은 동네
이다. 남국의 정취가 스며든 궁궐과 회색빛 성벽, 왕의 별장과
오래된 골목길이 당신에게 오키나와의 옛 이야기를 들려준다.

★★★★☆

류큐의 고궁을 산책하는 즐거움
슈리성 首里城 슈리조우

맵코드 33 16 497*55

구글좌표 슈리성

슈리성은 우리의 경복궁이나 창덕궁 같은 곳이다. 1400년대 초까지 오키나와는 여러 부족이 나누어 통치
하고 있었다. 우리나라의 삼한시대와 비슷했다. 1429년 부족국가 중산국中山國의 왕 쇼하시尚巴志가 오키나와
를 통일한 뒤 슈리성과 류큐 왕국을 세웠다. 1879년 오키나와가 일본에 병합될 때까지 슈리성은 450년 동
안 류큐의 심장이었다.

세월을 쌓아 만든 것 같은 육중한 성벽이 눈길을 끈다. 성벽은 붉은 왕궁을 감싸고 있다. 왕궁은 몇 개의 문과
전각, 정원, 슈리성의 꽃인 정전으로 구성되어 있다. 왕궁의 동서 길이는 400m 남북은 200m이다. 중국과
일본의 양식이 엿보인다. 여기에 오키나와의 독자적인 스타일도 적절히 스며들어 있다. 여러 양식이 섞이고
융합된 왕궁은 익숙한 듯 새롭다. 그 모습이 퍽 독특하고 인상적이다.

아름다운 왕궁이지만 역사의 뒤안길에는 슬픔도 많이 서려 있다. 1879년 오키나와가 일본에 병합된 뒤에 슈
리성은 일본군의 지역 사령부로 사용되었다. 2차 세계대전 막바지인 1945년에는 미국의 공격으로 슈리성
이 완전히 파괴되는 불운을 겪었다. 얼마나 많은 포탄이 떨어졌던지 한동안 궁궐 터에 식물이 자라지 못했
다고 한다. 1945년부터 오키나와가 미국령1972년 일본에 반환되었다이 되면서 슈리성도 미군이 관리하게 되었다.

1950년 미국은 성 안에 류큐대학을 세웠다. 1984년 대학이 나하시 북동쪽에 있는 니시하라로 옮겨간 뒤 복원을 시작하여 1992년에야 옛 모습을 온전히 되찾았다. 슈리성에서 깊은 세월의 흔적이 느껴지지는 않는 것은 이런 사연 때문이다. 그래도 슈리성 터를 비롯하여 문화재 8점이 세계문화유산복원된 왕궁은 세계유산이 아니다.에 등재되었다. 왕궁과 성을 복원하면서 주변의 아름다운 자연도 되살렸는데, 성과 왕궁, 자연을 아울러 슈리성 공원首里城公園, 슈리조우 코우엔이라고 한다. 성과 왕궁보다 공원이 더 넓지만 편의상 슈리성을 슈리성 공원이라고 봐도 큰 무리는 없다.

찾아가기 ❶ 모노레일 슈리역首里駅에서 도보 15분. 슈리역 남쪽 출구로 나와 직진, 로손편의점에서 좌측 방향으로. 택시 3분 (요금 500엔 정도) ❷ 버스 나하 버스터미널, 국제거리 겐초키타구치 정류장에서 7번 버스 탑승하여 슈리조우마에 정류장 하차(30분소요, 20분~1시간 간격으로 운행) ❸ 렌터카 나하공항에서 10km, 40분 소요 주소 沖縄県那覇市首里金城町 1-2 전화 098 886 2020 이용시간 ❶ 무료구역 4월~6월 8:00~19:30 7월~9월 8:00~20:30 10월~11월 8:00~19:30 12월 ~3월 8:00~18:30 ❷ 유료구역 4월~6월 8:30~19:00 7월~9월 8:30~20:00 10월~11월 8:30~19:00 12월~3월 8:30 ~18:00(폐관 30분 전까지 입장) 휴일 매년 7월 첫째 주 수·목요일
입장료 ❶ 공원 무료 ❷ 세이덴 구역 일반 820엔 고등학생 620엔 초·중학생 310엔 6세 미만 무료(유레일 프리티켓소지자 는 일반 660엔, 고등학생 490엔, 초·중학생 250엔) 주차요금 중대형 940엔, 소형 310엔(슈리성 공원 안에 주차장 있음)
홈페이지 http://oki-park.jp/shurijo

❶ 당신을 가장 먼저 반겨주는
슈레이몬 守礼門

여행객을 가장 먼저 반겨주는 슈리성의 정문이다. 붉은색 문이 멀리서도 한눈에 들어온다. 문 앞에서 기념사진 찍거나 류큐 전통 의상을 입은 사람들을 쉽게 찾아볼 수 있다. 초석 위에 세운 기둥 4개와 기와 지붕에서 류큐의 독특한 건축 양식을 찾아볼 수 있다. 약간 중국 분위기도 느껴지는데, 중국의 패루성루가 있는 문를 본떠 건축했기 때문이다. 현판에 새겨진 '수례지방'守禮之邦은 류큐 왕국의 국가 이념인 예의지국예를 지키는 나라을 의미한다.

일본인들에게 슈레이몬은 2,000엔짜리 지폐 그림으로 유명하다. 2000년에 '26회 규슈-오키나와 G8 정상 회담'을 기념하고, 소비 증진과 오키나와에 대한 관심을 불러 일으키려고 발행되었다. 하지만 충분한 검토 없이 이벤트 성으로 발행되어 현지에서 거의 사용되지 않는다. 그래서일까? 가끔 방송 개그 프로그램에서 쓸모 없다는 의미를 담아 '이런 2천엔권 같으니!'라는 표현으로 시청자들에게 웃음을 준다. 슈레이몬은 16세기 쇼신왕 때 지어졌다가 1945년 오키나와 전쟁 때 소실된 것을 1958년 다시 복원하였다.

❷ 우리도 그들처럼 소원을 빌자
소노향우타키 석문 園比屋武御嶽石門 소노향우타키이시몬

슈레이몬을 지나 조금 안으로 걸어가면 길 왼쪽으로 육중한 돌을 쌓아 올려 만든 작은 석문이 보인다. 여행객들은 거대한 슈리성벽에 집중하다 대부분 이 문을 그냥 스쳐 지나가버린다. 커다란 석묘 같은 이 문은 2000년 12월 세계문화유산으로 지정되었다. 슈레이몬의 붉은색과 달리 세월의 더께가 느껴지는 무채색 석문이라 잘 눈에 띄지 않지만 이 문은 중요한 의미를 가지고 있다. 류큐 왕국의 왕들이 나라의 평안과 백성의 안정을 위해 기

도를 드린 곳이기 때문이다. 또 류큐 왕국 최고위 여신관의 취임식이 이곳에서 열렸다. 지금은 오키나와 사람들이 문 앞에서 행복을 위한 기도를 올린다. 우리도 그들처럼 소원을 빌어보자.

3 류큐왕국의 옛 분위기가 시작되는
칸칸이몬 歡会門

소노향우타키 석문을 지나면 본격적으로 류큐 왕조를
향한 과거로의 여행이 시작된다. 가장 먼저 반겨주는
것이 칸칸이몬歡会門이다. 세월의 흔적이 묻어있는 석회
암 벽문으로, 칸칸이몬은 환영한다는 뜻을 담고 있다.
중국 황제의 책봉사를 국왕이 즉위할 때 그것을 인정하는 칙서를
들고 오는 사신를 환영한다는 의미로 지어졌다. 슈리성으
로 들어가는 첫번째 외곽문이며, 류큐 말로 환영한다
는 뜻을 담아 '아마에우죠'あまえ御門라고도 불린다. 칸칸
이몬을 지나 안으로 들어가면 도심에서 들려오던 소음
이 사라지고, 성의 품 안으로 깊이 들어가는 듯한 느낌
이 든다. 그리고 본격적으로 류큐 왕조의 옛 분위기가
느껴지기 시작한다.

4 마음이 저절로 평온해진다
즈이센몬 瑞泉門

칸칸이몬의 환영을 받으며 류큐 왕궁으로 들어서면 이
윽고 즈이센몬瑞泉門이 등장한다. 즈이센몬을 지나기 위
해서는 계단을 올라야 하는데, 그 계단 오른쪽에 작은 용
머리에서 흘러나오는 샘물이 있다. 이 샘물이 '훌륭하고
경사스러운 샘'이란 뜻을 가진 왕이 마시던 샘물 '즈이센'
이다. 물이 나오는 용머리는 중국에서 가져온 것으로 '류
히'龍樋라고 불린다.
즈이센몬을 지나 계단을 다 오르면 아래로 성 풍경을 내
려다볼 수 있다. 석회암 성벽이 꿈틀거리는 용처럼 곡선
을 그리며 부드럽게 누워 있다. 보편적으로 성은 아군을
보호하기 위한 건축물이지만 슈리성에서는 전쟁의 목적
이 느껴지지 않는다. 그래서일까? 서구인들은 류큐 왕
국을 무기와 전쟁이 없는 전설의 왕국이라고 했다. 즈이
센몬 계단에서 바라본 성벽 풍경은 전쟁보다 평화가 먼
저 떠오르게 한다.

⑤ 정전을 보좌하라
호신문·남전·번소·북전 코후쿠몬·난덴·반쇼·호쿠덴

즈이센몬을 등지고 안쪽으로 걸어가면 매표소로 사용되는 코후쿠몬広福門, 호신문이 보이고, 이어 호신문이 눈에 들어온다. 호신문에는 입구가 세 개인데, 양쪽 두 개 문은 문관과 무관들이 사용하던 문이고, 중앙 문이 슈리성의 꽃 정전으로 이어지는 문이다. 국왕이나 중국 사신 같은 지위가 높은 사람만 이 문을 사용했다. 지금은 티켓만 있다면 누구나 중앙 문을 지나 정전으로 갈 수 있다.

호신문을 지나면 붉은 건물로 둘러싸인 안뜰, 우나가 시원하게 나타난다. 오른쪽에는 류큐 왕국의 미술품과 역사 자료를 볼 수 있는 남전南殿, 난덴과 보초소였던 번소番所가 있고, 왼쪽에는 기념품점으로 쓰이는 북전北殿, 호쿠덴이 있다. 남전은 일본 본토 풍 분위기가 물씬 풍긴다. 북전은 업무 공간이자 외교 사절 접대 공간으로 쓰이던 건물이다. 광장 중앙에는 신료들이 왕을 알현하거나 중국의 책봉 사절을 맞을 때 사용하던 통로인 우키미치중앙 통로가 있고, 우키미치 끝에 정전正殿, せいでん이 늠름하게 가부좌를 틀고 앉아 있다.

⑥ 1층엔 집무실, 2층엔 살림집
정전 正殿 세이덴

정전은 류큐의 왕들이 거처로 쓰던 건축물이다. 일본 느낌이 나는 남전과 달리 정전에서는 중국 분위기가 풍긴다. 기둥과 문 등은 옻칠로 빨갛게 물들어 있고, 기둥과 편액은 국왕의 상징인 용으로 장식했다. 기와는 류큐 특유의 붉은 기와인데, 류큐 왕국 초기에는 고려 기와가 사용되었다고 전해진다. 정전은 여러 문과 성벽으로 둘러싸여 있다. 이는 중국의 자금성紫禁城과 구조가 흡사하다.

'왕이 거주한다' 하여 '카라후'唐破風 からふぁーふ라고도 불리는 정전은 1층과 2층으로 나뉘어져 있다. 시차구라 불리는 1층은 국왕의 집무 공간이자 정치 공간이다. 가운데에 왕의 옥좌 우사스카御差床 うさすか가 있고, 제관들은 그 앞에서 왕을 보좌하였다. 옥좌 뒤에는 청나라 4대 황제 강희제康熙帝가 내린 중산세토中山世土라는 편액이 걸려 있다. 101개 기둥이 곳곳에 있어 미로 같은 분위기도 난다. 2층은 생활공간이다. 왕가의 사적 공간으로 1층보다 훨씬 화려하다. 2층에도 옥좌가 있다. 2층에는 아지우자시키라 불리는 전시 공간이 있는데, 히벤칸이라 불리는 왕관이 유명하다. 288개의 옥으로 장식한 왕관인데 우리의 왕관과 비슷한 모습이라 눈길을 끈다.

광장에 나와 푸른 하늘 아래 앉아 세이덴을 한참을 바라본다. 그들의 문화는 때론 중국적이고, 때론 일본 본토 분위기가 나고, 때론 조선의 느낌도 스며들어 있다. 주변 국가의 영향을 받으며 독자적으로 형성된 것이라지만, 분명 그 속내에는 많은 설움과 슬픔이 있었을 것이다. 누구보다 한반도 사람들은 그 마음 잘 알 것 같다.

⑦ 왕의 연못에서 산책을 즐기자
류탄 龍潭

어느 나라이건 궁궐에는 왕이 산책하거나 사신을 대접했던 정원이 있었다. 조선의 경복궁에는 경회루와 연못이, 중국에는 자금성의 어화원御花園이, 프랑스에는 궁전 자체가 거대한 정원이었던 베르사유 궁전이 있었다. 그리고 슈리성에는 아름다운 왕의 연못, 류탄이 있다.

1429년 1대 왕 쇼하시 때 만든 연못으로, 왕들이 산책을 즐겼던 인공 연못이다. 분위기가 아기자기한데 반해 주변 좌우로는 거대한 숲이 우거져 있다. 이는 중국의 조경 기술을 전수 받아 만들었다. 특이한 점은 연못이 성 밖에 있다는 것이다. 슈레이몬에서 슈리성을 향해 가다 왼쪽 길로 접어들면 나오는데, 왕족이나 귀족들은 물론 백성들도 잠시 쉬어갈 수 있도록 성 밖에 조성했다. 류큐 왕국이 폐쇄보다는 개방을 중시했음을 알 수 있다. 연못 주변으로는 높이 10m가 넘는 아카기 나무가 숲을 이루고 있었지만, 오키나와 전쟁 때 불타 없어졌다고 전해진다. 하지만 지금도 키 큰 나무들이 산책로 양 옆을 지키고 있어 옛 정취를 자아낸다. 류탄 산책로를 걷고 있으면 현지인들이 여유롭게 앉아 자연을 즐기는 모습을 쉽게 찾아볼 수 있다.

 ★★★★☆

일본의 아름다운 길 100선

긴조초 돌다다미 길 首里金城町石疊道 긴조초 이시다타미미치

`맵코드 33 161 423*83` `구글좌표 26.216124, 127.715298`

류큐의 귀족들은 슈리성 남쪽 긴조초에 모여 살았다. 긴조초는 조선시대 권문세가들이 모여 살던 북촌 같은 곳이다. 왕과 가까이 있을수록 권력이 강력하다는 것을 의미하므로, 귀족들에게 왕궁에서 가까운 곳에 사는 것은 매우 중요했다.

마다마미치真珠道는 긴조초 지역과 슈리성을 이어주는 길로 슈리성 정전에서 나하 부두까지 약 9km의 길을 말한다. 긴조초의 귀족들은 이 길을 통해 슈리성을 오갔다. 이 길은 슈리성의 군대가 유사시에 사용하기 위해 만들어진 길이기도 했다. 오키나와 전쟁 때 파괴되어 이제는 300m 정도의 긴조초 이시다타미미치首里金城町石疊道 만이 남아 있다. 류큐 왕국의 옛 정취를 고스란히 간직하고 있어, 일본의 아름다운 길 100선중 하나로 꼽힌다.

찾아가기 ❶ 슈리성 슈레이몬에서 도보 5분(슈레이몬 나오기 전 좌측 방향으로 100m 정도 가면 입구가 나온다.)
❷ 나하 버스터미널이나 국제거리 겐초키타구치 정류장에서 7번 버스 승차하여 이시다타미이리구치 정류장 하차(30분 소요)
주소 沖縄県那覇市首里金城町 1丁目 전화 085 542 1234

긴조초의 고즈넉한 풍경 즐기기

슈리성을 나와 슈레이몬에서 남쪽으로 3분쯤 걸어가면 나무
가 우거지고 돌바닥이 고풍스러운 좁은 골목길이 나타나며
돌다미길이 시작된다. 바닥에는 류큐의 석회암이 촘촘하
게 박혀 있고, 골목 양 옆으로는 이끼 끼고 덩굴 옷을 입은 오
래된 돌담이 우직하게 서 있다. 길을 따라 내려가면 오키나
와 전통 기와집과 콘크리트 현대 가옥이 오순도순 모여 있는
평화로운 풍경이 눈에 들어온다. 반들반들하게 마모된 돌바
닥을 밟으며 걷노라면 나지막한 담 너머로 아기자기하게 꾸
며진 마당에 빨래가 널린 풍경이 담백하고 따뜻하게 다가온
다. 이 길 주변에는 여행객에게 유명한 곳들이 많다. 한국 드
라마 <상어> 촬영지, 잠시 쉬어가기 좋은 무료 휴게소, 류큐
전통 차 체험을 할 수는 있는 찻집, 가나구시쿠 우후히자라
불리는 공동 우물도 있다. 우리네 북촌 같은 분위기지만 현지
사람들이 살아가는 조용한 마을 분위기가 고스란히 살아 있어 더 아름답게 느껴진다.

애니메이션에 나올법한 200살 넘은 아카기 나무

돌길 초입에서 조금 걸어가면 왼쪽으로
나무로 만들어진 작은 이정표가 나온다.
이정표를 따라가면 웅장한 나무가 한 그
루 나타나는데, 이 나무가 애니메이션에
서 본적이 있는 듯한 모습의 슈리 긴조
초의 아카기 나무이다. 1972년에 천연기
념물로 지정되었다. 추정 수령은 200년
이 넘고 높이는 20m가 넘는다. 슈리성
주위에 이런 나무가 많았다고 전해진다.
전쟁 때 모두 소실되고 지금은 이 나무
만 살아남아 긴조초의 상징이 되었다. 마을 주민들은 아침, 저녁으로 기도를 하기 위해 이 나무를 찾는다.

▌ Travel Tip

이 길을 끝까지 내려가면 슈리역까지 다시 걸어가기가 너무 멀다. 가까운 거리가 아니기 때문에 택시를 이
용하는 것도 방법이다. 5분소요, 700엔 택시비가 부담스럽다면 골목을 다시 거슬러 올라가 아카마루소 거리赤マ
ルソウ通り, Aka-marusou Dori에 있는 이시다타미이리구치 정류장에서 국제거리까지 갈 수 있는 7번 버스를 이용
하는 것을 추천한다. 배차간격은 30분~1시간이다.

📷 ★★★☆☆

풍장風葬, 바람이 넋을 위로해주네

옥릉 玉陵 타마우든

맵코드 33 160 659*77
구글좌표 26.218320, 127.714718

슈리성과 이웃해 있는 석조 왕릉이다. 류큐 왕국 최고의 명군 쇼신왕재위 1477~1526이 1501년 아버지이자 류큐의 초대 왕 쇼우엔재위 1469~1476, 오키나와를 통일한 것은 쇼하시이나 실질적인 중앙집권국가를 만든 것은 쇼우엔이다. 그를 초대 왕으로 삼는 이유이다.의 유해를 안치하기 위해 만들었다. 지금은 왕족들의 유해도 안치되어 있다.

붉은 빛이 화려한 슈리성과 달리 타마우든은 무채색 석회암으로 조성되어 있다. 그래서 더 경건함이 느껴지고 엄숙해진다. 찾아가는 길도 유명 관광지를 무색하게 조용하다. 입구에는 호위무사처럼 거대한 나무들이 우직하게 서 있다. 돌담과 돌문을 지나면 동서로 이어진 거대한 돌무덤이 나타난다. 이 돌무덤은 풍장風葬을 위해 절벽에 구멍을 뚫고 3개의 객실을 만들어 꾸민 것이다. 오키나와에서는 사람이 죽으면 동굴 같은 곳에서 자연 상태로 부패시킨 후 유골만 수습하여 유골함에 안장하는 풍장의 전통이 있었다. 왕의 능도 오키나와 장례 전통을 따라 지은 것이다. 옥릉의 동쪽 객실에는 왕과 왕비의 유골이, 서쪽 객실에는 왕족의 유골을 안치되어 있다.

오키나와 전쟁1945.3~1945.6 당시 일본군이 이 무덤에서 진지전을 펼쳤는데, 안타깝게도 미국의 폭격을 받아 많이 파괴되었다. 1974년부터 3년에 걸쳐 복원되었으며, 2000년 12월 세계문화유산으로 등록되었다.

찾아가기 슈리성 슈레이몬에서 서쪽으로 도보 5분 주소 沖縄県那覇市首里金城町 1-3 전화 098 885 2861
관람시간 09:00~18:00(입장마감 17:30) 휴일 없음 입장료 성인 200엔(단체 100엔) 어린이 150엔(단체 50엔)
홈페이지 http://www.city.naha.okinawa.jp/kakuka/kyouikubunkazai/bunkazai/

 ★★★★☆

초대 받은 사신처럼 왕의 별장을 산책하자
시키나엔 識名園

맵코드 33 130 089*45 7
구글좌표 26.204128, 127.715250

시키나엔은 왕의 별장으로 슈리성 남쪽에 있다. 중국 황제의 사신을 접대하는 공간으로도 쓰였다. 입구에는 키 큰 나무들이 서 있다. 거대한 나무들이 울울창창해 마치 정글을 지나 마법의 집을 찾아가는 듯한 기분이 든다. 또 곳곳에는 류큐 석회암으로 만든 돌담도 있어 독특한 분위기가 느껴진다. 그러다 갑자기 시야가 확 트이며 연못이 나타난다.

류큐 왕국의 건축물이나 정원은 대개 중국적인 분위기를 자아내지만, 시키나엔은 일본식 정원에 중국 양식이 적절하게 조화를 이루고 있다. 시키나엔의 정원은 오키나와에 있는 유일한 회유식 정원이다. 회유식 정원은 교토와 와카야마 지방에서 주로 볼 수 있는 것으로, 큰 연못을 중심에 두고 주위에 작은 섬, 정자, 다리 등을 배치한 정원을 일컫는다. 시키나엔의 연못 안에는 작은 중국식 정자 육모정六角堂이 있고, 중국식 아치 다리가 놓여 있다. 한쪽에 붉은 기와의 류큐 전통 가옥이 있는데 이곳이 왕족의 별장이자 중국 사신을 접대했던 영빈관 시키나엔이다. 신발을 벗고 들어가 건물 안을 관람할 수 있다. 연못 주위로는 벚꽃, 버드나무, 매화 등이 계절에 따라 꽃 피우고 열매 맺으며 각기 다른 아름다움을 뽐낸다.

찾아가기 슈리성에서 택시로 10분7~800엔, 나하 버스터미널에서 14번 버스 승차 후 시키나엔 정류장 하차. 도보 13분
주소 沖縄県那覇市真地 421−7 전화 098-855-5936 운영시간 4~9월 09:00~18:00 10~3월 09:00~17:30
휴일 수요일 입장료 400엔(중학생 이하 200엔)

🍴 ☕ 슈리성 지구의 맛집과 카페

🍴 ★★★★☆

탱탱한 소바, 담백한 육수

호리카와 ほりかわ

구글좌표 26.219533, 127.716318

슈리성 주변에서 가장 맛있고 유명한 오키나와 소바 맛집이다. 옥릉玉陵, 타마우든과 왕의 연못인 류탄龍潭 사이, 슈리마와시초首里真和志町 주택가 골목에 있다. 주택을 개조해 만들어 가게에 들어가면 일본 가정집 같은 기분이 든다. 입구 티켓 자판기에 동전을 넣고 메뉴를 선택하면 된다. 이 집의 소바가 유독 유명하고 맛있는 이유는 면발 때문이다. 오키나와 소바는 밀가루로 만들어 툭툭 끊어지는 반면 이곳의 면발은 탱탱하다. 반죽한 밀가루를 숙성시키기 때문이다. 국물도 끝내준다. 돼지고기와 가다랑어를 오랜 시간 고아 만든 육수가 담백하면서 끝 맛이 깔끔하다. 국물을 면과 더불어 먹으면 맛이 두 배가 된다. 슈리성을 관람하고 찾아가기 좋다. 주차는 슈리성 주차장을 이용하면 된다. **찾아가기** ❶ 슈리성 정문슈레이몬, 守礼門에서 서북쪽으로 도보 4분 ❷ 모노레일 슈리역首里駅 남쪽 출구에서 서쪽으로 도보 15분 **주소** 沖縄県那覇市首里真和志町1丁目 27 **전화** 098 886 3032 **영업시간** 11:00~18:00 **휴무** 목요일 **추천메뉴** 오키나와 소바沖縄そば, 호리카와 소바ほりかわそば **예산** 1,000엔(1인)

🍴 ★★★★☆

소바와 오키나와식 한상 차림

류큐사보 아시비우나 琉球茶房 あしびうなぁ

구글좌표 ashibiuna

류큐의 분위기를 느끼며 식사를 할 수 있는 맛집이다. 모노레일 슈리역에서 슈리성으로 가는 길목에 있다. 류큐 왕조의 관료 집터에 있던 60년 된 고가를 개조해 만들었다. 벽이 없고 미닫이문으로 공간을 분리해 놓아 일본 분위기가 물씬 풍긴다. 이곳에서 가장 인기가 좋은 곳은 작은 일본식 정원이다. 모래 같은 알갱이 돌이 깔린 작은 마당 주위에 분재와 나무를 심어 놓았다. 아늑하고 아기자기한 마당을 보면서 여유롭게 식사를 할 수 있어 좋다. 오키나와 전통요리를 판매하는데, 생선회·국·돼지고기·장조림·밥 등이 나오는 세트 메뉴의 인기가 좋다. 9품, 12품으로 나오는 세트는 오키나와식 한상 차림이다. 오키나와 소바, 오키나와식 족발인 데비치 등 다양한 단품도 있다. **찾아가기** ❶ 슈리성 슈레이몬守礼門에서 동남쪽으로 도보 5분 ❷ 모노레일 슈리역首里駅 남쪽 출구에서 서쪽으로 도보 10분 **주소** 沖縄県那覇市首里当蔵町2丁目 13 **전화** 098 884 0035 **운영시간** 11:00~15:00, 17:00~23:00 **휴일** 부정기적 **추천메뉴** 오징어 먹물 야키 소바力墨焼きそば, 이카스미야키소바, 9품 정식 **예산** 1,000엔~2000엔1인 **홈페이지** http://ashibiuna.ryoji.okinawa/

café ★★★☆

긴조초 돌다다미 길 옆 카페
이시다타미차야 石畳茶屋

구글좌표 26.217166, 127.715820

슈리성에서 긴조초 돌다다미 길로 가는 길목에 있는 카페이다. 슈리성 남쪽 주차장에서 나무가 우거진 작은 골목을 걸어가다 보면 길이 휘어지는 언덕에 자리하고 있다. 언덕이라 카페 안에서 바라보는 풍경이 아름다우며, 긴조초 돌다다미 길이 한눈에 들어온다. 망고빙수, 흑설탕 사이다, 커피 등 다양한 음료를 판매한다. 언덕길을 걷다보면 쉬어갈 만한 카페가 그리울 즈음 기다렸다는 듯이 반갑게 맞아준다. 긴조초 돌다다미 길로 내려갔다 다시 올라와 아름다운 풍경을 감상하기 좋다. 음료 한잔 마시면 피곤이 확 풀리고, 여유가 생겨 만족감이 남다르다.

찾아가기 ❶ 슈리성 슈레이몬守礼門에서 남서쪽 도보 3분 ❷ 모노레일 슈리역 남쪽 출구에서 서쪽으로 도보 17분 주소 沖縄県那覇市首里金城町1丁目 25 전화 098 884 6591 영업시간 10:00~17:00 휴일 부정기 예산 600엔1인 추천메뉴 망고빙수マンゴーアイス

café ★★★★☆

기모노차림으로 맞아주는 부쿠부쿠 찻집
코토슈리노 가라산보 古都首里の嘉例山房

구글좌표 26.220485, 127.716353

류큐 전통차인 부쿠부쿠 찻집이다. 류탄 서남쪽 길 건너 주택가에 있다. 슈리성과 류탄 인근에 있어 여행객이 많이 찾지만, 지역 주민들의 모임 장소로도 유명하다. 아지트 같은 찻집이어서 정감이 간다. 주인이 기모노를 입고 있어서 류큐 분위기를 자아낸다. 오키나와 관련 서적과 소품이 가게 안을 가득 채우고 있다. 실내는 복층이며 테라스도 있다. 메뉴판에 부쿠부쿠 차 만드는 법을 한국어로 설명하여 놓았다. 열심히 거품을 만들어 내 마시는 맛이 일품이다. 거품도 상당히 고소하다. 슈리성과 류탄을 관람하고 부쿠부쿠 한잔 마시면 여행의 즐거움이 더해질 것이다.

찾아가기 ❶ 슈레이몬에서 북쪽으로 도보 4분 ❷ 모노레일 슈리역首里駅 남쪽 출구에서 서북쪽으로 도보 12분 주소 沖縄県那覇市首里池端町9 전화 098 885 5017 영업시간 10:00~18:00 휴일 화·수요일 예산 600엔1인 추천메뉴 부쿠부쿠차ぶくぶく茶

특별 부록 같은
여행지

오키나와 남부

환상적인 드라이브 코스 니라이 카나이 다리, 아울렛 몰 아시비나, 태평양 전쟁 마지막 전투가 벌어진 평화기념공원, 오키나와 최대 테마파크 오키나와 월드, 석회동굴 교쿠센도, 기묘한 바위가 절경을 연출하는 미이바루 비치, 연인들의 해변 아자마산산 비치, 오키나와의 성지 세이화 우타기. 오키나와 남부는 특별 부록 같은 여행지이다.

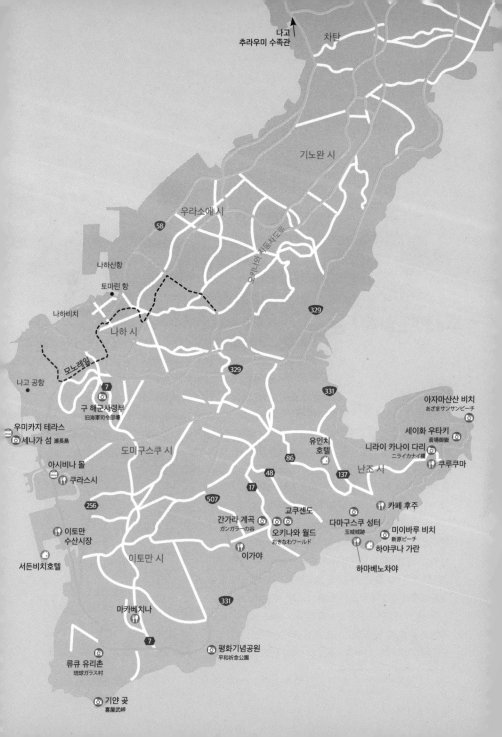

나고
추라우미 수족관

나고
차탄

기노완 시

우라소에 시

58

나하신항

토마린 항

나하비치

나하 시

모노레일

나고 공항

329

329

331

7

구 해군사령부
旧海軍司令部壕

우미카지 테라스
세나가 섬 瀬長島

도미구스쿠 시

아시비나 몰
쿠라스시

86

유인치
호텔

아자마산산 비치
あざまサンサンビーチ

세이화 우타키
斎場御嶽

니라이 카나이 다리
ニライカナイ橋

쿠루쿠마

난조 시

256

48

137

17

507

카페 후주

이토만
수산시장

서든비치호텔

이토만 시

간가라 계곡
ガンガラーの谷

교쿠센도

오키나와 월드
おきなわワールド

이가야

다마구스쿠 성터
玉城城跡

미이바루 비치
新原ビーチ

하야쿠나 가란

하마베노차야

마카베치나

331

7

류큐 유리촌
琉球ガラス村

평화기념공원
平和祈念公園

기얀 곶
喜屋武岬

머리 위로 날아가는 비행기를 볼 수 있는 세나가 섬, 나만의 유리 공예품을 만들 수 있는 류큐 유리촌, 오키나와 전쟁의 최후 전투지에 세운 평화기념공원…남부 서남해안은 여행 잡지의 특별 부록 같은 곳이다.

우미카지 테라스 © 위키미(

📷 ★★★★☆

손에 잡힐 듯 비행기가 날아가는
세나가 섬 瀬長島 세나가지마

세나가는 나하공항 남쪽 도미구스쿠 시豊見城市에 있는 작은 섬으로, 본섬과는 다리로 연결되어 있다. 이 섬을 보고 있으면 중남미 카리브해의 '세인트마틴'이라는 작은 섬이 떠오른다. 세인트마틴의 마호 비치는 프린세스 줄리아나 국제공항 활주로와 맞닿아 있는 해변이다. 비행기가 출도착하는 진풍경을 코앞에서 구경할 수 있어, 많은 여행객이 찾는다. 세나가 섬도 비행기를 가까이서 볼 수 있는 곳이라 인기가 좋다. 비행기 마니아들이 대포처럼 커다란 망원 렌즈를 단 카메라를 들고 비행기를 찍는 모습을 심심치 않게 볼 수 있다. 류큐 온천 세나가지마 호텔琉球温泉 瀬長島ホテル 아래쪽 바닷가에는 요즘 뜨는 **우미카지 테라스**umikajiterrace.com라는 쇼핑센터도 있다. 레스토랑, 숍이 즐비한 아케이드다. 새하얀 건물과 바다 전망이 아름다워 오키나와의 산토리니로 불린다.

맵코드 33 002 505*80

구글좌표 senaga island

찾아가기 ❶ 모노레일 아카미네赤嶺역에서 택시로 10분(1천엔~1200엔) ❷ 렌터카 나하공항에서 4.8km(렌터카로 11분)

 ★★★★☆

2차대전 방공호, 전쟁은 이제 그만!
구 해군사령부 旧海軍司令部壕 규카이군시레이부고

맵코드 330 367 31*57

구글좌표 26.186234, 127.676451

오키나와 전쟁 당시 일본군 사령부가 있던 땅 속 방공호로 도미구스쿠 시豊見城市에 있다. 얼핏 보면 작은 언덕처럼 보이는데 땅 속은 잘 짜인 미로로 구성되어 있다. 다행인지 불행인지 땅 속에 있는 탓에 일본군 사령부는 고스란히 잘 남아 있다. 방공호 길이는 450m이며, 이중 275m만 공개하고 있다. 전쟁 당시 4천 명이 넘는 사람들이 이곳에 있었다고 전해진다. 그 모든 사람들이 사령관 오오타미노루와 함께 1945년 6월 13일 이곳에서 자결하였다. 학살과 다름없는 자결을 선택한 사람 중에는 오키나와 주민들도 많이 포함되어 있었다고 한다. 이곳에 방공호가 만들어진 이유는 공항現 나하공항과 가깝고, 언덕이 높아 통신이 용이한데다가 한 눈에 적과 아군의 동태를 파악할 수 있었기 때문이다. 당시의 사령관실, 의료실, 암호실, 통신실 등이 그대로 남아 있다.

찾아가기 ❶ 렌터카 나하공항에서 15분 ❷ 모노레일 오노야마코엔역奧武山公園駅에서 택시로 10분(1천엔 안팎)
주소 沖縄県豊見城市字豊見城 236 전화 098 850 4055 입장료 성인 440엔 어린이 220엔
운영시간 7월~9월 8:30~17:30 10월~6월 8:30~17:00 휴무 없음

 ★★★★☆

나만의 유리 공예품을 만들자

류큐 유리촌 琉球ガラス村 류큐 가라스무라

맵코드 232 336 224*71

구글좌표 26.097630, 127.677177

오키나와에서는 전통 유리 공예 숍이나 공방을 쉽게 만날 수 있다. 생활 용품부터 예술 작품까지 종류도 다양하다. 유리 공예가 발달하기 시작한 것은 오키나와 전쟁이 끝난 후부터이다. 미군이 버린 코카콜라 병과 맥주병을 재활용하여 생활 용품을 만들면서 발전하기 시작하여, 이제는 진화한 원료와 기법으로 오키나와만의 색을 구축하게 되었다. 1988년에는 오키나와 현의 전통 공예품으로 인정받기도 했다.

1985년에 만들어진 류큐 유리촌은 이토만 시에 있는 유리 체험 공방 중 가장 큰 곳이다. 다채로운 유리 제품을 취급하는 숍, 장인들의 대표작을 전시한 갤러리, 레스토랑 등이 모여 있는 유리 테마파크다. 이곳에서 가장 유명한 곳은 직접 만들어 볼 수 있는 체험 공방으로, 일본인들에게 인기가 좋다. 장인들의 직접적인 도움을 받으며 체험할 수 있고, 액세서리·캔들·포토 프레임 등 다양한 공예품을 만들 수 있다. 직접 가서 예약할 수도 있지만, 성수기에는 홈페이지에서 예약하고 가는 것이 좋다. 입장료는 무료이며, 구경만 해도 상관없다.

찾아가기 ❶ 렌터카 나하공항에서 30분 ❷ 버스 나하 버스터미널에서 89번糸満線, 이토만선 버스 탑승-이토만 버스터미널 하차-82번玉泉洞糸満線, 옥천동 이토선 버스로 환승-나미히라이리구치波平口 정류장에서 하차-도보 5분 주소 沖縄県糸満市福地 169 전화 098 997 4784 영업시간 09:00~18:00 입장료 없음 체험공방 컵 1620엔~2160엔 접시 2700엔 액세서리 1620엔 홈페이지 kankou-nanjo.okinawa

📷 ★★★☆☆

오키나와 최남단, 투명하고 푸른 바다

기얀 곶 喜屋武岬 기얀 미사키

맵코드 232 274 157*40
구글좌표 26.078150, 127.668902

오키나와 남부는 깎아 내리는 듯한 절벽이 많아 높은 곳에서 동중국해와 태평양을 끝없이 바라볼 수 있어서 좋다. 한 눈에 다 담기 힘든 수평선은 남부의 자랑거리이다. 특히 최남단 기얀 곶에서 바라보는 바다의 수평선은 어느 곳보다도 아름답지만, 오키나와에서 가장 슬픈 절벽이기도 하다. 오키나와 전쟁 당시 일본이 오키나와 주민들에게 미군에게 잡히면 처참하게 죽임을 당할 거라고 겁을 주자, 겁에 질린 주민들은 최남단 기얀 곶까지 도망쳐와 아름다운 고향과 가족을 뒤로한 채 집단 투신했다. 지금 기얀 곶에는 고통스러운 기억은 없고 투명하고 푸른 바다가 광활하게 펼쳐져 있다. 그들의 죽음을 기억하는 건 평화를 염원하는 작은 탑뿐이다.

찾아가기 나하공항에서 렌터카로 30분 전화 098 840 8135(糸満市 商工観光課)

 ★★★★☆

이곳에서는 평화를 기원하자!
평화기념공원 平和祈念公園 헤이와키넨 코우엔

맵코드 232 311 776*70
구글좌표 평화기념공원

오키나와 남부 이토만 시의 마부니 언덕은 오키나와 전쟁의 마지막 전투가 벌어진 곳이다. 일본 수비군 총사령부 32군은 이곳에서 마지막까지 저항하다 종말을 맞이했다. 아이러니하게도 전쟁터였던 이 언덕에 영원한 평화를 염원하고 전사자를 추모하기 위해 평화기념공원이 들어섰다. 일본에 있는 국립공원 중 유일하게 전적지였던 곳으로, 1972년 개원했다. 60만평의 대지에 사진과 유품 등을 전시한 평화기념자료관, 오키나와 전쟁에서 스러진 사람의 이름을 새겨 놓은 평화의 초석, 진혼과 평화를 기원하는 평화기념당, 조선인을 기리는 한국인 위령탑 등이 있다.

오키나와 전쟁의 참혹함을 보여주는 평화기념자료관平和祈念資料館, 헤이와 키넨시료칸은 모두 6개의 전시관으로 구성되어 있다. 류큐에서 시작하여 오키나와 전쟁까지 역사 흐름에 맞춰 다양한 자료를 전시해 놓고 있다. 부디 이 전시관들이 진정한 평화를 실천해 나가는데 밑거름이 되기를 바랄 뿐이다. 평화의 초석平和の礎, 헤이와노이시지은 오키나와 전쟁 희생자들의 이름이 적혀있는 기념비이다. 한국인, 미국인, 영국인, 대만인 등 외국인 희생자들의 이름도 새겨져 있다.

평화기념당平和祈念堂은 1978년 10월 1일에 세운 거대한 칠각형의 하얀 탑이다. 내부로 들어가면 오키나와 출신 예술가 야마다 마야마가 8년 동안 공을 들여 만든 높이 12m, 폭 8m에 달하는 목조 불상을 볼 수 있다. 불상에서 작가의 평화 염원에 대한 진정성이 강하게 느껴진다. 이외에도 다수의 미술품도 관람할 수 있다.

한국인 위령탑은韓国人慰霊塔 강제로 전쟁에 동원되었다가 사망한 조선인 1만여 명을 기리는 탑이다. 이중에는 어린 학생들뿐 아니라 위안부 여성들도 있었다. 이 탑은 1976년 8월 15일에 설치되었다. 둥근 돌무덤 앞 정면에는 검은 화살표가 있는데, 이 화살표가 가리키는 방향이 한반도이다. 평화기념자료관 입구 반대쪽 구석진 곳에 있어 지나치기 쉽다. 잊지 말고 찾아보자.

▌Travel Tip 공원을 모두 돌아보기에는 너무 크므로 원내 버스를 이용할 것을 추천한다. 원내 버스 승차장은 공원 입구가장 큰 입구 안내 센터 근처에 있다. 요금은 100엔이다.

찾아가기 ❶ 렌터카 나하공항에서 국도 331호선 경유하여 30분 ❷ 버스 나하 버스터미널에서 89번 버스糸滿線 이토만선 탑승-이 토만 버스터미널에서 하차-82번 버스玉泉洞 糸滿線 옥천동 이토선로 환승-헤이와키넨토 이리구치平和祈念公園 入口 평화기념공원 입구 정 류장에서 하차 주소 沖繩縣系滿市摩文仁 614-1 전화 098 997 3844 입장료 공원 무료 평화기념자료관 300엔(어린이 150 엔, 6월23일 무료) 평화기념당 성인 450엔 중고생 350엔, 나머지는 무료 평화기념자료관 운영시간 09:00~17:00(16:30까 지 입장 가능, 한국어 리플렛, 한국어 음성 가이드 무료 대여 가능) 휴무 12월 29일~1월 3일 평화기념공원 홈페이지 kouen. heiwa-irei-okinawa.jp 평화기념자료관 홈페이지 www.peace-museum.pref.okinawa.jp

오키나와 전쟁 평화로운 섬에 비극이 시작되었다

1943년 일본은 태평양 전쟁에서 패색이 짙어지자 본토를 지키기 위해 규슈와 오키나와, 대만 남부를 잇는 방어선을 구축하기 시작 했다. 오키나와는 일본 본토를 지키기 위한 마지막 보루였다. 일본 은 짧은 시간에 오키나와 섬 전체를 요새화하기 위해 오키나와, 조 선, 중국 등지에서 많은 사람을 강제 동원했다.

1945년 4월 1일 미군이 오키나와에 상륙했다. 평화로운 섬에 비극이 시작된 순간이었다. 이날을 기점으로 83일 동안 54만 8천 명의 일본 군과 11만 명의 미군이 전투를 벌였다. 일본군 가운데 2만 5천명은 오키나와 주민들이나 학도병이었다고 밝히고 있으나, 실제로는 40 만 명이 넘는 오키나와 주민과 조선인, 대만인 등이 동원되었다고 전 해진다. 오키나와 전쟁은 짧은 기간이지만 태평양 전쟁에서 가장 많은 사람이 죽은 전투 중 하나이다. '철 의 폭풍' 이라 불리는 폭격이 3개월 동안 쏟아졌는데, 이 전쟁으로 주민 15만명, 일본군 8만명, 미군 1만4 천명이 사망했다. 이 참혹한 전쟁은 6월 23일 일본군 사령관 우시지마 미쓰라가 자결하면서 막을 내렸다.

★★★★☆

저렴하고 맛있는 초밥 체인점
쿠라스시 오키나와 토요사키점 Kura Sushi くら寿司 沖縄豊崎店

구글좌표 26.159462, 127.660056

아울렛 몰 아시비나과 이웃해 있다. 가격은 한 접시에 100엔부터 시작한다. 라멘 같은 단품 메뉴도 주문할 수 있다. 스시 종류는 참치 뱃살, 광어, 문어 등 다양하다. 좌석 테이블에 주문용 모니터가 있어, 간단한 터치로 원하는 초밥을 선택할 수 있다. 한국어도 있어 주문하기 어렵지 않다. 주문하면 자동으로 테이블까지 초밥이 전해져 편리하다.

찾아가기 ❶ 아울렛 몰 아시비나마에アウトレットモール あしびなー前 정류장에서 249번현도県道 따라 동북쪽으로 250m도보 3분 ❷ 나하공항에서 331번국도 경유하여 남쪽으로 렌터카로 16분7km 주소 沖縄県豊見城市豊崎 豊崎 1-411 전화 098 996 3469 영업시간 11:00~23:00 휴일 없음 홈페이지 http://www.kura-corpo.co.jp/store/detail/422

 ★★★★☆

스시부터 해산물 반찬까지
이토만 수산시장 糸満漁業協同組合 お魚センター 이토만 교교쿄도 쿠미아이 오사카나센타

맵코드 098 992 2803   구글좌표 이토만수산시장

이토만 항 근처에 있다. 생선은 물론 해산물 요리를 만들어 판매한다. 커다란 참치를 부위별로 잘라 판매하는 모습이 인상적인데, 가격도 저렴한 편이다. 연어, 갑오징어, 광어 횟감도 포장해 판매한다. 가격은 500엔~1000엔이다. 생선 구이, 해산물 튀김 및 반찬도 판매한다. 먹고 싶은 것을 구매해 점포 안에 있는 테이블에서 먹으면 된다. 횟감은 판매가 일찍 마감되므로 점심시간까지는 찾아가는 것이 좋다. 주변에 대형마트와 작은 화훼시장이 있어 구경하기도 좋다.

찾아가기 ❶ 나하공항에서 331번국도 경유하여 렌터카로 남쪽으로 20분 9.2km ❷ 류큐유리촌에서 북쪽으로 10분5.3km 주소 沖縄県糸満市西崎町4丁目 19 전화 098 992 2803 영업시간 10:00~19:00 휴일 없음

🍴 ★★★★☆

국가문화재 건물에서 소바 즐기기
야기야 屋宜家

맵코드 232 433 739*10

구글좌표 야기야

건물이 국가유형문화재에 등록된 곳이라 유명하다. 대표 메뉴는 아사 소바이다. 아사ｱｰﾅ는 오키나와에서 자라는 해초로 오키나와의 파래이다. 초록빛 아사가 들어 있는 국물에 돼지고기 고명을 얹어 내온다. 돼지고기 육수와 해초의 콜라보는 제주도의 몸국과 비슷하여 낯설지 않다. 삼겹살 소바, 오키나와 팥빙수인 흑당 젠자이 같은 메뉴도 있다. 찾아가기 평화기념공원에서 331번국도 경유하여 렌터카로 10분4.6km 주소 沖縄県島尻郡八重瀬町大頓 1172番地 전화 098 998 2774 영업시간 11:00~16:00 휴일 화요일 추천메뉴 아사소바ｱｰﾅそば 흑당 젠자이黒糖ぜんざい 예산 1000엔부터1인

🍴 ★★★★☆

맛있는 볶음 소바
마카베치나 真壁ちなー

맵코드 098 997 3207

구글좌표 makabechina

이토만 시 마카베真壁에 있는 맛집이다. 1891년 메이지 유신 때 지어진 전통 민가를 리모델링하여 사용하고 있다. 가장 인기가 좋은 메뉴는 '사라 소바'다. 신선한 오키나와 산 야채와 해산물을 갈분칡뿌리에서 채집한 전분에 볶은 면 요리이다. 강한 불로 재료를 볶아 불 맛이 느껴져 더욱 맛있다. 커피, 홍차도 판매한다. 찾아가기 ① 류큐 유리촌에서 331번국도 경유하여 렌터카로 9분2.3km ② 평화기념공원에서 렌터카로 서북쪽으로 11분4.2km ③ 기얀 곶에서 3번현도県道 경유하여 렌터카로 북쪽으로 16분6.3km 주소 沖縄県糸満市真壁 223 전화 098 997 3207 운영시간 11:00~16:00 휴일 일·월요일 추천메뉴 사라소바皿そば 예산 1,000엔부터1인 홈페이지 http://makabechina.ti-da.net/

🛍 ★★★★☆

명품부터 중저가 브랜드까지
오키나와 아울렛 몰 아시비나 沖縄アウトレットモール あしびなー

맵코드 232 544 571* 77   구글좌표 아시비나 아울렛

구찌, 페레가모 같은 명품 숍과 갭, 아디다스, 반스 등 대중적인 브랜드 숍 100개 매장이 모여 있다. 할인율은 30~80%이다. 외국인은 면세 혜택을 받을 수도 있으니 쇼핑 할 때 확인하자. 아울렛 몰 앞에는 나하 시민들이 즐겨 찾는 대형마트와 맛집도 많아 여러모로 편리하다. 여행을 마치고 나하공항으로 가기 전 들러 한 번에 쇼핑하기 좋다. 대중교통으로 공항에 갈 경우 아울렛 몰 아시비나 마에アウトレットモール あしびなー前 정류장에서 95번 버스를 타면 된다. 찾아가기 ① 렌터카 나하공항에서 331번국도 경유하여 남쪽으로 렌터카로 16분7km ② 버스 나하 버스터미널에서 56번 탑승 후 아울렛 몰 아시비나 마에アウトレットモール あしびなー前 정류장에서 하차 주소 沖縄県豊見城市豊崎 1-188 전화 098 891 6000 운영시간 10:00~20:00 휴일 없음 홈페이지 http://www.ashibinaa.com/

남부의 진짜 매력을 품다
남부 동해안(난조 지역)

남부의 매력을 보려면 난조 시로 가야한다. 곧 사랑에 빠질 것 같은 매혹적인 비치, 신비로운 동굴 카페와 오키나와 최고의 드라이브 코스, 그리고 오키나와 영혼을 품은 문화유산과 자연유산까지 모두 이 도시에 있다.

★★★★☆

석회암 동굴과 100년 전 오키나와 속으로
오키나와 월드 おきなわワールド 오키나와와루도

맵코드 232 494 388 *53

구글좌표 okinawa world

오키나와 최대 테마파크이다. 오키나와의 역사와 자연, 문화를 주제로 구성되어 있다. 가장 눈여겨 볼 곳으로는 류큐 시대를 그대로 복원해 놓은 '오코쿠무라'王国村, 30만 년이 넘은 유명한 석회암 동굴 '교쿠센도'玉泉洞, 반시뱀이나 카멜레온 등 파충류를 볼 수 있는 '하브 박물관'이 있다. 류큐 전통 무용 '에이사'도 관람할 수 있다. 에이사는 남자들이 북 치고 노래 부르며 추는 민속춤이다.

오코쿠무라는 100년 전에 지은 붉은 기와집과 민가 다섯 채를 그대로 옮겨 놓은 마을이다. 모든 건물이 유형 문화재로 등록되어 있다. 다양한 체험 프로그램도 운영한다. 염색 체험, 300년 역사를 자랑하는 류큐 화지 만들기, 류큐 왕조의 전통 의상을 입고 사진 촬영할 수 있는 류큐 사진관 등이 있다.

▌Travel Tip 코스별로 티켓을 구입할 수 있으며, 전체를 구경하려면 프리패스를 구입하는 것이 좋다. 입장할 때 기호에 맞게 티켓을 구입하면 된다.

교쿠센도는 30만 년 전에 형성된 거대한 석회암 동굴로, 이 동굴 때문에 오키나와 월드가 유명해졌다. 전체 길이는 5km가 넘으나, 이 가운데 890m만 개방하고 있다. 동굴 천장에는 100만개가 넘는 엄청난 종유석이 매달려 있다. 종류석은 지금도 자란다. 1년에 약 3mm 정도 자란다고 한다. 동굴 곳곳에서 만나는 푸른빛 샘물은 파란 물감을 풀어놓은 듯 신비롭다.

찾아가기 ❶ 렌터카 나하공항에서 30분 ❷ 버스 나하 버스터미널에서 54번前川線 마에가와선, 83번玉泉洞線 교쿠센도선 탑승하여 교쿠센도마에玉泉洞前 정류장 하차. 도보 1분 주소 沖縄県南城市玉城前川 1336 전화 098 949 7421
운영시간 09:00~18:30(마지막 입장 4월~10월 17:30, 동계17:00) 휴일 없음
입장료 프리패스 성인 1,650엔, 어린이 830엔 교쿠센도(종유동굴)+오코쿠무라(왕국마을) 성인 1,240엔, 어린이 620엔
오코쿠무라(왕국마을) 성인 620엔, 어린이 310엔 하브 박물관 성인 620엔, 어린이 310엔
공연시간 에이사 공연 매일 10:30, 12:30, 14:30, 16:00(공연시간 약 25분) 하브 박물관 뱀 공연 매일 11:00, 12:00, 14:00, 15:30, 16:30(공연시간 약 20분) 홈페이지 gyokusendo.co.jp

📷 ★★★★☆

동굴 카페에서의 커피 한잔, 그리고 신비의 숲 체험
간가라 계곡 *ガンガラーの谷 간가라노타니*

맵코드 232 494 476
구글좌표 valley of gangala

간가라 계곡은 석회암 동굴이 무너지면서 생긴 골짜기로, 오키나와 월드 맞은편에 있다. 오키나와 월드의 종유 동굴이 세월의 무게를 이기지 못하고 내려앉으면 아마도 이렇게 되리라. 간가라 계곡은 고여 있던 지하수와 햇살 덕분에 울울창창 정글 같은 숲을 이루고 있다. 이 계곡의 하이라이트는 '우후가주마루'라는 나무이다. 숲의 주인이라는 뜻인데, 이름처럼 거대한 위용을 자랑한다. 수많은 가지가 커튼처럼 나무 아래로 흘러내려온 모습이 신비롭고 영험하다. '앙코르와트'의 건물에 뿌리를 내린 거대한 나무를 연상시킨다. 나무의 나이는 150년, 길이는 200m에 육박한다. 계곡 여행은 가이드 투어로만 진행되며 약 1시간 20분 정도 소요된다. 가이드 중에는 방송 캐스터와 엔카 가수도 있어 일본인 여행객에게 인기가 좋다. 간가라 계곡의 또 다른 볼거리는 '케이브 카페'이다. 종유석이 매달린 동굴 카페에서 마시는 커피 맛이 오묘하다. 간단한 식사도 가능하다.

▌Travel Tip
투어 예약은 전화 혹은 홈페이지(한국어 지정 가능)에서 하루 전까지 하면 된다. 투어에 참여할 경우 외국인 음성 안내 서비스가 지원된다. 투어 집합 장소는 케이브 카페이다. 우천 시에도 투어는 진행되나, 악천후 때는 취소되는 경우도 있으므로 미리 확인하는 게 좋다. 숲길을 1km 이상 걸어야 하므로 편한 신발은 필수이다. 투어 중에는 화장실 사용이 불가능하다.

찾아가기 ❶ 렌터카 나하공항에서 30~40분 ❷ 버스 나하 버스터미널에서 83번玉泉洞線 쿄쿠센도선 탑승 후 쿄쿠센도마에玉泉洞前 정류장 하차 주소 沖縄県南城市玉城前川 202 전화 050 3786 2890 투어요금 성인 2,200엔(보호자 동반 중학생 이하 무료) 학생 1,700엔(학생증 지참) 출발시각 10:00, 12:00, 14:00, 16:00 소요시간 80분 주차장 무료 홈페이지 www.gangala.com

맵코드 232 469 507*51

구글좌표 mibaru beach

📷 ★★★★☆

산호초 고운, 소년처럼 풋풋한 해변

미이바루 비치 新原ビーチ

아자마 산산 비치가 소녀처럼 고운 해변이라면 미이바루 비치는 소년처럼 풋풋하고 진솔한 해변이다. 수심이 얕고 물이 맑아 가족 단위 여행객에게 인기가 좋다. 남부 제일의 비치로 꼽히며, 해변 길이가 2km가 넘는다. 자연 비치라 아자마산산 비치만큼 곱지 않지만, 해변 곳곳에 산호초가 고운 자태로 누워 있어 자연의 경이로움이 느껴진다. 또 허리가 잘록한 커다란 바위들이 미이바루 비치의 매력을 더해준다. 샤워 시설 등 편의시설도 잘 갖춰져 있고, 글라스 보트도 운영한다. 글라스 보트에 오르면 바닥이 유리로 되어 있어 바다 속 풍경이 그대로 눈에 들어온다. 이밖에 바나나보트, 제트스키 등 다양한 해양 레포츠를 즐길 수 있다.

찾아가기 ❶ 렌터카 나하공항에서 40분 ❷ 버스 나하 버스터미널에서 39번 탑승 후 미이바루新原 정류장 하차. 도보 10분 주소 沖縄県南城市玉城百名 전화 098 948 1103 운영시간 4월~9월 입장료 없음 부대시설 주차비 500엔 샤워실 300엔(어린이 200엔)

 ★★★☆☆

한없이 푸른 태평양을 그대 품안에

다마구스쿠 성터 玉城城跡 다마구스쿠죠세키

류큐 통일 이전에 쌓은 나키진 성터今帰仁城跡부터 세계문화유산으로 지정된 가츠렌 성터勝連城跡까지, 오키나와에는 오래된 성터가 꽤 남아 있다. 가장 오래된 성터는 남부 난조 시에 있는 다마구스쿠 성터다. 전설에 의하면 류큐의 창조신인 아마미키요가 쌓았다고 하지만, 실제로는 1400년대의 성이다. 전설 때문인지 신을 모시는 곳 못지않게 숭배 받고 있으며, 지금도 참배자들의 발길이 이어진다. 하지만 유명세에 비해 성은 작은 편이다. 1940년대까지는 잘 보존되었으나, 미군이 성의 돌을 가져다 군부대를 만들었다고 한다. 성벽 너머로 아름다운 태평양이 시야 가득 들어온다. 인적이 드물고 고즈넉해 사색하기 좋다.

맵코드 232 498 719*10

구글좌표 26.144470, 127.781701

찾아가기 나하공항에서 렌터카로 50분
주소 沖縄県南城市玉城玉城 444
전화 098 946 8990
입장료 없음
홈페이지 kankou-nanjo.okinawa

 ★★★★☆

신성한 숲과 바위, 오키나와의 참성단
세이화 우타키 | 斎場御嶽

우타키御嶽란 성역을 말한다. 세이화 우타키는 오키나와의 시조 신 '아마미키요'가 직접 만든 성지 7곳 중 하나이다. 국왕이 직접 참배를 올렸고, 최고의 신녀 '기코에 오키미'의 즉위식도 열렸다. 매표소를 지나 언덕을 오르면 우타키가 모습을 드러낸다. 우후구이, 유인치, 기요다유루 아마다유루, 산구이 등을 아울러 세이화 우타키라 하는데, 가장 먼저 눈에 들어오는 것은 우후구이이다.

맵코드 330 242 52*44
(난조시 관광센터 주차장 232 594 703)

구글좌표 26.173483, 127.826006
(난조시 관광센터 주차장 26.169234, 127.827032)

우후구이는 국왕이 제를 올리거나 신녀의 즉위식이 열린 곳이다. 유인치에서는 풍년을 기원하는 제사를 지냈다. 오키나와의 정신적인 부엌인 셈이다. 기요다유루 아마다유루는 종유석에서 떨어지는 물을 받아두는 항아리가 있는 곳이다. 이 항아리에 물이 가득 차면 제를 올렸다고 전해진다. 산구이는 세이화 우타키를 대표하는 상징적인 곳이자, 오키나와를 대표하는 명소로 꼽힌다. 흔히 삼각암석이라고도 불리는데, 거대한 석회암석 두 개가 이마를 맞대며 이룬 삼각형 통로가 경이로운 풍경을 만들어 낸다. 삼각 통로를 지나면 신들의 섬 '구다카 섬'이 보인다. 이곳에 류큐의 제단을 만들고, 왕들이 구다카 섬을 향해 제를 올렸다.

▌Travel Tip 자동차는 난조시 관광센터 주차장에 주차하면 된다. 주차장을 등지고 오른쪽 언덕 도로를 따라 15분 정도 걸으면 세이화 우타키가 나온다.

찾아가기 ❶ 렌터카 나하 공항에서 50분 ❷ 버스 나하 버스터미널에서 38번 버스志喜屋線 시카야선 탑승하여 세이화우타키이리구치斎場御嶽入口 정류장 하차. 도보 8분 주소 沖縄県南城市知念字久手堅 270-1 전화 098 949 1899 운영시간 09:00~18:00 휴무 음력 5월1일~3일, 음력 10월 1일~3일 입장료 성인 300엔 초·중생 150엔

 ★★★★★

오키나와 최고의 드라이브 코스
니라이 카나이 다리 ニライカナイ橋 니라이카나이바시

세이화 우타키를 등지고 나무숲이 무성한 86번국도로 달리다 보면
갑자기 숲이 사라져 버린다. 그리고 고가도로와 뻥 뚫린 하늘이 시
원하게 펼쳐진다. 숲은 사라진 게 아니라 고가 아래로 아득하게 보
인다. 저 멀리로는 눈이 시리도록 푸른 수평선이 그림처럼 펼쳐진
다. 푸른 하늘과 태평양을 거느린 이 고가도로가 오키나와 최고 드
라이브 코스로 꼽히는 니라이카나이 다리다.

다리는 깎아 내리는 절벽과 지상을 연결하고 있다. 길이는 1.2km,
고도는 162m이다. 하나의 다리로 보이지만 실제로는 니라이 다리
와 카나이 다리가 합쳐진 것이다. 그래서 니라이 카나이 다리라 부
른다. 롤러코스터 같은 다리를 달려 끝에 다다르면 터널이 나오는
데, 어두운 터널 저편으로 보이는 푸른 바다가 몹시 아름답다. 터널
위에는 전망대도 있다. 터널에 다다르기 전 도로변 주차 공간에 차
를 세우고 오른쪽 작은 길로 접어들면 전망대가 나온다. 전망대에
서는 용처럼 휘어진 다리의 모습과 아름다운 오키나와 남부의 풍광을
감격스럽게 담을 수 있다. 니라이 카나이는 '바다 건너에 있는 이상
향을 일컫는 오키나와 방언으로, 우리의 이어도와 같은 의미이다.

맵코드 232 593 668*75

구글좌표 니라이카나이다리

찾아가기 나하공항에서 렌터카로 40~50분
주소 沖縄県南城市知念吉富

📷 ★★★★☆

이곳에서는 모두 연인이 된다
아자마산산 비치 あざまサンサンビーチ

맵코드 330 247 72*72

구글좌표 아자마산산 비치

아자마산산 비치는 소녀 감성이 흐르는 아름다운 해변이다. 요로바루 마을에서 2000년도에 조성한 인공 비치. 고운 모래는 하얗게 빛나고, 물은 수정처럼 맑다. 너무 매혹적이어서 해변을 걷고 있으면 곧 사랑에 빠질 것 같다. 비치 중앙으로 낸 길을 중심으로 왼쪽은 해수욕장, 오른쪽은 제트 스키·바나나보트·스노클링 등 해양 레포츠를 즐기는 전용 공간이다. 주차장, 샤워실, 바비큐 테이블 같은 부대시설도 잘 갖추어져 있다. 바비큐 파티를 즐기며 바다를 마음껏 눈에 담을 수 있다.

해수욕장은 호수처럼 물결이 잔잔하다. 바다를 방파제가 막고 있는 까닭이다. 아자마산산 비치는 연인들에게 특히 인기가 좋다. 중앙의 길을 따라가다 보면 사랑스런 분홍색 하트 조형물이 나온다. 이 비치의 손꼽히는 포토 존이다. 연인이나 조용한 분위기에서 여유롭게 바다를 즐기고픈 여행객에게 추천한다.

찾아가기 ❶ 렌터카 나하공항에서 50분~1시간 ❷ 버스 나하 버스터미널에서 38번志喜屋線, 시키야선 탑승하여 아자마산산 비치 이리구치安座真サンサンビーチ 入口 정류장 하차. 도보 5분 주소 沖縄県南城市知念安座真 1141-3 전화 098 948 3521 운영시간 10:00~19:00(3월~10월) 입장료 없음 부대시설 주차비 500엔 샤워실 200엔 파라솔 1일 500엔

 ★★★★☆

설화 따라 돌아보는 신들의 섬
구다카 섬 久高島 구다카지마

구다카 섬은 오키나와 동남단의 치넨 미사키치넨곶에서 5.3km 떨어져 있다. 남서 방향으로 길쭉하게 뻗어 있으며 총 길이는 7.8km이다. 해발고도가 17m 밖에 되지 않아 섬 전체가 평지나 다름없으며, 주민 200여 명이 살고 있다.

구다카 섬은 류큐의 시조始祖인 '아마미키요'가 오곡을 처음 전해 주었다는 전설이 전해지는 '신의 섬'이다. 신성하게 여겨지는 숲이 많아 외부인 출입을 금지하기도 한다. 볼거리로는 신에게 제사를 올리는 제단 후카미둔, 쇼토쿠 왕제1 쇼 왕조의 마지막 왕과 신녀가 사랑을 나누며 함께 지내던 곳이라 전해지는 집 우푸라투, 오키나와 최고의 성지 구보우타키, 섬의 최북단 가베루 곶, 구다카 섬에서 가장 유명한 비치 피자하마 등이 있다. 오키나와의 창세 설화가 전해지는 섬이지만 전체적인 분위기는 신성하다기보다는 작은 어촌마을 같이 소박하다. 섬에 들어서면 갑자기 시간이 멈춘 듯 평온해진다. 조용한 섬과 해변에서 여유롭게 시간을 보내고 픈 사람에게 추천한다.

▌Travel Tip 1 섬이 작아 구석구석 돌아보는데 반나절이면 충분하다. 자전거 혹은 튼튼한 두발만 있으면 된다. 자전거 렌트 숍은 섬의 출입구인 구다카 어업 항 부근에 있다. 숍은 모두 두 개인데, 그 중 한 곳은 식당을 함께 운영하고 있다. 렌트비는 시간당 요금으로 결정된다.
Travel Tip2 아자마 항 아자마산산 비치에서 300여 미터 거리에 있는 항구이다. 구다카 섬으로 가는 고속선과 페리가 이 항구에서 출발한다.

아자마 항 구글좌표 26.179163, 127.826841

찾아가기 ❶ 렌터카 나하공항에서 50분 ❷ 버스 나하 버스터미널에서 38번志喜屋線, 시키야선 탑승 후
아자마산산 비치 이리구치安座真サンサンビーチ入口 정류장 하차. 도보 10분

주소 沖縄県南城市知念安座真 1062 전화 098 948 7785

페리 운항 시간표(소요 시간 25분)

배 종류	구다카 출발	아자마 출발	왕복 요금	편도 요금
페리	09:00	10:00	성인 1280엔 어린이 650엔	성인 670엔 어린이 340엔
	13:00	14:00		
	17:00(4월~9월)	17:30(4월~9월)		
	16:30(10월~3월)	17:00(10월~3월)		

고속선 운항 시간표(소요 시간 15분)

배 종류	구다카 출발	아자마 출발	왕복 요금	편도 요금
고속선	08:00	09:00	성인 1,460엔 어린이 750엔	성인 760엔 어린이 390엔
	11:00	11:30		
	15:00	15:30		

🍴 ★★★★☆

코발트블루 감상하며 아시안 요리를
쿠루쿠마 カフェくるくま

맵코드 232 592 020*20

구글좌표 쿠루쿠마

오키나와 남부 음식점 중에 손꼽히는 곳이다. 태국 요리사가 만들어내는 타일랜드 요리와 아시안 요리가 훌륭한데다 실내에서 바라보는 전망이 아름답기 때문이다. 레스토랑 밖으로 큼직한 테라스가 준비되어 있다. 바 스타일의 테라스 테이블에 자리를 잡으면 오키나와 바다의 그림 같은 코발트블루가 한눈에 들어온다. 바에 앉아 바다를 바라보며 맛있는 음식을 먹으면 천국이 따로 없다. 풍경이 너무 아름다워서 주말에는 앉을 자리가 없을 정도로 사람이 붐빈다.

찾아가기 ❶ 오키나와 월드에서 렌터카로 동쪽으로 18분10km
❷ 니라이카나이 다리에서 86번현도県道 경유하여 렌터카로 남쪽으로 3분1.1km, 도보 15분
주소 沖縄県南城市知念字知念1190 전화 098 949 1189
영업시간 10:00~20:00(마지막 주문 19:00) 화요일 10:00~18:00(마지막 주문 17:00)
휴일 없음 추천메뉴 난쿠루 카레, 양궁 예산 1300엔부터1인
홈페이지 http://www.nakazen.co.jp/cafe/

★★★★☆

입이 즐거운 해초 소바
모즈쿠 소바 가게 쿤나토 もずくそばの店くんなと 모즈쿠소바 노미세 쿤나토

| 맵코드 098 949 1066 | 구글좌표 26.133678, 127.772681 |

오키나와 남동부 해안, 오우지마 섬으로 들어가는 다리 바로 옆에 있는 바닷가 소바 음식점이다. 해초의 일종인 모즈쿠 소바로 유명하다. 모즈쿠는 오키나와에서 생산되는 해초로 우리의 파래와 비슷한 것이다. 빛깔은 갈색이고 폭은 수십여 센티미터에 이르며 길이는 2~3m 정도이다. 표면이 끈적한 것이 특징이다. 몸에 좋아 오키나와 사람들이 즐겨먹는다. 오우지마 인근은 모즈쿠 양식으로 유명하다. 툭툭 끊어지는 소바의 면이 탱탱한 모즈쿠와 만나면 입이 즐거워진다. 푹 우려낸 돼지고기 육수는 깊은 맛을 자아낸다.

야외 테라스에 앉아 바다를 바라보며 소바를 먹으면 행복하다. 모즈쿠 소바에 모즈쿠 무침과 몇 가지 반찬이 곁들여 나오는 쿤나토 정식도 인기가 좋다.

찾아가기 ❶ 오키나와 월드에서 331번국도 경유하여 렌터카로 남동쪽으로 10분3.5km ❷ 미이바루 비치에서 331번국도 경유하여 렌터카로 서쪽으로 10분4.4km 주소 沖縄県南城市玉城 玉城志堅原 460-2 전화 098 949 1066 영업시간 11:00~19:00 휴일 부정기 추천메뉴 모즈쿠 소바もずくそば 군나토 정식くんなと定食 예산 1000엔부터 홈페이지 http://kunnatou.com/

★★★★☆

오키나와의 유명한 튀김집
나카모토 센교텐 中本てんぷら店

| 맵코드 232 467 296*20 |
| 구글좌표 nakamoto tempura |

오키나와 동남부에 작은 섬 오우지마가 있다. 너무 작아서 지도에서도 잘 보이지 않지만, 튀김집 나카모토 센교텐 덕에 유명해졌다. 본토와 이어주는 작은 다리를 5분 정도 걸으면 섬에 닿는다. 다리가 끝나는 곳에 나카모토 센교텐이 있다. 야외에 테이블이 두 개 있기는 하지만 대부분 테이크아웃을 한다. 가게 앞에 사람들이 줄을 서는 경우가 많다. 튀김은 그날 잡은 생선과 오징어를 이용해 만든다. 그밖에 야채, 파래 등 튀김 종류가 14종이나 있다. 가게 앞 테이블 위에 놓인 주문서에 튀김 종류와 개수를 표시하고 줄 서서 기다리면 된다. 오키나와는 습도가 많은 곳이므로 바삭한 튀김옷이 눅눅해지기 전에 빨리 먹는 것이 좋다. 찾아가기 ❶ 오키나와 월드에서 17번현도県道 경유하여 렌터카로 남동쪽으로 10분4.5km ❷ 미이바루 비치에서 331번국도 경유하여 렌터카로 서쪽으로 10분4.6km 주소 沖縄県南城市玉城奧武 9전화 098 948 3583 영업시간 10:00~18:00 휴일 목요일, 추석음력 7월 15일 예산 1,000엔부터 홈페이지 http://nakamotosengyoten.com/

★★★★☆

오우지마 섬의 전통 튀김집
오죠 덴푸라텐 大城てんぷら店

맵코드 232 467 327
구글좌표 오시로덴부라

오우지마는 튀김의 섬이다. 나카모토 센큐텐을 지나서 섬 안쪽으로 들어가면 오죠 덴푸라라는 튀김 전문점이 나오는데, 나카모토 센교텐이 여행자들의 튀김집이라면 이곳은 현지인들이 선호하는 튀김집이다. 문을 연지 40년이 넘은 전통 있는 곳으로, 그날 잡은 신선한 해산물로 튀김을 만든다. 이곳 또한 주문서에 종류와 개수를 기입해서 직원에게 주면 번호표를 준다. 생선, 오징어, 고야 등 11종의 튀김이 있으며, 막 튀겨내기 때문에 바삭하고 고소하다. 건물 안과 밖에 테이블이 여러 개 있어 여유롭게 먹을 수 있는 것도 장점이다. 고소한 튀김은 언제나 맥주를 부른다. 가게 북쪽 110m 지점에 전용 주차장이 있다.

찾아가기 ❶ 오키나와 월드에서 17번현도県道 경유하여 렌터카로 남동쪽으로 11분4.5km ❷ 미이바루 비치에서 331번국도 경유하여 렌터카로 서쪽으로 11분4.6km 주소 沖縄県南城市玉城奥武 193 전화 098 948 4530 운영시간 11:00~18:00(4~9월은 11:00~19:00) 휴일 월요일 예산 600엔부터

 ★★★☆☆

구다카 섬의 소바 음식점
케이 けい

구글좌표 26.155280, 127.886984

오키나와 동남단의 치넨 미사키치넨곶에서 5.3km 떨어진 구다카 섬에 있다. 섬이 워낙 작아 주민도 많지 않고 항구 주변을 제외하면 편의시설이 거의 없다. 항구 주변에 있는 케이는 아주머니가 홀로 운영하는 식당으로 저렴한 가격에 정성스레 만든 음식을 맛볼 수 있는 곳이다. 분위기는 옛 일본 식당 같다. 메뉴는 소바와 찬푸르 등이 있다. 섬에서 나는 재료로 만들어 음식이 신선하고 맛있다. 오래 우려낸 돼지와 생선 육수는 담백하면서 시원하고 비린내가 나지 않아 좋다. 특히 아와모리에 고추를 저린 소스가 있는데 소바와 같이 먹으면 맛이 아주 좋다. 찬푸르는 쓴맛이 강하니 취향에 맞으면 선택하자. 자전거를 타고 섬을 돌고 난 뒤 케이에서 맥주와 함께 먹는 소바 맛이 그만이다.

찾아가기 구다카 항에서 도보 5분 주소 沖縄県南城市 知念久高 223 전화 098 948 1051 영업시간 10:00~15:00 휴일 부정기 추천메뉴 오키나와 소바沖縄そば

☕ 바다가 보이는 멋진 카페 두 곳

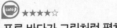 ★★★★☆

푸른 바다가 그림처럼 펼쳐진다

cafe 후주 cafe 風樹

> 맵코드 098 948 1800
> 구글좌표 cafe fuju

난조 시 남쪽에 있다. 꼬불꼬불한 작은 언덕을 올라가면 카페 후주가 나타난다. 목조 카페는 산장을 연상시킨다. 종종 카페 앞에서 사람들이 줄을 서서 기다릴 만큼 인기가 좋다. 외진 곳에 많은 사람들이 찾아오는 것이 신기하지만 카페 안으로 들어가면 이해가 된다. 창문 밖 우거진 나무 사이로 푸른 바다가 그림처럼 펼쳐져 있다. 오키나와 연인들은 이곳에서 로맨틱한 데이트를 즐긴다. 건물은 복층이다. 1층에는 주방과 로비, 실외 테라스가 있고, 2층에는 레스토랑이 있다. 주변 나무들이 우거져 정글 속에서 바다를 감상하는 기분이 든다. 인기 메뉴는 타코라이스와 수제 케이크이다.

찾아가기 ❶ 오키나와 월드에서 48번현도 경유하여 렌터카로 13분6.2km ❷ 미이바루 비치에서 137번현도県道 경유하여 렌터카로 북쪽으로 8분(2.5km) ❸ 니라이카나이 다리에서 331번국도 경유하여 서남쪽으로 렌터카로 8분5km 주소 沖縄県南城市玉城垣花 玉城字垣花 8-1 전화 098 948 1800 영업시간 11:30~18:00(라스트 오더 17:00) 휴일 화요일 추천메뉴 타코라이스タコライス 예산 1000엔부터1인 홈페이지 http://cafefuju.com/

 ★★★★☆

카페 아래로 파도가 밀려오고

하마베노차야 浜辺の茶屋

> 맵코드 232 496 461*44
> 구글좌표 hamabe-no-chaya

오키나와 남부를 대표하는 카페이다. 미이바루비치 서쪽 바닷가에 있다. 창문을 열면 건물 바로 아래까지 파도가 밀려온다. 저 멀리로는 수평선이 아름답게 펼쳐져 있다. 거짓말 같은 풍경이지만, 바다와 맞닿아 있는 하마베노차야 카페에서는 잡지에서나 볼 수 있는 이 비현실적인 풍경이 요즘말로 '실화'이다. 만조 시간에는 바다가 카페 바로 아래까지 밀려들어오고, 간조 시간에는 해변이 펼쳐져 내려가 산책도 할 수 있다. 카페는 모두 나무로 만들어졌다. 분위기가 동화 속에서 본 나무 위에 지은 집 같다. 바다가 훤히 내다보이는 창가 자리는 언제나 만원이다. 야외 테라스도 있다. 다양한 음료와 차, 채소 피자와 스콘 등을 먹을 수 있다.

찾아가기 ❶ 오키나와 월드에서 17번현도県道 및 331번국도 경유하여 렌터카로 동남쪽으로 12분6km ❷ 미이바루비치에서 서쪽으로 렌터카로 2분. 걸어서 8분500m ❸ 니라이카나이 다리에서 331번국도 경유하여 서남쪽으로 렌터카로 13분7.5km 주소 沖縄県南城市玉城玉城 2-1 전화 098 948 2073 영업시간 10:00~20:00(일요일 14:00~20:00) 휴일 없음 예산 700엔부터 1인 홈페이지 http://hamabenochaya.com/

몰디브
부럽지 않다

오키나와 부속 섬 케라마 제도·미야코 섬·야에야마 제도

케라마 제도와 미야코 섬, 대만이 더 가까운 야에야마 제도까지, 오키나와에 딸린 섬은 언제나 블루의 향연이다. 에메랄드그린부터 코발트블루까지 지상의 아름다운 쪽빛이란 쪽빛은 다 품고 있다. 게다가 신비의 석회동굴부터 미슐랭 그린 가이드가 만점을 준 산호 비치까지. 그곳은 오키나와가 당신을 위해 숨겨둔 지상 낙원이다.

케라마 제도

자마미 섬
카미노하마 전망대
아마 비치
후루자마마 비치
아카 섬
도카시키 섬
도카시키 항
도카시쿠 비치
아카대교
아하렌 비치

미야코 섬

케라마 제도

미야코 섬

야에야마 제도

이케마 대교

이라부 섬

스나야마 비치

이라부 대교

미야코 섬

구리마 섬

구리마 대교

야에야마 제도

카비라 만

이시가키 섬

이시가키 석회동굴

다케토미 섬

다케토미 마을

이리오모테 섬

미슐랭이 인정한 지상의 낙원

케라마 제도 慶良間諸島 케라마쇼토

구글좌표 keramaretto

케라마게라마 열도제도는 나하에서 서쪽으로 30km~40km 떨어져 있으며, 크고 작은 섬 20여 개로 이루어져 있다. 대표적인 섬은 도카시키, 자마미, 아카이다. 나하의 토마린 항에서 페리로 2시간, 고속선으로 50분이면 닿을 수 있다. 바다의 빛깔이 본섬보다 더 아름답다. 쪽빛, 에메랄드, 코발트블루를 모두 합쳐 놓은 명품 바다이며, 멀리서도 속이 훤히 들여다 보일 정도로 투명하다. 일본 사람들은 케라마게라마의 바다 빛깔을 '케라마 블루', 케라마 제도를 '낙원'이라 부른다. 12월~4월에는 혹등고래가 케라마 제도 앞 바다를 지나가는 것으로도 유명하다. 자마미 섬의 후루자마미 비치는 미슐랭 그린 가이드에서 별 2개를 받았다. 2014년에 국립공원이 되었다.

케라마 제도 가는 방법

나하시 토마린 항とまりん港에서 도카시키, 자마미, 아카 섬을 모두 갈 수 있다. 도카시키까지는 고속선으로 35분, 페리로는 1시간 10분 소요된다. 자마미는 고속선으로 50분, 페리로는 2시간이 걸린다. 자마미 섬으로 가는 배를 타면 아카 섬을 경유한다.

고속선은 출발 30분 전에, 페리는 1시간 전에 토마린 항에 도착해, 예약한 표를 받거나 현장에서 표를 구매해야 한다. 각 섬의 매표소가 따로 있으며, 매표 창구 위에 섬 이름이 적혀 있다. 승선 신청서에 인적 사항을 적어 매표소에 가지고 가면 된다. 현장 구매는 현금으로만 가능하다. 매표소 건물 서쪽에 페리터미널이 있고, 고속선을 타는 호쿠칸터미널은 페리터미널에서 북쪽으로 5분쯤 걸어가야 한다. 공용주차장은 매표소 건물 서쪽에 있다.

토마린 항 맵코드 33 187 369 구글좌표 tomariport
찾아가기 ❶ 모노레일 미에바시역美栄橋駅 북쪽 출구에서 도보 10분 ❷ 버스 나하공항 국내선 3번 플랫폼에서 23번, 99번, 120번 승차하여 토마린마에とまりん前 정류장 하차, 나하 버스터미널에서 20번, 21번, 27번, 28번, 29번, 31번, 77번 버스 승차하여 토마린마에とまりん前 정류장 하차 주소 沖縄県那覇市 前島 3-25-1 전화 098 861 3341 홈페이지 tomarin.com

메제노자키 전망대
女瀬の崎展望台

카미노하마 전망대
神の浜展望台

자마미 섬
座間味島

아마 비치
阿真ビーチ

● 자마미 항

후루자마미 비치
古座間味ビーチ

집단자결지
集団自決地

니시하마 비치 北浜ビーチ

니시하마 전망대

도카시키 섬
渡嘉敷島

● 도카시키 항

아카 섬
阿嘉島

아리랑 위령비
アリラン慰霊のモニュメント

아카 대교
阿嘉大橋

도카시쿠 비치
渡嘉志久ビーチ

● 아카 항

도카시쿠
마린 빌리지

게루마 섬

아하렌 비치
阿波連ビーチ

 ★★★★☆

오묘한 바다, 케라마 블루가 시작되다

도카시키 섬 渡嘉敷島 도카시키지마 구글좌표 도카시키섬

케라마 제도의 관문이자, 가장 큰 섬으로 면적은 서울의 중구보다는 크고 종로구보다는 작다. 이 섬을 중심으로 크고 작은 무인도 10개가 자리 잡고 있다. 본섬과 불과 40km 정도 떨어져 있지만 바다의 느낌은 확연하게 다르다. 도카시키 섬에 다다르면 에메랄드블루와 코발트블루가 오묘하게 섞인 '케라마 블루'가 시작된다. 이 섬에만 250종이나 되는 산호가 살아가고 있으며, 이는 섬나라 일본에서 자라는 산호의 60%에 다다른다. 바닷물의 투명도가 좋아 다이버와 스노클링 마니아들이 즐겨 찾고 있다. 이렇게 아름다운 섬이지만, 오키나와 전쟁 때 70여 명의 주민들이 집단 자결한 슬픈 곳이기도 하다. 지금은 슬픔은 모두 잊은 듯 평화롭고 아름다운 풍경이 섬을 채우고 있다. 당일 여행보다는 1박 여행을 추천한다.

도카시키 섬 찾아가기

나하 토마린 항에서 도카시키 항으로 가는 고속선 마린라이너 도카시키マリンライナーとかしき와 페리 도카시키フェリーとかしき가 있다. 고속선은 35분, 페리는 1시간 10분 소요된다. 배편이 많지는 않다. 성수기에는 배편 시간 확인과 예약이 필수이다.

홈페이지 http://www.vill.tokashiki.okinawa.jp/ 인터넷 예약 https://tokashi-ki-ferry.jp/Senpaku/portal 전화 예약 098 987 2537(영어 가능)

운항시간 페리 도카시키 토마린 항→도카시키 항 10:00 도카시키 항→토마린 항 16:00(10월~2월엔 15:30) 고속선 마린라이너 도카시키 토마린 항→도카시키 항 09:00, 16:30(3월~9월 성수기엔 13:00 배편 추가될 수 있음, 10월~2월엔 16:30 배 시간이 16:00으로 변동) 도카시키 항→토마린 항 10:00 17:30(3월~9월 성수기엔 14:00 배편 추가될 수 있음, 10월~2월엔 17:30 배 시간이 17:00으로 변동) 운항요금 페리 도카시키 편도 1660엔 왕복 3160엔(초등생 편도 830엔, 왕복 1580엔) 차량 6550엔~1만900엔(차량 크기에 따라 다름, 운전자 승선 요금 포함) 고속선 마린라이너 도카시키 편도 2490엔 왕복 4740엔(초등생 편도 1250엔, 왕복 2380엔), 차량 승선 불가

섬 안에서 이동하기

섬이 제법 크고 주요 비치가 항구 반대쪽에 있어 도보 여행은 힘들다. 봉고 택시, 렌터카, 렌탈 바이크를 이용하는 것이 좋다. 아하렌 비치만 들를 계획이라면 아하렌 비치행 셔틀 버스 이용이 가능하다. 버스는 항구에서 출발한다. 1박 할 경우 숙소에서 픽업 서비스를 받을 수 있다.

❶ 아하렌 비치행 셔틀 버스 요금은 400엔어린이 200엔이다. 도카시키 항에서 아하렌 비치까지 09:50~17:20 까지 2~3시간 간격으로 운행한다. 아하렌 비치에서 도카시키 항까지 운행하는 버스는 09:00~16:30까지 2~3시간 간격으로 운행한다. 성수기, 비성수기에 따라 운행 시간이 바뀌므로 꼭 도카시키 항에서 시간표를 확인하자.

❷ 봉고 택시 섬에 2대밖에 없다. 성수기에는 예약이 필수지만 비성수기에는 항구 앞에서 대기하고 있다. 미터기가 아닌 정액제로 운행하므로 비싼 편이다. 1~4인 6,000엔, 5~9인 8,000엔 정도이다. 예약 전화 090 3078 5859

❸ 렌터카·렌탈 바이크 렌터카 숍에서 바이크도 대여할 수 있다. 성수기 때는 예약이 필수이다. 렌탈 바이크도 국제 면허증은 꼭 소지해야 한다. 내비게이션은 없다.

알로하 렌터카/바이크 アロハレンタ

주소 沖縄県島尻郡渡嘉敷村渡嘉敷 332 전화 098 987 2272 렌터카 요금 3시간 4,000엔 6시간 5,500엔 1일 8,500엔 렌탈 바이크 요금 1시간 1,000엔 3시간 2000엔 1일 3,600엔 홈페이지 http://aroharoha.ti-da.net/

카리유시 렌터카/바이크 かりゆしレンタ

주소 沖縄県島尻郡渡嘉敷村渡嘉敷 1779-10 전화 098 9987 3311 렌터카 요금 3시간 3,600엔 1일 5,900엔 렌탈 바이크 요금 1 시간 1000엔 3시간 2000엔 1일 3500엔 홈페이지 http://www.kariyushi-kerama.com/

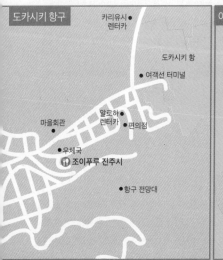

1 비치의 조건을 완벽하게 갖추었다
아하렌 비치 阿波連ビーチ

맵코드 905 026 018   구글좌표 aharenbeach

일본을 대표하는 비치 중 하나라 해도 과언이 아니다. 항구에서 산을 넘어 차로 12분 정도 가야 한다. 비치에 도착하는 순간 눈 앞에 펼쳐진 아름다운 모습에 입을 다물지 못한다. 넓은 모래사장, 투명하고 아름다운 바다, 잔잔한 파도 등 아름다운 비치의 조건을 모두 갖추었다. 특히 최고 비치의 정수를 보여준다. 에메랄드그린의 바다가 펼쳐져 있으며, 산호가 있는 곳은 코발트블루로 보인다. 물이 워낙 투명하고 물결이 잔잔해 스노클링 하기도 좋다. 수족관에서나 볼 수 있는 다양한 열대어가 유유자적 돌아다닌다. 마을과 이웃하고 있어 숙소와 비치를 쉽게 오갈 수 있다.

찾아가기 도카시키 항에서 아하렌 비치 행 셔틀 버스나 렌터카로 서남쪽으로 12분(4.7km) 주소 沖縄県島尻郡渡嘉敷村阿波連 해수욕 기간 4월~10월 홈페이지 http://www.vill.tokashiki.okinawa.jp/

2 바다거북이 사는 보석 같은 휴양지
도카시쿠 비치 渡嘉志久ビーチ

맵코드 905 057 841   구글좌표 26.187289, 127.348152

누군가 몰래 숨겨놓은 것 같은 보물 같은 비치. 완벽한 아치형을 이루고 있으며, 자연 그대로의 모습을 잘 간직하고 있어 더욱 아름답다. 아하렌 비치가 스노클링이나 액티비티를 즐기기에 좋은 해변이라면, 도카시쿠 비치는 조용하고 여유로운 시간을 보내기에 좋다. 바다거북이 사는 곳으로도 유명하다. 수영하다가 물속에서 만날 수도 있고, 모래사장에서도 볼 수 있는데, 절대 만지지는 말아야 한다.

찾아가기 도카시키 항에서 서남쪽으로 렌터카로 8분(3.1km) 주소 沖縄県島尻郡渡嘉敷村渡嘉敷 해수욕 기간 4월~10월 홈페이지 http://www.vill.tokashiki.okinawa.jp/

3 슬픈 역사는 잊혀지지 않는다
집단자결지 集団自決地 슈단지케츠지

구글좌표 26.208554, 127.366308

도카시키 섬은 아름답지만 슬픔이 배어 있는 곳이기도 하다. 오키나와 전쟁 당시 섬 주민의 절반이 일본군의 거짓 선동에 속아 절벽에서 뛰어내리는 비극적 선택을 하였다. 강요로 집단자결을 한 것이다. 일본에 대한 감정이 좋지 않은 오키나와 사람들이 미군 편이 될까 두려워 이 같은 비극적 사태를 만들었다. 전쟁은 이렇듯 폭력적이고 괴물 같다. 이 섬의 슬픈 역사를 잊지 않기 위해 집단자결지에 기념비를 설치했다.

찾아가기 도카시키 항에서 렌터카로 북쪽으로 5~6분 2.3km, 오키나와 청소년 교류의 집 国沖縄青少年交流の家에 진입하면 된다.
주소 沖縄県島尻郡渡嘉敷村渡嘉敷 2760

4 위안부 할머니를 기억하자
아리랑 위령비 アリラン慰靈のモニュメント 아리랑이레이노모뉴멘토

맵코드 905 089 607*20   구글좌표 26.192785, 127.367019

한국인에게 뜻 깊은 곳이다. 2차대전 당시 도카시키로 끌려와 꽃다운 청춘을 비극적으로 보내야 했던 위안부 피해자 할머니들을 기리는 비다. 이 섬에는 모두 7명의 조선인 위안부 피해자가 있었고, 케라마 제도 전체에는 21명이 있었다고 전해진다. 이곳에서 위안부로 살아야 했던 배봉기 할머니가 자신의 아픈 과거를 털어 놓으며, 위안부의 실체가 세상에 드러나기 시작했다. 그녀의 비극적인 삶은 <빨간 기와집>이라는 책으로 발간되어 종군 위안부들의 실태와 일본의 만행을 고발하는 데 큰 힘이 되었다. 할머니는 결국 귀향하지 못하고 1991년 세상을 떠났지만, 도카시키 주민들은 그녀의 넋을 위로하고 기리기 위해 1997년 위령비를 세웠다.

찾아가기 도카시키 항에서 남쪽으로 렌터카로 5분 2km 주소 渡嘉敷 渡嘉敷村 島尻郡 沖縄県

📷 ★★★★★

케라마 제도의 꽃
자마미 섬 座間味島 자마미지마

구글좌표 자마미섬

도카시키 섬 북동쪽에 있다. 자마미 섬은 케라마 제도의 꽃이다. 케라마 제도에서 가장 아름다운 해변과 깨끗한 자연환경을 갖고 있다. 편의시설도 꽤 잘 갖추어져 있다. 면적 6.66km²에 둘레는 23km, 인구는 645명에 불과하지만, 아름다운 섬으로 널리 알려져 한해 방문객이 30만 명이 넘는다. 세계적인 여행 가이드 북 미슐랭 그린 가이드에서 별 2개를 받은 후루자마미 비치가 있고, 매년 12~4월에는 섬 인근 해변에서 혹등고래가 나타난다. 섬을 한눈에 조망할 수 있는 전망대도 있다. 하루면 자마미의 모든 것을 보기에 충분하지만, 마음에 담기에는 모자란 시간이다. 시간의 여유가 있다면 민박에 머물며 케라마 제도의 진수를 느껴보자.

자마미 섬 찾아가기

나하의 토마린 항에서 페리 자마미フェリーざまみ와 고속선 퀸 자마미高速船クイー
ンざまみ가 하루 1~2회 운항한다. 페리는 2시간, 고속선은 50분이 소요된다.

[페리] 일부 배편의 경우 아카 항을 경유하여 운항한다. 아카 항 경유 페리는
나하의 토마린 항을 출발하여 1시간 30분 뒤 아카 항에 도착하고, 15분 대기
후 다시 자마미 항으로 출발한다.

[고속선] 출발 50분 뒤 아카 항에 도착하여 10분 대기 후 다시 자마미항으로 출발한다. 비성수기에는 운항이
없는 경우도 있으므로 홈페이지에서 배편을 미리 확인하는 게 중요하다. 예약은 홈페이지와 전화로 가능하다
홈페이지 http://www.vill.zamami.okinawa.jp.k.gz.hp.transer.com/(홈페이지 좌측 중간의 online ferry reservation를 클
릭하여 예약하면 된다. 일본 이외의 국가에서 발행된 신용카드를 사용하여 예약 신청을 할 경우 승선일 23일 전부터 가
능하다.) 전화 098 868 4567 운항시간 배 시간표가 매년, 매달, 매주 달라지고, 태풍 등 해상 날씨에 따라 운항이 취
소될 수 있으므로 홈페이지에서 반드시 확인해야 한다. 페리 자마미와 고속선 퀸 자마미는 하루 각각 1~3회 운항한다.
운항요금 페리 편도 2,120엔 왕복 4,030엔(어린이 편도 1,060엔, 왕복 2,020엔) 고속선 편도 3,140엔 왕복 5,970엔(어
린이 편도 1,570엔, 왕복 2,990엔)

섬 안에서 이동하기

렌터카가 있지만 비용이 비싼 편이다. 섬 둘레가 23km 밖에 되지 않으므로 인
원이 많지 않은 경우 렌터카보다 렌탈 바이크와 렌탈 자전거를 추천한다. 산
이 많으므로 자전거보다는 바이크가 더 좋다. 비치만 이용한다면 자전거도 나
쁘지 않다. 렌탈 숍은 항구에서 걸어서 5분 거리에 있다. 비치 행 셔틀 버스도
이용 가능하다. 마을에서 운행하는 버스로, 자마미 항구에서 후루자마미 비치
와 아마 비치를 오간다. 시간은 유동적이지만 하루에 8번 정도 운항한다. 요
금은 300엔이다. 봉고 택시도 1대가 운영 중이다. 예약 필수전화 090 1947 5830이며, 요금은 700엔부터이다.

[이시카와 렌탈 바이크 자전거石川自転車レンタルショップ] 주소 沖縄県島尻郡座間味村座間味 83 전화 098 987 2202 렌탈 자전
거 요금 3시간 1,000엔 9시간 2,000엔 렌탈 바이크 요금 3시간 2,500엔 9시간 4,000엔

[케라마 렌터카慶良レンタ] 주소 沖縄県島尻郡座間味村座間味 13番地 전화 098 987 3250 렌터카 요금 3시간 4,720엔, 24시
간 8,400엔 렌탈 바이크 요금 3시간 2,500엔, 9시간 4,500엔 홈페이지 http://zamami.kir.jp/zrc/

[자마미섬의 해양 스포츠 업체] 자마미섬에서는 업체를 통해 섬 주변 뿐 아니라 인근의 무인도까지 나아
가 해양 액티비티를 즐길 수 있다.

❶ 티다 마린てぃーだマリン 스노클링과 다이빙 전문 업체로 자마미의 앞 바다에서 마린 스포츠를 즐기는 모습
을 촬영까지 해주는 것으로 유명하다. 전화098 987 3367 홈페이지 http://teeda.in.coocan.jp/ 예산 6480엔~17820엔

❷ Diving Team Ushioダイビングチーム潮 날씨에 따라 다이빙 포인트가 달라지는 현지 최고의 다이빙 전
문 업체이다. 바다거북을 만날 확률도 높다. 전화 098 987 3533 홈페이지 https://activityjapan.com/publish/
feature/370 예산 6,000엔~65,000엔

❸ 마린 오션Marine Ocean 자마미섬의 어부가 운영하는 카약 전문 업체이다. 자마미 인근의 무인도까지 안
전하게 갈 수 있으며, 어부가 잡은 신선한 횟감으로 점심식사를 한다. 전화 098 987 3007 홈페이지 http://
www.akajimatakesan.com 예산 카약5,000엔 투어 3500엔~18,000엔

① 미슐랭 그린 가이드에서 별 2개를 받은
후루자마미 비치 古座間味ビーチ

맵코드 905 202 428
구글좌표 furuzamami beach

게라마 제도에서 가장 아름다운 비치다. 후루자마미 비치에 가기 위해 케라마 제도를 찾는다고 해도 과언이 아니다. 섬 남쪽에 있으며, 항구에서 비치 행 버스로 8분, 도보로 남동쪽으로 20분 걸린다. 비치에 도착하면 감탄이 절로 나온다. 하얀 산호 비치에 에메랄드빛과 코발트블루가 오묘하게 섞인 바다가 파란 하늘 아래 그림처럼 펼쳐져 있다. 영화 속 한 장면 같아 가슴이 벅차오른다. 아름다움을 인정받아 미슐랭 그린 가이드에서 별 2개를 받았다. 투명한 물속에는 다양한 산호초와 아열대 물고기가 가득하다. 특히 애니메이션의 주인공 니모흰동가리를 쉽게 만날 수 있다. 조금만 나아가면 수심이 깊어지므로 초보자들은 튜브와 보호 장비를 갖추는 것이 좋다. 찾아가기 자마미 항구에서 1.3km도보 20분, 자마미 항구에서 비치행 버스로 8분 주소 沖縄県島尻郡座間味村座間味 1743 전화 098 987 2277 해수욕 기간 4월~10월 홈페이지 vill.zamami.okinawa.jp

② 스노클링하면서 유유자적
아마 비치 阿真ビーチ

맵코드 905 200 700
구글좌표 amabeach

섬 서쪽에 있다. 항에서 서쪽 해안도로를 따라 1.5km 가면 나오는데, 걸어서 가기는 조금 멀지만 오토바이로는 5분이면 도착할 수 있다. 후루자마미 비치는 외국인 여행객이 많은데 반해, 아마 비치에는 일본인 여행객이 많으며, 한적한 분위기를 즐기기 좋다. 고운 모래해변과 투명한 바닷물이 자랑거리이다. 멀리 나가도 수심 깊지 않아, 초보자들도 쉽게 스노클링을 즐길 수 있다. 바다 속에는 수많은 산호와 다

양한 아열대 물고기들이 있다. 유유자적 아름다운 해변에서 스노클링을 즐겨보자. 찾아가기 자마미 항구에서 1.5km 도보 20분~25분, 자마미 항구에서 비치행 버스로 8분 주소 沖縄県島尻郡座間味村阿真 해수욕 기간 4월~10월 홈페이지 4travel.jp

③ 자마미의 아름다운 파노라마
카미노하마 전망대 神の浜展望台 카미노하마 텐보다이 구글좌표 26.228265, 127.282996

섬 서쪽에 있다. 자마미 섬에는 산이 많지만 높지 않은 편이다. 카미노하마 전망대의 해발 높이도 27m밖에
되지 않는다. 아마 비치에서도 전망대가 보인다. 이곳은 남빛 바다와 자마미의 아름다운 파노라마를 만끽하
기 좋다. 자마미 섬 마을 풍경과 아카 섬 등이 한눈에 들어온다. 수심이 얕은 에메랄드빛 바다가 아름답게 펼
쳐져 있고, 바다 위로는 크고 작은 바위섬이 그림처럼 떠있다. 우리나라의 남해가 떠오르는 풍경이지만 바다
빛은 비교가 되지 않을 만큼 아름답다. 석양도 압권이다. 저물어가는 붉은 태양과 섬이 어우러져 만드는 실루
엣이 장관이다. 찾아가기 자마미 항구에서 2.9km도보 40분. 차로 15분 주소 沖繩県島尻郡座間味村阿真

④ 자마미에서 가장 아름다운 풍경
메제노자키 전망대 女瀬の崎展望台 메제노자키 텐보다이 구글좌표 26.231447, 127.283043

메제노자키 전망대는 자마미 섬 안팎의 가장 아름다운 풍경을 볼 수 있는 곳으로, 카미노하마 전망대에서 북
쪽으로 400m 떨어진 곳에 있다. 전망대 양 옆으로 깎아내린 절벽이 웅장하게 서있고, 절벽 아래로는 투명
한 쪽빛 바다가 펼쳐져 있다. 멀리서도 물속 산호가 훤히 들여다보일 정도이다. 절벽에서 바다로 시선을 돌
리면 망망대해가 눈에 들어오고, 항구 쪽으로 고개를 돌리면 아카 섬이 한눈에 들어온다. 자마미 항으로 통
통배들이 들어오는 풍경이 고즈넉하면서도 아름답다. 찾아가기 자마미 항구에서 3.4km도보 47분. 차로 23분 주소 沖繩
県島尻郡座間味村阿真

 ★★★★☆

순수하고 맑은 천혜의 자연

아카 섬 阿嘉島 아카지마

구글좌표 아카섬

케라마 제도는 크게 도카시키, 자마미, 아카 섬으로 나뉘는데, 이 가운데 아카 섬이 가장 작다. 자마미 섬에서 남서쪽으로 3km 떨어진 곳에 있으며, 주민은 340명에 불과하다. 규모가 자마미 섬의 절반 정도이다. 아카 섬 남쪽 200m 거리에 게루마 섬이 있는데, 두 섬을 이어주는 '아카 대교'가 볼거리이다. 아름다운 니시하마 비치가 유명하다. 몇 개의 식당과 숙박 시설이 들어서 있다. 여행객들이 많이 모이는 곳이 아니라 자연환경이 맑고 깨끗하다.

아카 섬 찾아가기

아카 섬을 갈 수 있는 방법은 3가지이다. 나하의 토마린 항과 자마미 항, 도카시키 항에서 선박을 이용해 갈 수 있다. 토마린 항에서 출발하는 자마미 행 페리나 고속선의 일부 배편이 아카 항을 경유한다. 자마미 섬과 토카시키 섬의 아하렌 비치를 오가는 페리미쓰시마 페리도 아카 항을 경유하는 배편이 있다. 예약이 필수다. 매년, 매달, 매주 시간표가 달라지기 때문에 꼭 홈페이지를 확인해야 한다.

미쓰시마 페리 정보 홈페이지 http://www.vill.zamami.okinawa.jp 전화 예약 098 987 2614
소요 시간 및 운항요금 자마미 항에서 아카 항까지 15분 소요(편도 300엔, 어린이 편도 150엔), 도카시키(아하렌 비치)에서 아카 항까지 20분 소요(요금 편도 800엔)

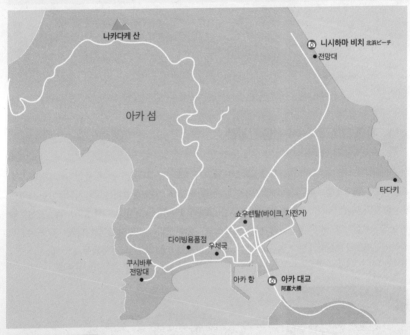

섬 안에서 이동하기

아카 섬에는 렌터카와 버스가 없다. 봉고 택시, 렌탈 바이크, 자전거 혹은 도보로 이동하면 된다. 렌탈 바이크 숍은 아카 마을에 있다. 바이크를 운전하려면 국제면허증이 필요하므로 꼭 가져가야 한다.

봉고 택시 090 5733 2627

바이크 렌탈 숍 쇼우 自転車レンタルショップ ショウ
주소 沖縄県島尻郡座間味村阿嘉 3 전화 090 1179 2839 렌탈 요금 자전거 1시간 300엔 4시간 800엔 바이크 1시간
1,500엔 5시간 3,500엔 홈페이지 http://www.oki-zamami.jp/~yoshinori-k/

1 자연 그대로의 순수함을 간직한
니시하마 비치 北浜ビーチ

맵코드 905 200 700
구글좌표 26.201928, 127.287433

아카 섬을 대표하는 비치이다. 여행객이 많이 찾지 않기 때문에 자연 그대로의 순수함을 간직하고 있다. 부드러운 하얀 모래와 코발트블루와 에메랄드빛이 오묘하게 섞인 바다, 해변을 즐기는 몇몇 사람들이 한 폭의 그림처럼 다가온다. 니시하마 비치의 가장 큰 자랑은 산호초. 비치에서 조금만 바다를 향해 나아가면 산호 밭이 눈을 사로잡는다. 게다가 바닷물이 계곡처럼 맑아 속이 훤히 보인다. 다만 해변에서 조금만 나가도 수심이 깊어지기 때문에 조심해야 한다. 여름을 제외하고는 안전 요원이 없다는 점도 염두에 두자.

찾아가기 아카항에서 1.7km(도보 20분, 바이크 10분) 주소 沖縄県島尻郡座間味村阿真 해수욕 기간 4월~10월

② 마음과 마음을 이어주다
아카 대교 阿嘉大橋 아카오오히시

구글좌표 26.188509, 127.285294

아카 섬에서 가장 큰 볼거리로, 아카 섬과 게루마 섬을 연결하는 다리이다. 아카 항과 이웃하고 있어 배로 아카 섬에 도착할 때 가까운 거리에서 볼 수 있다. 투명한 에메랄드빛 바다와 어우러진 다리가 낯선 듯 아름답다. 게루마 섬은 인구 20명에 불과한 작은 섬이다. 아카 대교는 땅뿐만 아니라 사람과 사람을 이어주는 다리이다. 그래서 더 아름답다. 찾아가기 아카 항에서 도보 300m 주소 沖縄県島尻郡座間味村阿嘉

🍴 도카시키 섬의 소문난 맛집

🍴 ★★★★☆
아하렌 비치의 소바와 돈가스 식당
바락쿠 喰呑屋バラック

구글좌표 26.171573, 127.345451

아하렌 비치 앞 마을에 있는 식당이다. 민가를 이용해 만든 정감 있는 곳이다. 동네 밥집 같은 분위기이다. 카레, 오키나와 소바, 돈가스 등을 배부르게 먹을 수 있다. 여행자 뿐만 아니라 현지인들도 간단히 밥을 먹으러 애용하는 곳이다. 소바는 가다랑어 육수를 사용해 맛이 깔끔하고 풍미가 좋다. 다른 메뉴도 담백하고 맛이 좋다. 도카시키 섬에서 식사를 해야 한다면 가격, 분위기 두루 부담이 없는 바락쿠를 기억하자. 찾아가기 아하렌 비치에서 도보 2~3분 주소 沖縄県島尻郡渡嘉敷村阿波連145 전화 098 987 3108 영업시간 11:00~14:00, 17:30~21:00 휴일 화요일 추천메뉴 오키나와 소바沖縄そば 예산 700엔1인

★★★★☆

씨푸드, 튀김, 소바
씨프렌드 シーフレンド 구글좌표 26.170909, 127.346829

아하렌 비치와 이웃해 있는 맛집이자 작은 대중 호텔이다. 가게 이
름에서 느껴지듯 해산물 요리가 많은 편이다. 직접 잡아온 신선한
해산물로 음식을 만든다. 이밖에 소바와 소바볶음, 회덮밥 메뉴도
있다. 씨프렌드의 음식 중에서는 세트 메뉴가 괜찮다. 밥과 국 그리
고 생선회가 나오는 튀김 세트, 생선회를 메인으로 한 회모듬 세트
등이 있다. 당일 잡은 생산으로 만드는 모듬회 세트와 생선회 덮밥
의 맛이 좋다. 바다를 즐기고 난 뒤 도카시키 섬의 미식을 즐기기
에 최적화된 식당이다.

찾아가기 아하렌 비치에서 도보 2~3분
주소 沖縄県島尻郡渡嘉敷村阿波連155 전화 098 987 2836
영업시간 07:30~8:30, 11:30~13:30, 17:30~20:00 휴일 부정기
예산 1,100엔1인 홈페이지 http://www.seafriend.jp

🍴 자마미 섬의 소문난 맛집

 ★★★★☆

생선회, 튀김, 도시락
자마미 어협 漁協座間味 구글좌표 26.227381, 127.302745

자마미 항구를 나와서 우측으로 조금만 걸어가면 2층 건물이 나
오는데 1층이 자마미 어협이다. 여행객에게는 포장 음식과 싱싱
한 생선을 파는 가게로 더 많이 알려져 있다. 청정 해역 자마미에
서 잡은 생선은 물론 생선회, 도시락, 튀김 등을 포장해 판매한다.
다만 생선이든 음식이든 한정되어 있기 때문에 금세 동이 난다.
영업시간은 18:30까지로 정해져 있지만 점심 시간이 지나면 끝
이 난다고 보면 된다. 어협 앞에 테이블을 놓은 작은 공간이 있다.
어협에서 음식을 구매해 이곳에서 먹으면 된다. 해변이나 전망대
로 가져가도 좋다.

찾아가기 자마미 항구에서 도보 2분 주소 沖縄県島尻郡座間味村座間味94
전화 098 987 2015 영업시간 10:00~18:30 휴일 부정기
추천메뉴 참치 사시미マグロ大# 오징어 사시미イカの刺身 예산 500엔1인

🍴 ★★★★☆

가성비 최고 도시락
탄포포 たんぽぽ Tanpopo

구글좌표 tanpopo

자마미 항구 마을에 있는 도시락 전문점이다. 탄포포는
우리말로 민들레라는 뜻이다. 자마미 섬의 대표 여행지는
해변이다. 비치를 찾는 여행객에게 도시락은 정말 소중하
다. 비치에도 식당이 있지만 가성비는 도시락을 따라가지
못한다. 탄포포민들레는 테이크 아웃만 가능한 식당이다.
비치 손님들이 많이 애용한다. 섬에서 나는 식재료로 만
들기에 탄포포 도시락은 더욱 맛있다. 생선튀김, 해초, 오
뎅, 샐러드 등이 담겨 나온다. 인기가 워낙 좋아 소진되면

곧바로 문을 닫는다. 11:30에 문을 열기 때문에 그즈음에 가는 것이 좋다.
찾아가기 자마미 촌 사무소 동쪽 건너편. 자마미 항구에서 187번 도로 따라 도보 4분 **주소** 沖縄県島尻郡座間味村座間味 76
전화 090 6890 5727 **영업시간** 11:30~18:00(재료 소진시 마감) **휴일** 부정기 **예산** 800엔1인

🍴 ★★★★☆

자마미 섬 최고 맛집
레스토랑 마루미야 レストラン まるみ屋

구글좌표 26.230069, 127.302565

자마미 섬 최고 맛집이다. 항구 마을 안쪽 깊숙한 곳에 자리 잡고 있다. 할머니가 운영하는데 여행객뿐만 아니
라 현지인에게도 인기 만점이다. 공간이 넓은 것도 장점이고, 독립된 방도 있다. 메뉴는 생선회, 돈가스, 돈부리,
소바, 생선튀김 등이 있다. 이 중에서 사시미 정식이 자마미 섬과 잘 어울리는 음식이다. 생선 다섯 종류와 국,
밥, 그리고 초절임이 나온다. 잡히는 생선에 따라 사시미 종류가 조금 다를 수 있다. 해산물을 좋아하지 않는다
면 다른 메뉴도 맛이 다 좋으므로 특별히 고민할 필요는 없다.
찾아가기 자마미 항구에서 도보 6분 **주소** 沖縄県島尻郡座間味村座間味432-2 **전화** 098 987 3166 **영업시간** 11:00~14:30,
18:00~22:30 **휴일** 수요일(8월은 무휴) **추천메뉴** 오늘의 세트本日のおすすめ **예산** 1,000엔1인

일본의 몰디브, 천국보다 아름다운
미야코 섬 宮古島 미야코지마

미야코 섬 찾아가기
나하공항에서 비행기로 40분 거리에 있다. ANA, JTA, RAC에서 하루 15
편 안팎 운항하고 있다. 도쿄의 하네다, 오사카의 간사이, 나고야의 주부
공항에서도 한두 편 운항된다.
나하공항 홈페이지 naha-airport.co.jp 전화 098 840 1151

오키나와에서 남서쪽으로 290km 떨어져 있는 미야코 섬인구 약 5만 명, 넓이는 204km²로 안면도의 약 2배은 일본의 '몰
디브'다. 미야코 섬 주변으로 이케마, 이라부, 구리마, 시모지 등 크고 작은 섬 11개가 모여 있는데 큰 섬은 다
리로 미야코 섬과 연결되어 있다.
일본은 매년 아름다운 해변 10곳을 선정하는데, 오키나와 해변이 항상 절반 이상을 차지한다. 그 중에서 탑
은 단연 미야코의 해변들이다. 특히 물빛이 아름다워 에메랄드그린, 쪽빛, 코발트블루, 페르시안 블루 등 아
주 다양한 표현으로 묘사되며, 이를 통틀어 미야코 블루라고 부른다. 이케마와 구리마, 이라부 대교를 건너며
미야코 블루를 맘껏 감상할 수 있다.

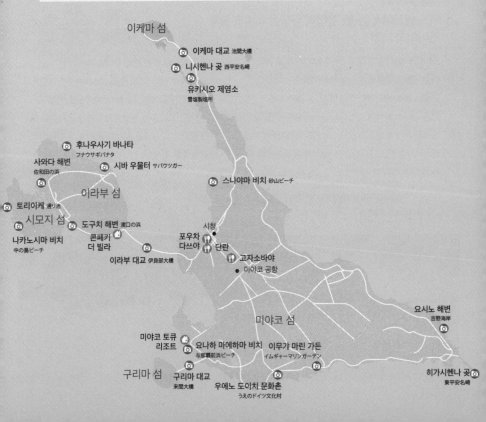

📷 ★★★★★

어느 영화에서 본 듯, 한없이 투명한 미야코 블루
스나야마 비치 砂山ビーチ

맵코드 310 603 263*55
구글좌표 sunayama beach

스나야마 비치를 따라다니는 수식어는 한 두 개가 아니다. 미야코 섬을 대표하는 해변, 미야코에서 가장 아름다운 에메랄드빛 비치, 일본에서 가장 물빛이 투명한 비치 같은 수식어가 항상 따라다닌다. 해변 풍경은 너무 아름다워서 어느 영화 속에서 본 것 같은 기분이 든다. 하얀 모래, 투명한 에메랄드빛 바다, 만좌모를 연상시키는 거대한 암석이 그림처럼 펼쳐져 있다. 한걸음, 한걸음 걸을 때마다 고운 모래가 발을 부드럽게 감싸준다. 물빛은 정말 투명하여 물고기의 움직임까지 훤히 보인다. 수심도 깊지 않아 수영을 즐기기 좋으며, 꼭 물놀이를 하지 않더라도 천국의 바다에서 조용히 여유를 즐기는 기분을 만끽할 수 있다. 편의시설이 잘 갖춰져 있지는 않으나, 주차장, 샤워장, 화장실은 마련되어 있다.

찾아가기 미야코 공항에서 78번현도県道 경유하여 렌터카로 북쪽으로 21분8.6km
주소 沖縄県宮古島市平良 해수욕 기간 4월~10월

 ★★★★☆

쪽빛 바다와 이케마 대교를 한눈에 담자

니시헨나 곶 西平安名崎 니시헨나자키

맵코드 310 841 572

구글좌표 nishihenna cape

미야코 섬 북쪽 끝에 있다. 북쪽 끝이라는 상징성 때문에 적지 않은 여행객들이 먼 길을 달려 찾아온다. 기암괴석으로 끝없이 밀려오는 파도와 시원하게 펼쳐진 쪽빛 바다 풍경이 몹시 아름답다. 그러나 이곳이 유명한 진짜 이유는 미야코 섬과 이케마 섬을 연결하는 긴 다리 이케마 대교와 이케마 섬을 한 눈에 담을 수 있기 때문이다. 절벽 위에 전망대 3개가 있어 쪽빛 바다 위에 쭉 뻗어 있는 다리 모습을 바라보기 좋다. 게다가 풍력발전기 몇 대가 우뚝 서있어 이국적인 분위기도 자아낸다. 특히 에메랄드빛 바다가 주황빛으로 변하는 해질녘 다리와 함께 어우러진 아득한 풍경이 가슴을 적신다. 일반 여행객들은 물론 낚시하러 온 현지인들도 많다. 낚시줄을 허공에 날리는 강태공의 모습 또한 이곳만의 독특한 풍경이다.

찾아가기 미야코 공항에서 230번현도県道 경유하여 렌터카로 북쪽으로 30분18km

주소 沖縄県宮古島市平良 平良狩俣 전화 098 072 3751

 ★★★★☆

너무 아름다워 오래도록 잊을 수 없다

이케마 대교 池間大橋 이케마오하시

맵코드 310 871 737

구글좌표 ikema-ohashi bridge

미야코에서는 다리조차 관광 명소다. 바다가 너무 아름다운 까닭이다. 이케마 대교는 미야코 섬과 이케마 섬을 연결하는 다리다. 길이는 1,425m에 이른다. 1992년에 완공됐을 때 오키나와에서 가장 긴 다리로 유명세를 떨쳤다. 하지만 1995년에 구리마 대교来間大橋가, 2015년엔 이라부 대교3540m가 완공되면서 아쉽게 왕좌에서 내려왔다. 다리를 건널 때면 모두들 차에서 내려 카메라를 셔터를 누르느라 바쁘다. 다리 양쪽으로 누워있는 에메랄드그린 바다는 그림처럼 아름답고 고요하다. 특히 날씨가 좋은 날에는 새파란 하늘과 하얀 구름 그리고 아름다운 바다가 어우러져 절경을 이룬다. 다리 위를 달리고 있으면 하늘을 나는 듯한 기분이 든다. 미야코 섬 드라이브 코스 중 베스트로 꼽힌다. 배가 다리 밑을 지나다닐 수 있도록 아치형으로 설계되어 다리 구조도 아름답다. 저녁 무렵 노을이 만들어내는 풍경은 광염 소나타 그 자체이다. 너무 강렬하게 아름다워 오래도록 잊을 수 없다.

▌Travel Tip 이케마는 인구 80명에 불과한 작은 섬이다. 때가 덜 묻은 섬 속의 섬으로 아름다운 해변과 숲 그리고 습지가 있다. 여행객을 위한 편의시설은 거의 없다.

찾아가기 미야코 공항에서 230번 현도県道 경유하여
렌터카로 북쪽으로 30분·19km

홈페이지 https://sotoasobi.net/10/47/113/blog/miyako-area

 ★★★☆☆

산호가 만든 일본 최고 소금
유키시오 제염소 雪塩製塩所 유키시오세이엔쇼

맵코드 310 812 702*52
구글좌표 24.902247, 125.268473

미야코 섬에서는 일본 최고의 소금 유키시오가 생산된다. 유키ゆき는 눈Snow을, 시오しお는 소금을 의미한다. 눈처럼 결정체가 작고 하얀 이 독특한 소금이 만들어지는 이유는 아름다운 자연환경 때문이다. 깨끗한 바닷물이 산호와 만나면서 소금에 다량의 칼슘이 스며든다. 2000년 유키시오는 세계에서 가장 많은 미네랄을 함유하고 있는 소금으로 기네스북에 이름을 올리기까지 했다. 또 세계의 식품 올림픽이라는 불리는 몬드 셀렉션에서 2006년과 2007년 2년 연속 금상을 수상하기도 했다.

유키시오 제염소는 미야코 섬 북쪽 끝자락에 있다. 막상 세계 최고의 소금이 만들어지는 공장 앞에 서면 소박한 모습에 깜짝 놀라게 된다. 소금이 만들어지는 과정은 물론 신기하다. 이 작은 공장에 많은 사람이 찾아오는 가장 큰 이유는 유키시오 소프트 아이스크림 때문이다. 눈처럼 하얀 이 아이스크림은 부드럽고 담백한 맛으로 인기가 좋다. 제염소 가까운 곳에 이케마 대교와 니시헨나 곳이 있어 함께 둘러보기 좋다.

찾아가기 미야코공항에서 230번현도県道 경유하여 렌터카로 북쪽으로 30분16.4km
주소 沖縄県宮古島市平良狩俣 191
전화 098 072 5667 운영시간 4월~9월 9:00~18:30 10월~3월 9:00~17:00 휴일 없음
요금 없음 홈페이지 https://www.yukisio.com/

📷 ★★★★☆

절벽 아래 꼭꼭 숨은 스노클링 명소
요시노 해변 吉野海岸 요시노카이간

맵코드 310 293 248
구글좌표 yoshinokaigan beach

미야코 섬 동쪽 해안 절벽 아래 있는 해변이다. 절벽 아래에 숨어 있어서 도로에서는 비치가 보이지 않으며, 안타깝게 차로 진입할 수 없다. 무료 또는 유료 주차장에 차를 세우고 셔틀에 승차하여 1분 정도 이동하거나, 구불구불한 해안길을 따라 내려가면 드디어 요시노 해변이 반겨준다. 산호모래 비치 뒤편으로 절벽이 병풍처럼 서있다. 해변의 풍경은 조촐하지만, 바다만큼은 남태평양 부럽지 않은 자태를 뽐낸다. 수심이 깊지 않고 물이 투명하여 산호초와 아열대 물고기를 쉽게 찾아볼 수 있다. 겨울에는 바다거북이 이 일대에서 알을 낳기도 한다. 요시노 해변은 스노클링 하기 좋은 곳으로 유명하다. 비치 앞에 스노클링 장비 대여 숍이 있고, 주차장에서도 유료로 장비 대여가 가능하다. 이곳에서 2km떨어진 곳에는 별모래 해변으로 유명한 아라구스쿠 해안이 있다.

찾아가기 미야코공항에서 83번현도県道 경유하여 렌터카로 남동쪽으로 35분 19.4km 주소 沖縄県宮古島市城辺 城辺新城 15-38 전화 098 073 2690 해수욕 기간 4월~10월 주차비 500엔

📷 ★★★★☆

저건 분명 신이 빚은 것이다
히가시헨나 곶 東平安名崎 히가시헨나자키

맵코드 310 205 235
구글좌표 east henna cape

미야코섬 동쪽 끝, 바다와 만나는 곳에 있는 석회암 절경이다. 석회암 절벽에 서면 기암괴석 수십 개가 바다 위에 떠 있는 모습이 마치 대지의 예술 같다. 신이 빚은 설치 작품 같아 말을 잃게 된다. 제주의 설문대할망과 그리스의 제우스 손길이 이곳까지 미친 것 같다는 생각이 들 정도이다. 신이 존재한다면 직접 두 손으로 만들었을 법한 이 풍경은 그러나 오로지 자연이 제 혼자 힘으로 만든 풍경이다. 절벽 주변으로 다양한 식물이 계절마다 다른 모습으로 피어나 절경을 더 빛내준다. 히가시헨나 곶은 일본 도시 공원 100선 중 하나로 선정되기도 했다. 절벽 끝에는 하얀 등대가 우뚝 서 있다. 등대를 기준으로 오른쪽으로는 태평양이, 왼쪽으로는 동중국해가 펼쳐져 있어 큰 바다 두 개를 동시에 볼 수 있다. 이곳에는 류큐 시대 최고의 미인 '미무야'가 사랑을 이루지 못해 절벽에서 몸을 던졌다는 슬픈 전설도 전해진다.

찾아가기 미야코공항에서 83번현도県道 경유하여 렌터카로 동남쪽으로 35분 24km 주소 沖縄県宮古島市城辺 城辺保良 전화 098 077 4905
운영시간 09:30~16:30(등대) 입장료 200엔(등대)
홈페이지 miyakozima.net

 ★★★★☆

신의 놀이터에서 스노클링을 즐기자
이무갸 마린 가든 イムギャーマリンガーデン

맵코드 310 193 428
구글좌표 imgya marine garden

제주도 서귀포의 황우지 해안은 에메랄드빛 바다가 커다란 돌에 둘러싸인 천연 수영장으로 유명하다. 수심은 깊지만 방파제 구실을 하는 바위 덕분에 파도가 잔잔한데다, 스노클링에도 제격이라 많은 여행객들이 찾는다. 이무갸 마린 가든은 미야코 섬의 황우지 해안이라 할 수 있는 곳으로 규모가 훨씬 크고 더 신비롭다. 방파제 같은 돌길 안쪽에 넓은 바다가 펼쳐져 있다. 바람이 불고 파도가 쳐도 돌길 안쪽의 물은 호수처럼 잔잔하고 고요하다. 수심도 얕고 물이 깨끗해, 물놀이를 하거나 스노클링을 즐기기 좋다. 바다 속에는 산호가 춤을 추고 있고, 바위 사이사이로는 아열대 물고기들이 형형색색 놀고 있는 모습을 훤히 볼 수 있다. 이무갸 마린 가든 옆 작은 언덕에는 전망대가 있다. 이곳에 오르면 아름다운 미야코 남부의 쪽빛 바다를 마음껏 감상할 수 있다. 편의시설은 부족한 편이다. 스노클링을 즐기고 싶다면 개별적으로 장비를 챙겨가는 것이 좋다.

찾아가기 미야코공항에서 190번현도県道 경유하여 렌터카로 남동쪽으로 15분10km
주소 沖縄県宮古島市 城辺友利 홈페이지 http://www.city.miyakojima.lg.jp

 ★★★☆☆

미야코에서 만난 독일
우에노 도이치 문화촌 うえのドイツ文化村 우에노 도이쓰분카무라

1873년 7월 11일 오키나와 부근을 지나던 독일 상선이 태풍을 만나 미야코 섬에 좌초되었다. 주민들은 선원 8명을 전원 구조하여 37일간 친절하게 돌보았다. 사연이 독일에 알려지자 감동을 받은 독일 황제 빌헬름 1세(1797~1888년)가 1876년 군함을 보내 박애기념비를 건립했다. 100년 뒤인 1996년 난파선으로 인연 맺은 독일과 오키나와의 스토리를 더 오래 기념하기 위해 미야코에 테마파크 우에노 도이치 문화촌을 만들었다.

태평양의 작은 섬에서 만난 유럽풍 건물은 꽤 이국적으로 다가온다. 독일의 700년 된 마르크부르크 성을 완벽 재현했다. 기념관 안에는 독일 문화에 관한 자료들이 전시되어 있는데, 그중 베를린 장벽이 볼만하다. 독일 통일 이후 베를린 장벽이 해체되면서 세계 곳곳에 기증한 장벽 조각 중 하나이다. 실내 수영장, 산책로 등 다양한 볼거리와 편의시설이 있다. 2000년 독일 전 총리 슈뢰더가 이곳을 방문하면서 더욱 유명해졌다.

맵코드 310 158 894
구글좌표 ueno german

찾아가기 미야코공항에서 190번과 202번현도県道 경유하여 렌터카로 남쪽으로 20분10km
주소 沖縄県宮古島市上野宮国 775-1
전화 098 076 3771
운영시간 09:00~11:00
휴일 화요일
입장료 성인 750엔 어린이 400엔
홈페이지 hakuaiueno.com

 ★★★★★

매년 일본에서 가장 아름다운 해변으로 꼽히는
요나하 마에하마 비치 与那覇前浜ビーチ

맵코드 310 211 739
구글좌표 maehama beach

일본에서는 매년 가장 아름다운 비치 10곳을 선정한다. 그 가운데 절반 이상이 오키나와에 있는 해변이고, 오키나와 해변 가운데 대부분은 미야코의 해변이다. 요나하 마에하마 비치는 일본에서 가장 아름다운 해변 1위에 제일 많이 꼽히는 비치이다. 하얀 모래, 에메랄드빛 바다, 잔잔한 파도, 푸른 하늘, 매혹적인 풍경. 아름다운 해변이 갖추어야 할 모든 요소를 완벽하게 갖췄다. 시선을 멀리 던지면 구리마 대교가 아름다움을 더욱 빛내준다. 해변의 길이가 무려 7km나 되며, 모래가 너무 부드러워 밟는 것만으로도 기분이 좋아진다. 동양에서 가장 아름다운 비치라고 자랑하는 일본인들의 호들갑이 빈말이 아니다. 바나나 보트, 요트 크루즈 등 적지 않은 액티비티 프로그램이 있다. 구리마 섬에 있는 전망대에 가면 요나하 마에하마 비치의 아름다운 모습을 한눈에 담을 수 있다.

찾아가기 미야코공항에서 390번국도 경유하여 렌터카로 남서쪽으로 14분7.4km 주소 沖縄県宮古島市下地与那覇 1199番 전화 098 072 3751 해수욕 기간 4월~10월 편의시설 이용료 파라솔 1,000엔(1일) 해양 레저 비용 바나나보트 1,500엔(10분) 요트 크루즈 3,000엔(1시간) 스노클링 3,000엔(4시간)

미야코 블루, 잊을 수 없는 드라이브

구리마 대교 来間大橋 구리마 오오하시

구리마 섬은 미야코 서남쪽에 있는 섬이다. 면적은 2.84km²로 아주 작으며, 섬의 대부분은 사탕수수 밭이다. 이 섬은 미야코 섬과 이어주는 구리마대교로 유명하다. 1,690m에 이르는 긴 다리로 1995년에 건설되었다. 미야코 섬의 다리들은 대부분 유명하기로 정평이 나 있는데, 미야코 블루를 한눈에 담으며 환상적인 드라이브를 즐길 수 있기 때문이다. 특히 구리마 대교를 건너며 바라보는 미야코의 바다는 절경 중의 절경이다. 아름다운 바다를 감상하며 탄성을 지르느라 모든 차가 천천히 달린다. 하늘마저 눈이 부시게 푸른 날에는 바다와 어우러져 더욱 아름다운 풍경을 연출한다. 다리를 건너면 카페와 기념품점이 옹기종기 모여 있고, 다리와 바다를 한 눈에 담을 수 있는 전망대도 나온다. 전망대에 서면 건너편의 요나하 마에하마 비치의 백사장은 물론 왼쪽의 이라부 섬과 이라부 대교까지 눈에 담을 수 있다.

찾아가기 미야코공항에서 243번현도県道와 390번국도 경유하여 렌터카로 남서쪽으로 15분8.3km

📷 ★★★★★

천국으로 가는 듯 비현실적으로 아름다운
이라부 대교 伊良部大橋 이라부 오오하시

맵코드 310 420 839
구글좌표 이라부대교

미야코 섬과 서북쪽 이라부 섬을 잇는 다리로 길이는 3,540m이다. 40여 년 전부터 계획하고, 9년 동안 건설하여 2015년에 완공하였다. 고우리 대교보다 1,580m가 더 길다. 그래서 '꿈의 다리'라 불리기도 한다.

이라부는 미야코에 딸린 섬 가운데 가장 큰 섬으로, 면적 26.6km²에 주민 6,280명이 살고 있다. 다리가 놓이기 전까지 오랜 시간 홀로 떨어져 있던 까닭에 때묻지 않은 자연을 고스란히 간직할 수 있었다. 해변은 아름답고 사람들 표정은 소박하고 여유가 넘친다. 그러나 누가 뭐라 해도 가장 멋진 풍경은 이라부 대교에서 바라보는 바다이다. 천국으로 가는 다리가 지상에 있다면 그것은 아마도 이라부 대교일 것이다. 에메랄드빛 미야코 블루가 거대한 호수처럼 펼쳐져 있고, 다리 위에서 바다 속을 들여다볼 수 있을 정도로 물빛이 투명하다. 다리 위를 달리노라면 자동차가 아니라 비행기를 타고 하늘을 나는 기분이 든다. 다리 중간에 주차 공간이 마련되어 있어 많은 사람들이 차를 세우고 인생샷을 남긴다. 일본인들에게 프로포즈 장소로도 인기가 좋다. 완벽한 풍경에서의 아름다운 드라이브! 이라부 대교를 놓치지 말자.

찾아가기 미야코공항에서 243번현도県道와 252번현도 경유하여 렌터카로 북서쪽으로 13분6.6km 주소 沖縄県宮古島市平良久貝

 ★★★★★

공항 옆에서 스노클링 즐기기
시모지 섬과 나카노시마 비치 下地島 & 中の島ビーチ 시모지지마와 나카노지마 비치

맵코드 721 241 377*83(나카노지마비치) 구글좌표 nakanoshima beach

시모지 섬은 이라부와 작은 다리로 연결되어 있는 섬이다. 이 작은 섬에 공항이 하나 있는데, 시모지 공항이다. 1994년 건설된 이후 공식적으로 비행기가 한 번도 취항한 적이 없는 독특한 공항이다. 군사용이지만 지금은 민간 항공사의 훈련용으로 쓰인다. 공항 서쪽에는 물빛이 아름다운 나카노시마 비치中の島ビーチ가 있다. 해변 곳곳에 바위와 암석이 누워 있어 독특한 분위기를 자아낸다. 바다 속에도 크고 작은 바위가 있다. 기암괴석이 파도를 막아주고, 산호초와 아열대 물고기들에게 터전을 마련해준다. 바위 덕에 물결이 잔잔하여 스노클링 즐기기에 그만이다. 몇 발자국만 앞으로 나아가도 환상적인 풍경이 펼쳐진다. 스노클링 중급자라면 조금 멀리 나가는 것도 좋다. 아름다운 비치이지만 편의시설, 이정표 같은 것은 찾아볼 수 없다. 비치 안에 주민들이 운영하는 작은 매점 하나가 전부이다. 때 묻지 않은 자연과 풍경을 즐기기에 좋다.

찾아가기 미야코공항에서 252번현도県道 경유하여 렌터카로 북서쪽으로 35분18.8km 주소 沖縄県宮古島市伊良部佐和田 1739

★★★☆☆

우물가에서 바라보는 남빛 바다
시바 우물터 サバウツガー 시바우쯔가

맵코드 721 302 480 구글좌표 24.846831, 125.206305

이라부에는 1966년에 수도 시설이 놓였지만 바닷가에는 아직 240년 된 시바 우물터가 남아 있다. 예전엔 물을 길러 이곳에 갔지만, 지금은 해안 절경과 푸른 태평양을 마음에 담기 위해 이곳을 찾는다. 깎아내린 절벽, 에메랄드빛 바다와 산호가 만들어내는 풍경이 보는 사람의 마음을 시원하게 만든다. 우물터는 절벽 아래로 돌계단 130개를 내려가야 한다. 막상 다다르면 특별할 것 없는 작은 우물터이다. 하지만 우물에서 절벽을 올려다보면 아득하기 그지없다. 물을 짊어지고 저 계단을 올랐을 옛 이라부 섬 사람들의 삶이 떠올라, 인생을 다시 한 번 생각하게 된다.

찾아가기 미야코공항에서 252번현도道 경유하여 렌터카로 북서쪽으로 30분16.1km 주소 沖縄県宮古島市伊良部 伊良部前里添 588-70

 ★★★★☆

작별 인사를 나누던 눈물의 언덕
후나우사기 바나타 フナウサギバナタ

맵코드 721 366 822 구글좌표 funausagi banata

옛날 섬사람들에게 배를 타고 바다를 건너는 것은 심리적으로 이별이었다. 다시 돌아오지 못할 것 같은 절절한 슬픔을 마음에 담고 바다를 건너야 했다. 그럼에도 섬사람들은 이별에 유독 무미건조하다. 쿨하게 이별해야 슬픔을 이겨내고, 떠나는 사람도 편하게 보낼 수 있기 때문이다. 이라부 섬의 후나우사기 바나타는 떠나는 사람들을 지켜보던 곳이다. 그야말로 눈물의 언덕이었던 셈이다. 그래서일까? 언덕에 서면 유독 애잔한 아름다움이 느껴진다. 바닷가 절벽 위 독수리 조형물 전망대에 오르면 아득한 바다가 한눈에 들어온다. 손을 흔들며 작별 인사를 했을 이라부 사람들의 슬픔도 아득히 전해져온다.

찾아가기 미야코공항에서 252번현도道 경유하여 렌터카로 북서쪽으로 30분19.4km 주소 沖縄県宮古島市伊良部

★★★★☆

현지인이 즐겨 찾는 숨겨진 보석
도구치 해변 渡口の浜 도구치노하마

맵코드 721 216 042

구글좌표 toguchinohama beach

찾아가기 미야코 공항에서 252번
현도県道 경유하여 렌터카로 24분15.4km
주소 沖縄県宮古島市伊良部伊良部 1352-
16 해수욕 기간 4월~10월

일본의 아름다운 100대 해변에 이름을 올린 멋진 비치이다. 이라부 섬에 있는 숨어 있는 보석이다. 밀가루처럼 고운 모래가 일품이다. 해변은 길고 넓다. 산책로도 조성되어 있어 한적하게 시간 보내기에 그만이다. 바다 수심이 깊지 않고 파도도 높지 않아 물놀이를 즐기기 좋다. 편의시설이 잘 갖춰져 있지는 않으므로, 먹을 것이나 물을 미리 챙겨가는 것이 좋다.

 ★★★★☆

돌, 돌, 바위! 바다 위의 설치 예술
사와다 해변 佐和田の浜 사와다노하마

맵코드 721 304 061　구글좌표 24.837370, 125.157582

일본의 아름다운 100대 해변으로 선정된 아름다운 해변이다. 고운 모래사장과 바다에 크고 작은 돌 300여 개가 뿌려져 있는 독특한 풍경으로 유명하다. 이 돌들은 1771년에 일어난 쓰나미 때 깊은 바다에서 밀려온 것이다. 엄청나게 큰 돌도 있어 경외감을 느끼게 된다. 당시의 쓰나미는 오키나와 역사상 최악의 쓰나미로 기록되어 있으며, 해변의 풍경만으로 그 위력을 충분히 상상할 수 있다. 그러나 바다는 아름답고 한없이 투명하다. 거기에 크고 작은 돌들이 조각품처럼 서 있어 해질녘 암석의 실루엣이 절정의 아름다움을 자아낸다. 해수욕보다는 아름다운 자연을 즐기기 좋다. 이라부 섬 서북쪽에 있다.

찾아가기 미야코공항에서 252번현도県道 경유하여 렌터카로 북서쪽으로 30분19.4km
주소 沖縄県宮古島市伊良部佐和田 1725 해수욕 기간 4월~10월

📷 ★★★★☆

바다를 닮은 에메랄드빛 호수

토리이케 通り池

맵코드 721 241 468*76
구글좌표 toriike pond

나카노시마 비치 북쪽 해안가에 카렌펠트 지형이 만든 신비로운 연못 토리이케가 있다. 카렌펠트란 석회암 지대가 빗물에 녹아내려 크고 작은 돌기 모양의 기둥이 만들어진 지대를 말한다. 시모지 섬에는 꽤 넓게 펼쳐진 카렌펠트 지대가 있다. 식물이 자란 카렌펠트 지대는 우주의 다른 행성에 와 있는 듯 분위기가 독특하고 이국적이다. 신비로운 풍경 사이로 파란 물이 고여 있는 제법 큰 연못이 신비감을 더해주는데, 이 연못이 '토리이케'이다. 주차장에 차를 세우고 나오면 숲길이 나타난다. 숲길을 따라 조금 걸어가면 신비로운 원형 연못 두 개가 나타난다. 지름이 각각 75m와 55m에 이르며, 두 연못이 이웃해 있어 '용의 눈알'이라 불린다. 물빛 또한 시모지 섬답게 아름다운 에메랄드빛이다. 연못이 두 개이지만 사실은 땅 밑으로 연결되어 있다. 더 깊이 들어가면 바다와도 연결되어 있어 더욱 신비롭고 색다른 정령이 느껴진다. 이 연못은 원래 해저 동굴이었다. 침식작용으로 천장이 무너져 연못이 되었다. 인어가 살았다는 전설이 전해지고 있으며, 지금은 다이버들이 바다 속을 누빈다.

찾아가기 미야코공항에서 252번현도県道 경유하여 렌터카로 북서쪽으로 35분21.7km 주소 沖縄県宮古島市伊良部字佐和田

★★★★☆

80년 전통 소바 전문점
고자 소바야 古謝そば屋

맵코드 310 424 367* 50
구글좌표 koja soba

미야코 시 남쪽에 있는 소바 집이다. 1932년에 문을 연 전통이 있는 맛집이다. 미야코 섬을 대표하는 식당이다. 인기 메뉴는 미야코 소바다. 가다랑어를 오래 우려낸 육수가 고명으로 올라오는 소키갈비와 어우러져 깊고 시원한 맛을 낸다. 소바 세트도 인기가 좋다. 실말 초무침과 밥 그리고 소바가 나온다. 영어로 된 메뉴판이 있어서 주문하기 어렵지 않다. 미야코에는 시내 중심부 외에는 음식점이 많지 않다. 바다 구경도 식후경이다. 비치로 떠나기 전 단단히 배를 채우자.

찾아가기 ❶ 미야코 시청에서 남쪽으로 도보 25분2km ❷ 미야코 소방서에서 서쪽으로 도보 15분1.2km ❸ 미야코공항에서 렌터카로 서북쪽으로 13분
주소 沖縄県宮古島市平良下里1517-1 전화 098 072 8304
영업시간 11:00~20:00 휴일 수요일, 부정기
추천메뉴 미야코 소바宮古そば 예산 1,000엔1인

 ★★★☆☆

늘 손님이 많은 음식점 겸 이자카야
포우차 다쓰야 ぼうちゃたつや

맵코드 310 453 808 *20
구글좌표 24.802783, 125.281898

현지인들에게 아주 인기가 높은 이자카야 겸 식당이다. 미야코 시내에 있는데, 언제나 손님이 많다. 예약을 하지 않으면 줄을 서서 기다리는 경우가 많다. 대표 메뉴는 오늘의 추천메뉴다. 그날 잡힌 생선이난 해산물로 요리를 한다. 주로 생선구이가 나오는데 소금구이와 간장 절임이 있다. 일본어 메뉴판밖에 없기 때문에 미리 일본어 메뉴를 숙지하고 가는 것이 좋다. 그게 어렵다면 오늘의 메뉴를 주문하자.

찾아가기 ❶ 미야코 시청에서 동남쪽으로 도보 5분 ❷ 미야코 공항에서 렌터카로 서북쪽으로 14분 주소 沖縄県宮古島市平良西里 平良西里2756
전화 098 703 3931 영업시간 18:30~23:00 휴일 부정기
추천메뉴 오늘의 메뉴本日のおすすめ 예산 1,000엔1인

★★★☆

술을 부르는 생선회와 타코와사비
단란 だんらん

미야코 섬의 명동은 미야코 시청 옆을 지나는 78번 도로이다. 이곳은 늘 여행객으로 넘쳐난다. 반면 도로 안쪽은 비교적 조용하다. 단란은 78번 도로 남쪽 골목에 있다. 현지인이 많이 찾는 이자카야이다. 생선회와 해산물 꼬치구이까지 이자카야의 대표 메뉴들을 두루 맛 볼 수 있는 곳이다. 주방장의 손맛이 뛰어나 생선회는 물론 다른 메뉴도 맛이 좋다. 타코와사비도 맛이 좋다. 숙성이 잘 돼 쫄깃하면서 부드럽다. 당신은 이제, 미야코의 밤을 즐기기만 하면 된다.

찾아가기 ❶ 미야코 시청에서 동남쪽으로 도보 4분 ❷ 미야코공항에서 렌터카로 서북쪽으로 14분 주소 沖縄県宮古島市平良西里294-1
전화 098 073 8271 영업시간 18:30~24:00 휴일 부정기
추천메뉴 생선회모듬魚刺身の盛せ 타코와사비タコわさび 예산 1,500엔1인

 ★★★☆

흥이 절로 나는 라이브 이자카야
아카가라 あかがーら

미야코 섬에서 가장 흥겨운 이자카야다. 미야코 시청 옆 78번 도로에 있다. 가게 앞 스피커에서 흥겨운 류큐 라이브 음악 소리가 거리를 따라 흐른다. 이자카야에서 노래를 부르며 손님들이 어울려 춤을 추기로 유명하다. 78번 도로에는 이런 가게가 많은데 아카가라는 그 중에서 가장 대표적인 곳이다. 테이블 여러 개와 독립된 방이 있는데 라이브를 즐기기 위해서는 홀에 자리를 잡는 것이 좋다. 류큐 노래를 부르는 민속 가수가 분위기를 살린다. 하이라이트는 모든 손님이 일어나 춤을 출 때다. 너나 할 것 없이 흥에 겨워 류큐 민속춤을 춘다. 마치 축제 같은 분위기다. 음식도 좋지만 분위기는 더 좋은 가게다. 라이브 공연을 보려면 100엔을 추가하면 된다.

찾아가기 ❶ 미야코 시청 남쪽 블록 78번 도로변. 시청에서 도보 3분 ❷ 미야코공항에서 렌터카로 서북쪽으로 14분
주소 沖縄県宮古島市平良西里 平良西里233 전화 098 072 2030
영업시간 17:00~24:00 휴일 부정기 예산 1,000엔1인

🍴 ★★★★☆
직원도 춤을 추는 흥겨운 라이브 이자카야
시마 우타라쿠엔 츄라츄라 島唄楽園 美ら美ら

구글좌표 24.806410, 125.279975

미야코 섬은 독특하다. 낮에는 조용하지만 밤이 되면 여기저기서 음악소리가 흘러나온다. 특히 이자카야에서는 류큐 민속 음악이 라이브로 흘러나오고, 손님과 가수가 하나가 되어 춤을 춘다. 시마 우타라쿠엔 츄라츄라도 이런 곳 중 하나이다. 음식까지 맛이 좋아 여행객에게 인기가 높다. 가게가 작은 편이라 가수와 손님의 거리가 가깝다. 재미있는 점은 흥이 돋으면 직원들도 하나가 되어 춤을 춘다는 것이다. 라이브는 보통 20:00에 시작되는데 딱히 정해지진 않았다. 술 한 잔 하며 기다리면 이윽고 라이브가 시작된다. 음식 중에서는 초밥이 특히 맛이 좋다. 건너편에 같은 이름의 가게가 있다. 꼬치구이 전문점으로 현지인에게도 인기가 좋다.

찾아가기 ❶ 미야코 시청에서 243번 도로 따라 서북쪽으로 도보 2분 ❷ 미야코공항에서 렌터카로 서북쪽으로 14분 주소 沖縄県宮古島市平良西里182 전화 098 073 3130 영업시간 18:00~24:00 휴일 월요일 추천메뉴 초밥세트寿司セット 예산 1,000엔1인

🍴 ★★★★☆
오뎅 전문 식당 겸 이자카야
시마오뎅 타카라 島おでんたから

구글좌표

오뎅 전문점이자 이자카야다. 현지인들이 더 많이 찾는 곳으로 내부는 이자카야 분위기가 강하다. 일본 사람들은 오뎅을 우리와 조금 다르게 먹는다. 우리는 국물과 꼬치로 주로 먹지만 일본은 오뎅을 야채와 함께 그릇에 내온다. 우리나라의 이자카야에서 볼 수 있는 오뎅탕과 모습이 비슷하다. 다만 국물이 적은 게 다르다. 오뎅이 인기 있는 술안주이기는 한국이나 일본이나 똑같다. 국물이 거의 없지만 이곳 오뎅은 쫄깃하면서 고소하다. 자연스레 술을 부른다. 다른 이자카야와 달리 분위기가 차분해 조용히 술을 마시기에 좋다.

찾아가기 ❶ 미야코 시청에서 190번, 78번 도로 따라 서북쪽으로 도보 3분 ❷ 미야코공항에서 렌터카로 서북쪽으로 14분 주소 沖縄県宮古島市平良西里西里172 전화 098 072 0671 영업시간 19:00~24:00 휴일 일·화요일, 부정기 추천메뉴 모둠 오뎅おでん盛合せ 예산 1,000엔1인

아열대 풍경이 생생하게 살아있는
야에야마 제도 八重山諸島

야에야마 제도는 오키나와 현 남서쪽에 있는 군도로, 일본 최남단이자 최서단이다. 중국과 일본이 영토 분쟁 중인 센카쿠 열도조어도, 댜오위다오 바로 옆에 있어 국제적으로는 꽤 알려진 곳이다. 이시가키, 다케토미, 이리오 모테, 하테루마, 요나구니를 비롯하여 29개 섬이 모여 있으며, 인구는 52,400명이다. 이시가키 섬이 야에야 마 제도의 중심이다. 일본보다 타이완이 더 가깝다. 나하에서 서남쪽으로 410km 떨어져 있고, 타이완과는 불과 100km 떨어져 있다. 독특한 남국의 분위기를 자아내 많은 여행객이 찾아오면서 2013년에 신이시가키 공항이 새롭게 문을 열었다. 오키나와 본섬과 마찬가지로 산호모래, 투명한 물빛, 산호초, 에메랄드빛 바다가 어우러져 있지만, 산은 더 높고 숲은 밀림처럼 울창하여 아열대 분위기를 강하게 느낄 수 있다. 오키나와 전쟁 당시 피해를 입지 않아 남국의 옛 정취를 고이 간직한 곳이기도 하다.

야에야마 제도 찾아가기

항공편을 이용해야 한다. 한국에서 직항 편은 없고 나하와 미야코 섬, 본
토의 도쿄, 오사카 등지에서 출발하는 항공편이 있다. JAL, ANA, RAC 등
에서 신이시가키 공항까지 항공편을 운항한다. 다케토미 섬이나 이리오
모테 섬에 가려면 이시가키 섬에서 페리를 이용해야 한다.

신이시가키 공항 新石垣空港 맵코드 366 294 248 구글좌표 ishigaki airport
주소 **沖縄県石垣市白保 1960-104-1** 전화 **098 087 0468**

히라쿠보 전망대 ◎
平久保崎

선셋 비치 ◎
サンセットビーチ

전망대

카비라 만 ◎
川平湾

요네하라 비치
米原ビーチ

207

390

79

이시가키 섬

신이시가키 공항

208

87

이시가키 섬 석회동굴 ◎
石垣島鍾乳洞

이시가키 시청

390

하야나고미 카페

야키니쿠 히토시
야마모토

콘도이 비치 ◎
コンドイビーチ

이시가키 항

다케토미 섬

★★★★☆

아름다운 비치, 종유 동굴, 아열대 숲
이시가키 섬 石垣島 이시카키지마

구글좌표 이시가키 섬

야에야마 제도의 중심지로 인구 4만7천여 명이 거주한다. 섬 둘레가 140km 정도여서 하루면 자동차로 일주하며 여행할 수 있다. 이 섬의 매력은 단연 아름다운 자연이다. 푸른 산호초에 둘러싸인 선셋 해변, 투명함을 자랑하는 요네하라 해변, 석회암 종유 동굴, 정글 같은 아열대 숲 등이 있다. 계절의 변화가 거의 없다. 비가 자주오지만 길게 내리지 않고, 태풍이 자주 지나간다. 이시가키 섬에 갈 때에는 날씨를 꼭 확인하자.

이시가키 섬 찾아가기

나하, 미야코 섬, 도쿄, 오사카 등에서 신이시가키 공항으로 운항하는 항공편을 이용하여 갈 수 있다.

섬 안에서 이동하기

공영버스를 타고 공항에서 시내로 이동할 수 있다. 가장 많이 사용하는 교통편은 택시이며, 렌터카가 가장 편리하다. 투어 버스로도 섬 안에서 정해진 코스를 여행할 수 있다.

❶ 공영버스 4번, 10번 공영버스가 공항에서 이시가키 항 이도 터미널石垣港離島ターミナル 부근의 아즈마 버스 터미널東バスバスターミナル까지 운행된다. 이도 터미널과 아즈마 버스터미널은 도보로 2~3분 거리이다. 두 버스 모두 1회 승차 요금은 540엔이다. 대중교통으로 여행할 계획이라면 프리패스를 사용하자. 1일 프리패스

는 1,000엔, 5일 프리패스는 2,000엔이다.

4번 버스 공항에서 07:15, 07:45에 운행한 뒤, 08:30부터 20:30까지 30분 간격으로 운행된다. 이후 20:45, 21:45에 운행된다. 공항에서 아즈마 버스터미널까지 45분 소요된다.

10번 버스 공항에서 07:25에 첫차를 운행한 뒤 08:15부터 20:15까지 30분 간격으로 운행되며, 막차는 20:50에 운행된다. 중간에 ANA 인터컨티넨탈 리조트를 경유한다. 공항-ANA 리조트-아즈마 버스터미널까지 50분 소요된다.

❷ 택시 가장 많이 이용되는 교통수단이다. 공항에서 시내까지 택시비는 대략 3,000엔 정도이다.

❸ 렌터카 가장 편리한 이동수단이다. 방문 전 예약하면 공항에서 픽업 서비스를 받을 수 있다. 현지에 도착해서 렌탈하는 것보다 미리 예약하는 것이 편리하다.

Ots 렌터카(한국어 예약가능) 전화 098 084 4323 홈페이지 www.otsinternational.jp
렌터카 포털 사이트(한국어 예약 가능) http://kr.tabirai.net/car/okinawa/ishigaki_airport/

❹ 투어 버스 아즈마 버스터미널이시가키 버스터미널에서 출발하는 정기 관광버스로, 시간이 많지 않은 여행자에게 추천한다. 터미널에서 티켓을 구입하면 이용할 수 있으며출발 15분 전까지 탑승 두 가지 프로그램A코스, B코스이 운영 중이다. 09:30에 출발해 14:00에 돌아오는 A코스는 점심 식사가 제공되고, 요금은 4,600엔어린이 3,650엔이다. 카비라 만, 요네하라 야자 숲, 다마토리자키 전망대 등을 돌아볼 수 있다. 14:00에 출발해 17:50에 돌아오는 B코스는 간단한 스낵이 제공되고 요금은 3,200엔어린이 2,380엔이다. 카비라 만, 요네하라 야자 숲, ANA 인터컨티넨탈 리조트 등을 돌아볼 수 있다. 전화 098 087 5423

이시가키 섬의 명소 베스트5

❶ 미슐랭 그린 가이드가 만점을 준 명승지
카비라 만 川平湾 카비라코우엔

맵코드 366 422 601*22
구글좌표 kabira bay

야에야마 제도에서 가장 유명한 곳이자 이시가키 섬의 최고 명승지이다. 섬 북서부에 있으며, 미슐랭 그린 가이드는 이 바다에 만점(별 3개)을 부여했다. 오묘한 물빛으로 유명하다. 시간 변화에 따라 에메랄드그린이었던 물빛이 쪽빛으로 변하는 모습은 자연이 부리는 마술을 보고 있는 듯하다. 물결이 잔잔해 산호가 자라기에 최적의 조건이며, 아열대 물고기도 쉽게 볼 수 있다. 이런 환경이 조성된 것은 만 입구에 있는 고지마 섬이 방파제 역할을 하기 때문이다. 파도는 없지만 물살이 빠른 편이고, 또 산호 보호 구역으로 지정돼 있어 수영은 할 수 없다. 하지만 글라스 보트를 타면 바다 속을 들여다보며 즐거운 시간을 보낼 수 있다. 주변에 음식점, 기념품점 등 편의시설이 많은 편이다.

찾아가기 ❶ 신이시가키 공항에서 렌터카로 1시간24km ❷ 아즈마 버스터미널에서 11번(카비라 리조트선 버스, 12:00과 15:00에 운행) 승차하여 카비라川平 정류장 하차 주소 沖縄県石垣市川平 1054 전화 098 082 2809

2 가는 길이 압권이다
히라쿠보 전망대 平久保崎 히라쿠보자키 텐보다이

맵코드 1036 067 506*50
구글좌표 hirakubozaki

섬 북쪽 끝에 있다. 널찍한 초원, 하얀 등대, 에메랄드빛 바다가 한 폭의 그림처럼 펼쳐진 명소이다. 이 전망대가 유명한 것은 아름다운 풍경을 볼 수 있는 곳이기도 하지만, 히라쿠보를 찾아가는 길의 풍경이 압권이기 때문이다. 공항에서 차로 대략 한 40분쯤 걸리는데, 드라이브 코스로 손꼽힌다. 소들이 평화롭게 풀을 뜯는 초록 들판과 굴곡진 산들 그리고 끝없이 펼쳐진 바다가 어우러져 드라이브만으로도 마음이 풍요로워진다. 전망대 절벽이 높지 않아 아름다운 바다를 가까이에서 바라볼 수 있다. 하얀 등대가 풍경을 완벽하게 완성시켜준다.

찾아가기 공항에서 390번국도 경유하여 렌터카로 40분31.2km 홈페이지 ishigaki-navi.net

3 수만 년 전 산호와 조개 화석도 있다
이시가키 섬 석회동굴 石垣島鍾乳洞 이시가키지마 쇼유도

맵코드 366 063 831*84
구글좌표 ishigaki cave

이시가키는 작은 오키나와라 해도 부족하지 않을 정도로 명소가 많다. 석회동굴도 그 중 하나이다. 섬 남서쪽에 있는데, 시내에서 15분, 공항에서 20분 정도면 도착할 수 있다. 길이가 3,200m에 이른다. 해저의 산호초가 융기하면서 만들어져 오키나와의 다른 석회동굴보다 좀 독특하다. 석회암이 빗물에 녹으면서 만들어진 종유석뿐만 아니라 수천, 수만 년 전 산호나 조개 같은 바다 생물 화석도 볼 수 있다. 동굴을 걷다보면 일루미네이션 전등으로 장식된 종유석도 만나볼 수 있다. 동굴 안은 아열대 기후가 무색할 만큼 시원하다.

찾아가기 신이시가키 공항에서 390번국도 경유하여 렌터카로 20분 주소 沖縄県石垣市石垣 1666番地 전화 098 083 1550 운영시간 09:00~18:30(마지막 입장 18:00) 휴일 없음 입장료 1,080엔(어린이 540엔) 홈페이지 ishigaki-navi.net

④ 남국의 이국적인 비치
요네하라 비치 米原ビーチ

맵코드 366 397 577
구글좌표 yonehara beach

섬 북쪽에 있다. 아름다운 물빛과 투명도는 기본, 파도가 거의 없고 수심이 얕다. 멀리까지 천천히 걸어가며 물고기들이 자유롭게 노니는 모습과 아름다운 산호초를 감상할 수 있다. 수영과 스노클링을 즐기기도 좋다. 게다가 일본의 천연기념물인 야에야마야시 군락이 있어 이국적인 분위기가 물씬 풍긴다. 야에야마야시는 야에야마 제도의 고유종으로 키가 큰 야자나무의 일종이다. 남국의 이국적인 비치에서 오키나와의 바다를 만끽해보자. 찾아가기 ❶ 신이시가키 공항에서 87번현도 경유하여 렌터카로 25분 ❷ 아즈마 버스터미널에서 8번, 11번 버스 승차하여 요네하라비치노 이리구치米原ビーチの入り口 정류장에서 하차 주소 沖縄県石垣市桴海 144 전화 098 082 1535

⑤ 산호 모래밭, 멋진 선셋 포인트
선셋 비치 サンセットビーチ

맵코드 366 799 856*20
구글좌표 24.564205, 124.287761

섬 북쪽에 있는 비치다. 시내와 멀리 떨어져 있어 조용하다. 에메랄드빛과 코발트블루가 오묘하게 섞여 있어 여행객을 매료시킨다. 그러나 이 비치의 자랑은 하얀 산호 모래사장이다. 산호모래로 만들어졌다고 믿기지 않을 만큼 부드러우며, 마치 고운 소금을 뿌려놓은 것 같다. 마을에서 비치를 관리하는 덕에 다양한 해양 프로그램을 갖추고 있다. 바나나 보트, 웨이크 보드, 스노클링 등을 마음껏 즐길 수 있다. 선셋을 즐기기도 좋다.

찾아가기 신이시가키 공항에서 390번국도 경유하여 렌터카로 35분 주소 沖縄県石垣市平久保 234 전화 098 089 2234 운영시간 09:00~18:00 주차 요금 1일 300엔 해양스포츠 요금 스노클링 1,500엔(1일) 바나나 보트 3,000엔(10분) 웨이크 보드 7,000엔(30분) 편의시설 이용료 샤워실 300엔(어린이 150엔) 파라솔 300엔(1일) 비치의자 500엔(1일)

📷 ★★★★☆

류큐의 옛 정취를 유유자적 음미하자

다케토미 섬 竹富島 다케토미지마

구글좌표 다케토미 섬

다케토미는 특별한 류큐의 모습을 느낄 수 있는 곳이다. 슈리성, 오키나와 월드, 류큐무라가 유적지이거나 류큐를 재현한 민속촌인데 반해, 다케토미는 마을 자체가 그대로 옛 류큐의 분위기를 담고 있다. 다케토미 섬은 이시가키에서 배를 타고 가야 한다. 이시가키 섬에서 서남쪽으로 6㎞ 떨어져 있다. 고속선을 타고 10분이면 도착할 수 있다. 섬 둘레가 9㎞밖에 되지 않은 작은 섬으로, 분위기는 이시가키와 많이 다르다. 붉은 기와를 얹은 민가들이 류큐 분위기를 물씬 풍긴다. 특히 하얀 모래 길은 옛 정취를 자아낸다. 오키나와에서 가장 류큐의 분위기를 많이 간직한 곳이다.

다케토미 섬 찾아가기

이시가키 항 이도 터미널에서 섬 동쪽에 있는 다케토미 동항竹富東港으로 페리가 운항된다. 매일 07:25~18:15 사이에 10~30분 간격으로 운항되며, 소요 시간은 10~15분이다. 요금은 왕복 1,330엔, 편도 690엔이다. 계절과 날씨에 따라 배 운항 시간은 달라질 수 있다. 렌터카는 배에 실을 수 없다.

이시가키 항 이도 터미널 石垣港離島ターミナル 맵코드 956 288 799 구글좌표 24.337084, 124.155540 찾아가기 신이시가키 공항에서 209번현도県道 경유하여 렌터카로 30분14.7km 주소 沖縄県石垣市美崎町1 전화 098 089 7505

다케토미 동항 竹富東港 구글좌표 24.335854, 124.093575 주소 沖縄県八重山郡竹富町竹富

298 설렘 두배 오키나와

섬 안에서 이동하기

❶ 자전거 가장 좋은 이동수단은 자전거다. 명소는 섬 중앙에 있는 마을이다. 15분 내외면 자전거로 마을을 둘러볼 수 있다. 섬 전체를 둘러보아도 2시간이면 충분하다. 렌탈 숍은 마을에 많다. 렌탈 요금은 1시간에 300엔, 1일엔 1,500엔이다.

❷ 버스 항구에서 마을과 콘도이 비치로 운행하는 버스를 이용할 수도 있다. 항구에서 07:15~16:15 사이에 30분 간격으로 운행되며, 요금은 마을까지는 200엔어린이 100엔 비치까지는 310엔이다.

다케토미 섬 둘러보기

❶ 아기자기하고 예쁜 해변
콘도이 비치 コンドイビーチ

맵코드 956 249 339*13

구글좌표 kondoi beach

야에야마 제도에서 아름다운 해변을 이야기할 때 꼭 이름을 올리는 곳이다. 섬 서쪽 끝에 있다. 풍경만 본다면 오키나와 최고로 꼽힐 정도로 아름다운 비치이다. 넓고 길게 뻗은 산호 해변과 얕은 바다가 호수처럼 펼쳐져 있다. 바다 건너로는 야에야마 제도의 또 다른 섬 고하마와 이리오모테가 아름다운 자태로 푸른 태평양 위에 떠있다. 하얀 산호모래 또한 일품이며, 썰물 때 물이 빠지면 더욱 아름답다. 바다가 아니라 하얀 모래사막에 커다란 에메랄드빛 호수가 펼쳐져 있는 듯한 풍경을 보여준다. 아쉽게도 바다 속에는 볼 것이 많지 않아 스노클링은 적합하지 않다.

찾아가기 다케토미 동항에서 도보 30분. 자전거 10분

주소 沖縄県八重山郡竹富町竹富

② 물소마차 타고 시간 여행을 떠나자
다케토미 마을

다케토미는 오키나와에서 가장 오키나와다운 곳으로 손꼽힌다.
야에야마 제도를 찾는 사람 중 80%는 다케토미 섬을 방문하는
데, 그 이유는 류큐의 옛 분위기를 구경하기 위해서이다. 섬의 면
적은 5.43km²에 불과하며, 볼거리는 작은 마을과 해변 밖에 없
다. 하지만 이 마을은 야에야마 제도를 대표할 정도로 아름답다.
마을에는 160여 개의 민가가 옹기종기 모여 있다. 여전히 옛 모
습 그대로 목조 가옥이며 붉은 지붕을 얹고 있다. 100여 년 전 모
습과 똑같다. 지붕 위에는 오키나와의 신 '시사'사자 모양의 수호신가
귀엽게 앉아 있다. 화강암으로 쌓아올린 돌담은 고즈넉한 분위
기를 연출하고, 길에는 고운 모래가 뿌려져 있다. 마치 시간이 류
큐 시대에서 멈춘 것 같은 모습이다. 최남단이라는 지리적 조건
때문에 오키나와 전쟁의 화마를 피해 옛 모습을 고스란히 간직
할 수 있었다. 덕분에 이곳의 시간은 느릿느릿 흘러간다.

찾아가기 다케토미 동항에서 도보 20분 주소 沖縄県八重山郡竹富町竹富 42

맵코드 366 799 856*20

구글좌표 다케토미

┃ Travel Tip

마을을 둘러보는 가장 좋은 방
법은 도보나 자전거를 추천하
지만, 물소마차도 이용해볼만
하다. 마을 안에 물소마차를 운
영하는 곳들이 있는데, 항구에
서 예약할 수도 있다. 30분 정
도면 마을 곳곳을 둘러볼 수 있
다. 마차를 타고 마을 구경을
하다보면 과거로 시간 여행을
하고 있는 기분이 든다.

★★★★☆

현지인이 인정하는 와규 전문점
야키니쿠 야마모토 燒肉やまもと

맵코드 366 002 296*12　구글좌표 24.341559, 124.149692

이시가키는 소가 유명한 섬이다. 넓은 초지에서 소를 키워 일본에서도
명품으로 불린다. 여기까지 와서 와규를 맛보지 못한다면 말이 안 된다.
이시가키 와규를 먹으려면 항구 근처에 있는 야마모토 식당으로 가면
된다. 유명한 소고기 전문점으로 가격도 저렴해 여행객에게 인기가 좋
다. 부위별로 주문을 해 일본식 화로에 구워먹는다. 고기는 대부분 일본
식으로 양념이 되어 있다. 우리보다 조금 단 편이다. 이 집은 일본 음식
점임에도 우리나라처럼 사이드 메뉴가 많이 나온다. 아쉬운 점은 일본
어 메뉴판밖에 없다는 점이다. 주문하기 힘들면 세트 메뉴를 시키면 된
다. '야키샤브'도 좋다. 고기를 살짝 구워 얇게 썬 양파를 싸서 먹는 메뉴
다. 성수기에는 예약이 필수다.

찾아가기 이시가키 항 이도 터미널에서 북서쪽으로 도보 7~10분
주소 沖縄県石垣市浜崎町2-5-18 전화 0980 83 5641 영업시간 17:00~22:00
휴일 수요일 추천메뉴 세트메뉴セットメニュー 야키샤브焼しゃぶしゃぶ 예산 1,500엔1인

 ★★★★☆

맵코드 366 004 212*61

참치가 살살 녹는다
히토시 ひとし石敢當店 Hitoshi

구글좌표 24.340005, 124.159427

참치는 이시가키 섬에서 소고기만큼이나 유명한 특산품이다. 야에야
마 제도에서 잡히는 참치는 맛있기로 이름이 나 있는데, 히토시 식당에
가면 맛있는 참치회를 즐길 수 있다. 이 집이 유명한 이유는 주인이 예
전에 참치 잡이 어부였기 때문이다. 참치는 해체를 잘 해야 하는데 주
인의 해체 솜씨는 이시가키 섬에서 최고다. 한국에서는 냉동 참치를 해
동해 먹지만 히토시는 생 참치를 먹을 수 있는 곳이다. 다양한 부위가

참치회로 나오는데 그야말로 입에서 살살 녹는다. 너무 인기가 좋아 안타깝게도 이곳도 예약이 필수다. 저녁 시
간이 지난 뒤 술과 곁길 요량이라면 기다렸다가 맛볼 수 있다. 초밥과 해산물 샐러드도 맛있다.

찾아가기 이시가키 항 이도 터미널에서 북동쪽으로 도보 7~10분 주소 沖縄県石垣市大川197-1 전화 098 088 5807
영업시간 17:00~24:00 휴일 일요일 추천메뉴 모듬 사시미盛り合わせ刺身 참다랑어 붉은 살 사시미マグロ赤身刺身 참치뱃살マグロ
腹身 참치사시미マグロ刺身 예산1,500엔1인

★★★★☆
소바, 함박스테이크, 칵테일
하야나고미 카페 Haa Ya nagomi-cafe

구글좌표 haa ya nagomi cafe

다케토미는 섬이 워낙 작기 때문에 식당이 많지 않다. 그나마 있는 식당도 대부분 소바 음식점이다. 오키나와 본토와 맛도 비슷해서 매력이 조금 떨어진다. 이럴 때면 다케토미 마을에 있는 하야 나고미 카페로 가자. 2013년에 문을 연 레스토랑으로 가격도 저렴하고 소바와 소시지, 이시가키 소고기 함박스테이크 등 메뉴도 다양해서 선택의 폭이 넓다. 맛도 좋아 여행객에게 인기가 많다. 특히 2층에 오르면 다케토미 마을을 감상하면서 음식을 먹을 수 있어 더욱 좋다. 칵테일도 판매해 낮술하기 그만이다.

찾아가기 다케토미 항에서 남서쪽으로 도보 15분 주소 沖縄県八重山郡 竹富町竹富379 2F
전화 098 085 2253 영업시간 10:00~17:00, 19:00~22:00 추천메뉴 함박스테이크 ハンバーグステーキ
예산 900엔1인

당신에게 딱 맞는
잠자리를 찾아보세요
리조트부터 게스트하우스까지

오키나와는 민박과 게스트하우스, 캡슐형 호텔과 중저가 부티크 호텔, 그리고 리조트 호텔까지 숙소
종류가 다양하다. 가격도 천차만별이다. 숙소 예약 사이트마다 가격이 다르고, 성수기와 비성수기 가
격 차이가 크다. 비수기는 겨울 12~2월로 기간이 짧다. 예약을 빨리할수록 저렴하게 구할 수 있다. 자신
의 여행 스타일에 맞춰 예약하는 것이 중요하다. 나하의 게스트 하우스와 저가 호텔은 주차장이 협소
하거나 없는 곳도 많아, 유료 주차장 일 1,000엔 을 이용해야 한다. 예약할 때 확인하자.

숙소 예약 사이트
익스피디아 www.expedia.com
호텔스닷컴 www.hotels.com
아고다 www.agoda.co.kr
부킹닷컴 www.booking.com
트리바고 www.trivago.co.kr
쟈란넷 www.jalan.net/kr
라쿠텐 트래블 travel.rakuten.co.kr
에어비앤비 www.airbnb.co.kr

호텔·여행 상품·액티비티 예약 대행
재패니칸 www.japanican.com/kr

아름다운 뷰, 수상 레포츠, 조식 뷔페　구글좌표 26.694810, 127.879524
센추리언 호텔 오키나와 추라우미 Centurion Hotel Resort Vintage Okinawa Churaumi

추라우미 수족관에서 도보 3분, 에메랄드 비치에서는 도보 10분 정도 걸리는 호텔이다. 야외 수영장, 테니스 코트, 노래방 등 다양한 시설이 있으며, 바다 뷰 객실에서는 땅콩 모양의 섬 이에지마가 떠있는 아름다운 동중국해를 조망할 수 있다. 룸 마다 발코니가 있어 더욱 좋다. 호텔에서는 스노클링, 다이빙, 보트 낚시, 바나나 보트와 같은 각종 수상 레포츠 프로그램을 운영 중이다. 바다 전망을 갖춘 1층 오션 카페에서 운영하는 조식 뷔페가 맛있기로 유명하다.

찾아가기 렌터카 나하공항에서 오키나와자동차도로沖縄自動車道 경유하여 1시간 45분 버스 ❶ 나하공항에서 추라우미 수족관 직행 버스 117번 승차하여 추라우미 수족관 앞 하차 ❷ 나하공항에서 얀바루 급행버스やんばる急行バス 승차하여 기넨코엔마에 記念公園前 정류장 하차 주소 沖縄県国頭郡本部町石川 938 전화 098 048 3631 예산 스탠다드 룸 9,000엔 안팎(2인기준) 홈페이지 centurion-hotel.com

집 전체를 통째로 렌탈
류큐 고민가 토마이바루 琉球古民家とうまいばる
구글좌표 26.677030, 127.887850

65년 전의 류큐 민가 건축물을 리모델링하여 만든 렌탈 하우스다. 집 전체를 렌탈할 수 있어 가족단위 여행객에게 인기가 좋다. 에메랄드 비치에서 2.6km, 추라우미 수족관에서 2.2km 거리에 있다. 에어컨, 무료 WiFi를 갖추고 있으며, 주방이 구비되어 있어 취사가 가능하다. 바비큐 시설에서 간단한 파티도 즐길 수 있다. 찾아가기 렌터카 나하공항에서 오키나와자동차도로沖縄自動車道 경유하여 1시간 40분 버스 ❶ 나하공항에서 추라우미 수족관 직행 버스 117번 승차하여 추라우미 수족관 앞 하차 ❷ 나하공항에서 얀바루 급행버스やんばる急行バス 승차하여 기넨코엔마에記念公園前 정류장 하차 주소 沖縄県国頭郡本部町浜元 462 전화 080 8395 3977 예산 40,000엔 안팎 홈페이지 https://www.facebook.com/ryukyukominka/

비치, 실외 수영장, 아름다운 뷰
오키나와 가리유시 비치 리조트 오션 스파 沖縄かりゆしビーチリゾート・オーシャンスパ

맵코드 098 967 8731　구글좌표 26.526270, 127.929986

가리유시 호텔의 오키나와 북부 체인이다. 북쪽과 중부 사이에 있으며, 조용하고 쾌적한데다 유명한 명소와도 가까워 인기가 좋다. 나하와 북부를 이어주는 58번국도 주변에 있어 교통도 편리하다. 대형 실외 수영장이 있고 호텔 앞에 아름다운 비치가 많아 에메랄드빛 여름을 즐기기 좋다. 숙소에서 바라보는 뷰가 아름다우며, 특히 해질녘 붉게 물든 하늘과 석양을 바라보는 것도 큰 즐거움이다.

찾아가기 ❶ 나하공항에서 오키나와자동차도로沖縄自動車道 경유하여 렌터카로 1시간 10분 ❷ 만좌모에서 58번국도 경유하여 렌터카로 17분11.6km ❸ 나고 파인애플 파크에서 58번국도 경유하여 렌터카로 26분16.3km 주소 沖縄県国頭郡恩納村名嘉真ヤーシ原 2591-1 전화 098 967 8731 예산 스탠다드 룸 11,000엔부터2인 기준 홈페이지 https://kariyushi-oceanspa.jp

호텔 안에서 시간 보내기 좋은
스파 리조트 에그제스
Spa Resort Exes スパリゾートエグゼス

맵코드 098 967 7500　구글좌표 26.527341, 127.930670

헬스클럽, 사우나, 실내 수영장, 실외 수영장, 스파 등 다양한 편의시설이 구비되어 있다. 객실은 90개이다. 객실이 넓고 전망이 좋다. 상점, 레스토랑도 잘 갖추어져 있어 하루 종일 숙소에서 시간을 보내기 좋다. 특히 수영장 시설이 좋아 호텔에서 시간을 보내며 여유를 즐기는 투숙객이 많다. 레스토랑도 맛집으로 유명해 식사하기 좋다. 호텔에서 운영하는 해양 레저 프로그램도 있다. 만좌모와 가깝다.

찾아가기 ❶ 나하공항에서 오키나와자동차도로沖縄自動車道 경유하여 렌터카로 1시간 10분 ❷ 만좌모에서 58번국도 경유하여 28분11.4km 주소 沖縄県国頭郡恩納村名嘉真ヤージ原 2592-40전화 098 967 7500 예산 스탠다드 룸 20,000엔부터2인 기준 홈페이지 https://exes-kariyushi.com

중부와 북부 지역을 여행하기 좋은
베스트 웨스턴 오키나와 코키 비치
ベストウェスタン沖縄幸喜ビーチ

맵코드 098 054 8155   구글좌표 26.538704, 127.948399

온나손과 나고 시 사이 58번국도에 있는 호텔이다. 중부와 북부 지역을
여행하기 좋다. 북부로는 나고 파인애플 파크와 오키나와 해피 오리온 파
크가 가깝고, 추라우미 수족관도 40분 이내로 갈 수 있다. 중부의 만좌모
는 자동차로 21분 거리다. 객실은 56개이다. 와이파이, 금연 룸, 간이 부
엌, 냉장고 등이 완비되어 있다. 호텔 앞에는 모래와 산호가 펼쳐져 있는
아름다운 비치가 있다. 조용하고 아늑해서 더욱 좋다.
찾아가기 나하공항에서 오키나와자동차도로沖縄自動車道 경유하여 렌터카로 1시간
10분, 나고 파인애플 파크에서 58번국도 경유하여 20분13.2km 주소 沖縄県名護市
幸喜 117 전화 098 054 8155 예산 스탠다드 룸 10,000엔 안팎2인 기준 홈페이지
https://bwhotels.jp

최고 수질을 자랑하는 비치   맵코드 485 829 787*85   구글좌표 26.735544, 128.160153
오쿠마 프라이빗 비치 & 리조트 Okuma Private Beach & Resort オクマ プライベートビーチ & リゾート

184개 객실을 갖춘 4성급 호텔이다. 카페, 레스토랑, 상점 같은 편의 시설이 있고, 객실은 금연 룸, 에어컨, 안전
금고, TV, 샤워실, 테라스 등이 완비되어 있다. 마사지, 어린이용 풀, 사우나, 테니스장, 스파, 실외 수영장 외에 수
상 스포츠 시설과 프로그램도 갖추고 있어서 액티비티와 레저를 즐기기도 좋다. 오쿠마 리조트의 자랑은 오쿠
바 비치이다. 이 비치는 2006년 일본 환경청 수질 조사에서 최고 등급인 AA를 받기도 했다. 고요하고 아늑해
더욱 아름다우며, 조용히 시간을 보내기 좋다. 찾아가기 ❶ 고우리섬에서 북쪽으로 자동차로 40분30km ❷ 헤도 곶에서
58번국도 경유하여 렌터카로 남쪽으로 27분22km 주소 沖縄県国頭郡国頭村字奥間 913 전화 098 041 2222 예산 10,000엔
안팎2인 기준 홈페이지 http://okumaresort.com

느긋한 휴식을 원한다면

카누차 리조트 カヌチャリゾート 카누차 리조토   맵코드 098 055 8880   구글좌표 26.548746, 128.076248

북부 지역 호텔은 대부분 서쪽의 모토부 반도에 모여 있는데, 카누차 리조트는 동쪽에 있다. 주위에 유명한 명소는 없지만 리조트가 넓어 조용하고 느긋하게 휴식을 즐길 수 있는 럭셔리 리조트다. 베이비시터와 세탁 서비스를 받을 수 있으며, 애완동물 출입도 가능하다. 발코니가 있는 307개의 객실을 비롯하여 실내 수영장, 마사지, 가든, 스파, 골프장 등을 포함한 다양한 서비스 시설이 있어 하루 종일 리조트에서 보내기 좋다. 맹그로브 숲으로 유명한 히루기 공원과 가깝다. 찾아가기 ❶ 나하공항에서 오키나와자동차도로沖縄自動車道 경유하여 렌터카로 1시간 25분 ❷ 히루기 공원에서 331번국도 경유하여 22분15.6km 주소 沖縄県名護市安部 156-2 전화 098 055 8880 예산 스탠다드룸 9,900엔부터2인 기준 홈페이지 www.kanucha.jp

오키나와 중부의 호텔과 리조트

중부 지역 여행하기 좋은

무라사키무라·요미탄 쿠쿠르 리조트 오키나와 むら咲むら・読谷ククルリゾート沖縄   맵코드 098 958 1111   구글좌표 26.406240, 127.718847

2성급 호텔로 나하와 중부 지역을 여행하기 좋은 곳이다. 아파트 형식의 건물은 군더더기 없이 깔끔하다. 공항에서 40Km 거리에 있으며, 아메리칸 빌리지와 서부의 명승지 잔파곶 사이에 있다. 바다와 가깝고 민속촌인 무라사키무라이 바로 옆에 있어서 전망도 좋다. 자키미 성터, 류큐무라, 잔파 곶, 요미탄 도자기 마을도 차로 15분 내외면 갈 수 있다. 39개의 객실은 쾌적한 환경을 자랑한다. 레저 여행을 원하는 여행객이나 가족 단위 여행객에게 좋다. 찾아가기 ❶ 나하공항에서 오키나와자동차도로沖縄自動車道 경유하여 렌터카로 1시간 20분49.3km ❷ 아메리칸 빌리지에서 58번국도 경유하여 렌터카로 북쪽으로 30분14.4km ❸ 류큐무라에서 58번국도 경유하여 남서쪽으로 15분9.4km 주소 沖縄県中頭郡読谷村高志保 1020-1 전화 098 958 1111 예산 스탠다드 룸 16,000엔 이상2인기준 홈페이지 http://mura-sakimura.com

해양 스포츠를 즐기고 싶다면
르네상스 리조트 오키나와 ルネッサンス リゾートオキナワ

맵코드 206 034 775
구글좌표 26.435624, 127.787771

온나손에 있는 리조트로 중부 여행객에게 인기 있는 곳이다. 마에다 곶, 류큐무라에서 자동차로 5분 이내 거리이다. 전체 377개의 객실 모두 쾌적하며, 전용 비치, 가든, 스파, 휘트니스 클럽, 마사지 등의 편의시설도 완비되어 있다. 특히 르네상스 비치를 품에 안고 있어 해양 스포츠에 최적화된 리조트이다. 비치는 작지만 고운 모래와 투명한 물을 자랑하며, 씨 워크, 트롤링, 윈드서핑 등 다양한 해양 스포츠 프로그램을 즐길 수 있다. 가오리와 같이 수영할 수 있는 해수 풀도 있어 아이들에게 인기가 좋다.

찾아가기 ❶ 나하공항에서 오키나와자동차도로沖縄自動車道 경유하여 렌터카로 55분 ❷ 나하공항에서 리무진 버스 B노선 탑승하여 르네상스 리조트에서 하차 ❸ 나하 버스터미널에 20번, 120번名護西空港線 나고시공항선 승차하여 르네상스호테루마에ル ネッサンスホテル前 정류장 하차 주소 沖縄県国頭郡恩納村山田 3425-2 전화 098 965 0707 숙박요금 스탠다드 룸 20,000엔 이상2인 기준 홈페이지 www.marriott.com/hotels/travel/okarn-renaissance-okinawa-resort

저렴하지만 깔끔해요!
난고쿠 소 카와라야 南国荘 かわらや

맵코드 098 964 3155
구글좌표 26.449590, 127.804207

난고쿠 소 카와라야는 저렴하면서 깔끔한 호텔이라 배낭 여행자들에게 인기가 높다. 문 비치 호텔 입구에서 도보로 5분 거리에 위치하고 있으며, 조용한 마을에 있어 편히 쉴 수 있다. 룸은 모두 일본풍 다다미 바닥이고, 티비와 에어컨이 갖추어져 있다. 샤워실과 화장실은 공용이다. 1층에 온나손에서 가장 유명한 이자카야 지누만이 있다. 호텔 예약은 전화로만 가능하다. 마에다 곶과 류큐무라에서 자동차로 북쪽으로 7~9분, 만좌모에서 남쪽으로 12분 걸린다.

찾아가기 ❶ 나하공항에서 오키나와자동차도로沖縄自動車道 경유하여 렌터카로 1시간 ❷ 나하공항에서 리무진 버스 C노선 탑승 후 문비치 호텔에서 하차 ❸ 나하 버스터미널에서 120번名護西空港線 나고시공항선 승차하여 문비치마에ムーンビーチ前 정류장 하차 후 도보 5분 주소 沖縄県国頭郡恩納村前兼久 恩納村前兼久 73 전화 098 964 3155 예산 3,500엔부터2인 기준

에메랄드빛 바다를 품에 안은

호텔 문 비치 ホテルムーンビーチ

맵코드 098 965 1020
구글좌표 26.451008, 127.803046

르네상스 리조트에서 북쪽으로 자동차로 5분 거리에 있다. 오키나와 중부 서해안에서 가장 오래된 리조트이다. 1975년 오키나와 엑스포 당시 건축된 역사와 전통이 있는 곳이다. 2012년에 리모델링하여 새롭게 단장했다. 온나손에서 아름답기로 유명한 문 비치를 품에 안고 있다. 엘리베이터, 바, 흡연실, 주차장, 카페 등의 편의시설을 비롯하여 사우나, 테니스장, 실외 수영장, 휘트니스 클럽, 마사지 등의 시설을 완비하고 있다. 비오스의 언덕, 류큐무라, 만좌모에서 가깝다.

찾아가기 ❶ 나하공항에서 오키나와자동차도로沖縄自動車道 경유하여 1시간 ❷ 나하공항에서 리무진 버스 C노선 탑승 후 문비치 호텔에서 하차 ❸ 나하 버스터미널에서 120번名護西空港線 나고시공항선 승차하여 문비치마에ムーンビーチ前 정류장 하차 후 도보 4분 주소 沖縄県国頭郡恩納村前兼久 1203 전화 098 965 1020 예산 스탠다드 룸 13,000엔 이상2인 기준 홈페이지 http://moonbeach.co.jp

아름다운 바다, 최고의 시설

카후 리조트 후챠쿠 콘도 호텔 カフーリゾートフチャク コンドホテル

맵코드 098 964 7000
구글좌표 26.456611, 127.811753

호텔 문 비치와 세라톤 오키나와 사이에 있다. 바다와 골프장 사이에 있는 4.5성급 리조트 겸 호텔이다. 연인, 가족, 단체 여행객, 비즈니스 투숙객에게 최고의 만족을 선사한다. 나하공항까지 약 70분 정도 소요되며, 중부의 명소 만좌모, 마에다 곶, 류큐무라, 비오스의 언덕과 가깝다. 세탁 서비스과 룸서비스는 물론 안전 금고 등의 서비스도 받을 수 있다. 객실은 모두 294개이며, 주차장, 레스토랑, 휘

트니스 클럽, 스파, 실외 수영장, 어린이 수영장, 가든 등 다양한 편의시설도 갖추고 있다. 온나손의 에메랄드빛 바다를 품고 있어 이국적이면서도 아름다운 뷰를 선사한다.

찾아가기 ❶ 나하공항에서 오키나와자동차도로沖縄自動車道 경유하여 렌터카로 1시간 10분 ❷ 잔파 곶에서 북쪽으로 23분14km 주소 沖縄県国頭郡恩納村冨着志利福地原 246-1 전화 098 964 7000 예산 스탠다드 룸 18,000엔 이상2인 기준 홈페이지 www.kafuu-okinawa.jp

전용 비치에서 바다를 즐기자 맵코드 098 965 2222　구글좌표 26.461093, 127.811826
세라톤 오키나와 산마리나 리조트 Sheraton Okinawa Sun Marina Resort

오키나와 중부 구니가미 군國頭郡, Kunigami-gun에 있다. 호텔 문 비치에서 북쪽으로 자동차로 3분 거리이다. 온나손, 모토부 반도, 얀바루가 모두 구니가미 군에 속해 있다. 피라미드 모양으로 지은 건물이 인상적이다. 나하공항에서 자동차로 1시간 정도 걸린다. 비오스의 언덕, 류큐무라, 만큐모에서 비교적 가까운 편이다. 직원들의 서비스가 좋으며, WiFi, 24시간 프론트 데스크, 세탁 등의 서비스를 받을 수 있다. 모든 객실에 발코니, 책상, 안전 금고, TV 등이 완비되어 있고, 탁구나 스파, 낚시, 전용 비치, 어린이용 풀장 등 여가를 즐길 수 있는 시설도 겸비하고 있다. 찾아가기 ❶ 나하공항에서 오키나와자동차도로沖縄自動車道 경유하여 렌터카로 1시간 ❷ 만좌모에서 58번국도 경유하여 렌터카로 남쪽으로 15분7.4km ❸ 류큐무라에서 58번국도 경유하여 북쪽으로 10분6.3km 주소 沖縄県国頭郡恩納村字冨着 66-1 전화 098 965 2222 예산 스탠다드 룸 19,000엔부터2인 기준 홈페이지 www.starwoodhotels.com

아이를 위한 오션 파크, 다양한 엑티비티
ANA 인터컨티넨탈 만자 비치 리조트 ANA Intercontinental Manza Beach Resort

맵코드 206 313 220*20　구글좌표 26.508570, 127.857284

중부에서 가장 유명한 리조트이자 럭셔리 호텔이다. 만좌모 북쪽 건너편에 있다. 아름다운 만좌 비치를 품고 있다. 넓고 길게 펼쳐진 하얀 모래와 잔잔한 물결 때문에 가족 단위 여행객에게 인기가 좋으며, 특히 어린이들에게 인기가 좋다. 미끄럼틀과 인공 해수 풀 등을 갖춘 어린이 오션파크가 있기 때문이다. 그밖에 드래곤 보트, 보트 스노클링 같은 해양 스포츠 프로그램과 윈드서핑 스쿨, 요트 스쿨도 운영한다. 스파, 실외 수영장, 사우나, 테니스장도 갖추고 있다. 찾아가기 ❶ 나하공항에서 오키나와 자동차도로沖縄自動車道를 경유하여 렌터카로 1시간 ❷ 나하공항에서 리무진 버스 D노선 탑승하여 아나 만자 비치에서 하차 ❸ 만좌모에서 58번국도 경유하여 자동차로 5분2.1km 주소 沖縄県国頭郡恩納村字瀬良垣 2260 전화 098 966 1211 예산 스탠다드 룸 20,000엔 이상2인 기준 홈페이지 www.anaintercontinental-manza.jp

중부 동해안의 멋진 리조트
오키니와 그랑메르 리조트 オキナワグランメールリゾート

맵코드 **098 931 1500**　구글좌표 **26.315265, 127.811117**

오키나와 중부 지역에는 리조트가 대부분 서쪽 해안가에 위치해 있는데, 오키나와 그랑메르 리조트는 동쪽 해안에서 멀지 않은 곳에 있는 리조트이다. 오키나와 최고의 드라이브 도로인 해중도로, 카츠렌 성터 같은 명소를 가기에 편리하다. 서해안의 아메리칸 빌리지도 자동차로 20분이면 갈 수 있다. 쾌적한 300개의 객실을 비롯하여 어린이 수영장, 헬스클럽, 실내 수영장, 마사지, 주차장, 연회장, 바, 안전 금고 등을 갖추고 있다.

찾아가기 **❶** 나하공항에서 오키나와자동차도로沖縄自動車道 경유하여 렌터카로 50분 **❷** 해중도로에서 렌터카로 35분 **❸** 카츠렌 성터에서 85번 현도県道 경유하여 렌터카로 25분 주소 沖縄県沖縄市与儀2丁目8-8番1号 전화 098 931 1500 예산 스탠다드 룸 1,0000엔 이상(2인 기준) 홈페이지 www.okinawa-grandmer.com

이용 편리한 중저가 숙소
화이트 비치 인 이시카와 ホワイトビーチイン石川

구글좌표 **26.427366, 127.826717**

우루마 시의 이시카와 비치에서 도보 8분 거리에 있다. 오키나와 자동차도로 이시카와 인터체인지에서 차로 1분 거리이며, 서쪽 해변에도 차로 20분이면 갈수 있어 위치가 좋다. 서해안 주변에는 대부분 고급 리조트와 호텔이 많은데, 이곳은 중저가 숙소로 합리적인 가격을 원하는 여행객에게 좋다. 주변에 대형마트, 맥도날드 등도 있어 편리하며, 객실에는 평면 TV와 전용 욕실(욕조 포함)이 갖춰져 있다. 무료 세면 용품, 헤어드라이어도 제공한다.

찾아가기 **❶** 나하공항에서 오키나와자동차도로沖縄自動車道 경유하여 렌터카로 50분 **❷** 류큐무라에서 58번국도와 73번현도県道 경유하여 렌터카로 12분7.4km 주소 沖縄県うるま市石川白浜2丁目 3-26
전화 098 989 6644 예산 스탠다드 룸 10,000엔 안팎(2인기준)

주요 명소를 모두 걸어서
호텔 JAL 시티 나하 Hotel JAL City Naha

맵코드 098 866 2580

구글좌표 26.215874, 127.685992

국제거리에 있는 호텔로 일본을 대표하는 호텔 중 하나이다. 국제거리, 마키시 공설시장, 쓰보야 야치문 거리 등을 모두 걸어서 갈 수 있으며, 나하공항은 차로 15분이면 갈 수 있다. 유명한 호텔에 걸 맞는 최고의 서비스를 제공하며, 레스토랑, VIP룸 등의 편의시설이 있다. 304개의 객실에는 커피와 차, 욕조, 에어컨, TV, 냉장고 등이 갖추어져 있다. 마사지 서비스도 있어 피로를 풀기 좋다.

찾아가기 ❶ 나하공항에서 332번국도 경유하여 렌터카로 20분6.9km ❷ 모노레일 미에바시美栄橋駅역에서 도보 8분600m ❸ 돈키호테 국제거리점에서 서쪽으로 도보 3분 주소 沖縄県那覇市牧志 1丁目 3-70 전화 098 866 2580 예산 스탠다드 룸 10,000엔부터2인기준 홈페이지 http://naha.jalcity.co.jp

국제거리에 있어 여행하기 좋다
호텔 팜 로얄 나하 오키나와 Hotel Palm Royal Naha Okinawa

맵코드 098 865 5551   구글좌표 26.216475, 127.689888

2005년에 지어진 3성급 비즈니스호텔이다. 국제거리 바로 옆에 있어서 여행하기 좋다. 국제거리 포장마차 마을, 마키시 공설시장, 쓰보야 야치문 도자 거리 등을 도보로 2~5분이면 갈 수 있다. 국제거리 주변에서 밥을 먹고 술 한잔 하며 낮과 밤을 운전 걱정 없이 즐길 수 있는 곳이다. 호텔 안에 레스토랑도 있고, WiFi , 엘리베이터, 세탁 서비스, 금연룸 등을 제공받을 수 있다.

찾아가기 ❶ 나하공항에서 58번국도 경유하여 렌터카로 20분6.8km ❷ 유이레일 마키시역에서 국제거리 따라 서남쪽으로 도보 4분 ❸ 돈키호테 국제거리점ドン・キホーテ 国際通り店에서 동북쪽으로 도보 3분230m 주소 沖縄県那覇市牧志3丁目 9-10 전화 098 865 5551 예산 스탠다드 룸 9,000엔 안팎2인기준 홈페이지 palmroyal.co.jp/index.php

수영도 하고 온천 스파도 즐기고
로와지르 호텔 Loisir Hotel Naha

맵코드 098 868 2222　구글좌표 26.213581, 127.666255

나하의 호텔 가운데 유일하게 온천이 있는 호텔이다. 나하공항과 국제거리 중간 지점에 있다. 가격이 꽤 합리적인 편이다. 객실은 해변 뷰와 시티 뷰로 나뉘는데, 해변 뷰에서는 실내 수영장과 아름다운 바다가 보인다. 수영을 실컷 즐긴 후, 미네랄이 풍부한 무료 스파를 이용해 피로를 풀면 여행의 즐거움이 배가 된다. 나비 모양을 본떠 만든 인공 파도 수영장도 있어 가족 단위 여행객에게 인기가 좋다.

찾아가기 ❶ 나하공항에서 58번국도 경유하여 렌터카로 북동쪽으로 12분5.5km ❷ 유이레일 아사히바시역旭橋駅에서 서쪽으로 도보 13분 ❸ 국제거리에서 렌터카로 12분3.2km, 교통 체증이 심한 편 주소 沖縄県那覇市西 3丁目 2-1 전화 098 868 2222 예산 더블 베드룸 10,000엔 안팎2인 기준 홈페이지 www.loisir-naha.com

가격이 합리적인 중급 호텔
퍼시픽 호텔 오키나와 Pacific Hotel Okinawa

맵코드 098 868 5162

구글좌표 26.215874, 127.667398

나하공항에서, 차로 10분 거리5.3km에 있는 합리적인 가격의 중급 호텔이다. 로와지르 호텔에서 북쪽으로 도보 2분 거리에 있다. 레스토랑, 야외 수영장, 바, 라운지를 제법 잘 갖추고 있다. 시즌별로 스낵바가 있는 야외 수영장도 운영해 여행객에게 인기가 좋다. 세탁이나 비즈니스 센터와 같은 서비스도 있다. 객실에 욕조가 있어 편히 쉬기 좋다. 조식은 07:00~09:30 사이에 이용할 수 있다. 조식이 깔끔하다. 높은 층 객실에서 멀리 바다가 보인다.

찾아가기 ❶ 나하공항에서 58번국도 경유하여 렌터카로 10분5.2km ❷ 유이레일 아사히바시역旭橋駅에서 서쪽으로 도보 15분 ❸ 국제거리에서 렌터카로 12분3.3km 주소 沖縄県那覇市西 3丁目 6-1 전화 098 868 5162 예산 더블 베드룸 9,000엔부터2인 기준 홈페이지 https://pacifichotel.jp

고품격 객실과 다양한 서비스　맵코드 098 853 2111　구글좌표 26.209034, 127.680410
아나 크라운 플라자 호텔 오키나와 하버뷰 ANA Crowne Plaza Hotel Okinawa Harborview

나하공항에서 가까운 곳에 있는 4.5성급 호텔이다. 국제거리 남쪽에 있다. 나하 버스터미널, 국제거리가 가까워 나하를 여행하기 좋다. 역사와 전통을 갖고 있으며, 나하에서 최고의 서비스를 자랑한다. 352개 고품격 객실을 보유하고 있다. 에어컨, 샤워실, 와이파이가 완비되어 있다. 실외 수영장, 사우나, 휘트니스 센터 등 다양한 서비스 시설도 이용할 수 있으며, 가격도 합리적이다. 찾아가기 ❶ 나하공항에서 332번국도 경유하여 렌터카로 14분5km ❷ 돈키호테 국제거리점에서 222번현도縣道 경유하여 렌터카로 10분1.5km ❸ 유이레일 쓰보가와역壺川駅 북동쪽으로 도보 7분 주소 沖縄県那覇市泉崎 2丁目 46 전화 098 853 2111 예산 스탠다드 룸 12,000엔 안팎2인 기준 홈페이지 ihg.com

멋진 뷰, 맛있는 조식
오키나와 가리유시 어반 리조트 나하 Okinawa Kariyushi
Urban Resort NAHA 沖縄がりゆしアーバンリゾート・ナハ

맵코드 098 860 2111　구글좌표 26.223898, 127.684059

케라마 제도에 가는 페리를 탈 수 있는 토마린 항 바로 앞에 있는 호텔이다. 아침부터 저녁까지 운영하는 풀데이 레스토랑과 분위기 좋은 바가 있으며, 무료 와이파이 이용이 가능하다. 해변 뷰 객실에서는 아름다운 바다와 항구의 풍경을 볼 수 있다. 자전거 렌탈 서비스도 받을 수 있으며, 조식이 맛있기로 유명하다. 약 5km 남서쪽에 나하공항이 있으며, 신도심 오모로마치와도 가까워 쇼핑하기 좋다. 오모로마치에는 명품 숍 DFS 갤러리

아가 있다. 찾아가기 ❶ 나하공항에서 58번국도 경유하여 렌터카로 북동쪽으로 16분5.7km ❷ 돈키호테 국제거리점에서 렌터카로 북쪽으로 10분1.6km ❸ 유이레일 미에바시역美栄橋駅에서 북쪽으로 도보 10분 주소 沖縄県那覇市前島 3丁目 25-1 전화 098 860 2111 예산 스탠다드 룸 10,000엔 이상2인 기준 홈페이지 http://kariyushi-urban.jp

도심에 근접한 금연 호텔
머큐어 호텔 오키나와 나하 Mercure Hotel Okinawa Naha

2009년에 지어진 아코르 계열 4성급 호텔로, 나하 시내를 여행하기 좋은 위치에 있다. 특히 전 객실이 금연이라 비흡연자들에게 인기가 좋다. 오키나와 현청이 있는 도심에서 1Km 거리에 있으며, 공항까지 10분 정도 걸린다. 유이레일 쓰보가와역壺川駅이 가까워 시내 어디든 이동이 편리하다. 260개 객실에 에어컨, 무료 음료, 안전금고 등이 있으며, 와이파이 이용이 가능하다. 이곳의 레스토랑은 프랑스 요리로 유명하다.

찾아가기 ❶ 나하공항에서 332번국도 경유하여 렌터카로 12분5km ❷ 모노레일 쓰보가와역壺川駅에서 도보 3분200m ❸ 돈키호테 국제거리점에서 222번현도県道 경유하여 12분1.9km 주소 沖縄県那覇市壺川3丁目 3-19 전화 098 855 7111 예산 스탠다드 룸 9000엔 안팎2인 기준 홈페이지 www.accorhotels.com

오키나와 게스트하우스 1위
게스트하우스 그랜드 나하 Guest House Grand Naha

모노레일 겐초마에역과 미에바시역 사이에 있다. 국제거리에서 도보로 8분 정도 걸린다. 규모가 꽤 크며, 2015년에 오픈했다. 5층 건물로 캡슐형, 도미토리, 커플 룸 등이 있다. 오픈한지 몇 년 되지 않아 시설이 쾌적하다. 옥상에 공동으로 사용하는 넓은 테라스가 있다. 저녁에 간단히 맥주 한잔하기 좋다. 1층에는 대형 주방이 있다. 저렴한 가격에 나하에서 머물고 싶은 여행자에게 좋은 숙소다. 건물 앞에 유료 주차장이 있다. 라쿠텐 트래블에서 오키나와 게스트하우스 1위로 선정되었다.

찾아가기 모노레일 미에바시역美栄橋駅에서 북동쪽으로 도보 5분400m
주소 沖縄県那覇市久茂地2丁目5-9,7-11 くもじ監査法人 전화 098 917 4946
예산 개인실 2,950엔 1~3인실 2,800엔 여성 1~3인실 2,600엔 도미토리 2~7인 2,500엔 홈페이지 http://grandnaha.jp

한국 여행자가 많이 이용하는
소라 하우스 ゲストハウス空

맵코드 098 861 9939 ｜ 구글좌표 26.219802, 127.683809

나하에서 한국 여행자들이 가장 많이 이용하는 게스트하우스다. 모노
레일 미에바시역에서 도보로 1분 거리라 편리하고, 주위에 한국 식당
도 있다. 5층 건물인데 규모는 크지 않다. 오래된 게스트하우스라 여
행자들이 기록해 놓은 오키나와 여행에 관한 정보가 잘 남겨져 있다.
도미토리 룸과 1인실, 2인실이 있는데 모두 쾌적하다. 국제거리에서는
도보로 10분 정도 걸린다. 이용자가 많으므로 예약은 서둘러야 한다.
찾아가기 모노레일 미에바시역美栄橋駅에서 북서쪽으로 도보 1분
주소 沖縄県那覇市久茂地 2 丁目 24-15 전화 098 861 9939
예산 개인실 3,500엔 2인실 2,800엔 도미토리 1,800엔
홈페이지 www.mco.ne.jp/~sora39

여성에게 인기 좋은 일본풍 다다미 방
민숙 게토 民宿月桃 민수쿠 게토

맵코드 098 861 7555 ｜ 구글좌표 26.212543, 127.683304

국제거리에서 도보로 남쪽으로 5분 정도 거리에 있
는 조용한 숙소다. 주변은 주택가이고 현지인 식당과
카페도 있어 더욱 좋다. 모든 객실이 다다미 바닥으
로 되어 있어 일본 분위기를 맘껏 느낄 수 있다. 또한
객실마다 베란다가 있어 통풍이 잘되고 아침마다 환
한 햇살이 스며든다. WiFi 가능하고, 신청자는 자전
거도 무료로 제공받을 수 있다. 공용화장실을 사용하
는 룸과 샤워실과 화장실이 방 안에 있는 룸이 따로

있다. 안전에 신경 쓰고 있어 여성 여행자들에게 인
기가 좋다. 찾아가기 ❶ 모노레일 겐초마에역県庁前駅에서 남서쪽으로 도보 6분550m ❷ 국제거리 Hotel Rocore Naha에서 남서
쪽으로 도보 4분 ❸ 오키나와 현청에서 서쪽으로 도보 3분 주소 沖縄県那覇市松尾 1 丁目 16-24 전화 098 861 7555 예산 개인실
5,000엔부터 홈페이지 http://w1.nirai.ne.jp/getto-32

아파트 형식의 쾌적한 게스트하우스
오키나와노야도 파미리 인

Okinawanoyado Family-Inn 沖縄の宿 ファミリーinn

구글좌표 26.212473, 127.674288

골목길에 있어 조용한 신축 게스트하우스이다. 국제
거리는 도보 20분 정도면 갈 수 있고, 나하 버스터미
널이 도보 5분 정도라 교통편이 좋다. 아파트 형식의
게스트 하우스로, 보통의 게스트하우스보다 독립된
분위기다. 더블룸과 개인실이 있고 화장실과 샤워실
은 룸 외부에 있고, 각 객실에서 에어컨과 와이파이
를 사용할 수 있다. 전자레인지, 냉장고 등을 갖춘 간
이 주방이 있어 간단한 스낵을 해먹을 수 있다. 1층에
는 주인장 아주머니가 운영하는 식당도 있다.

찾아가기 ❶ 모노레일 아사히바시역旭橋駅에서 도보 3분. 서쪽 출구로 나와 뒤돌아 더블트리바이 힐튼호텔에서 좌회전 후 1분
❷ 나하 버스터미널에서 서북쪽으로 도보 8분 주소 沖縄県那覇市東町 9-9 전화 070 5277 8538 예산 싱글룸 2,500엔부터

배낭 여행자들의 옛 성지
게스트하우스 카시와야 ゲストハウス 柏屋

구글좌표 26.213808, 127.688143

나하의 우키시마 거리에 있는 오래된 게
스트하우스이다. 한때 배낭 여행자들에게
성지라 불렸던 곳으로, 오키나와가 아니
라 방콕 배낭 여행자의 거리인 카오산 로
드에 있을 법한 게스트하우스다. 4층 건
물이며 1층은 아시안 레스토랑, 2~3층은
도미토리 룸, 4층은 세탁실 겸 옥상이다.
도미토리 룸은 남성 전용, 여선 전용, 남

녀 공용으로 나뉘어져 있다. 다양한 국적의 여행객이 장기간 머물기도 한다. 오랜 시간 여행자들에게 사랑을 받
긴 했지만, 보수하지 않아 쾌적한 분위기는 아니다.

찾아가기 ❶ 국제거리에서 우키시마 거리로ㅅ 편의점 옆길로 진입하여 도보 5분400m. 길 왼쪽에 위치 ❷ 모노레일 마키시역牧志
駅에서 국제거리 경유하여 11분750m 주소 沖縄県那覇市松尾 2 丁目 11-22 전화 098 869 8833 예산 도미토미 룸 1일 1,800엔,
1주일 10,800엔, 1달 36,000엔 홈페이지 http://kasiwaya.me

항구와 푸른 바다를 그대 품인에 맵코드 098 992 7500 구글좌표 26.131996, 127.652894
서든 비치 호텔 & 리조트 오키나와 Southern Beach Hotel & Resort Okinawa サザンビーチホテル&リゾート沖縄

연인, 가족 단위 여행자들에게 인기 있는 호텔이다. 호텔 앞으로 에메랄드빛 바다와 하얀 모래 해변이 펼쳐져 있다. 나하공항 남쪽의 이토만 항 주변에 있어 시내로의 이동이 매우 편리하며, 오키나와 아울렛 몰 아시비나, 평화기념공원과도 가깝다. 조용한 이토만 항구 풍경을 감상하기도 좋다. 바, 레스토랑, 주차장, 엘리베이터, 흡연실 등이 준비되어 있으며, 448개의 객실은 모두 쾌적하다. 그밖에 키즈 클럽, 어린이 수영장, 오락실, 마사지, 실외 수영장 등 다양한 편의시설이 있다. 찾아가기 ❶ 나하공항에서 331번국도 경유하여 렌터카로 20분10.6km ❷ 평화기념공원에서 331번국도 경유하여 렌터카로 20분11km 주소 沖縄県糸満市西崎町 1丁目 1-6-1 전화 098 992 7500 예산 스탠다드 룸 13,000엔부터2인 기준홈페이지 http://southernbeach-okinawa.com

한아름 바다를 품은, 모던하게 일본적인
히야쿠나 가란 Hyakuna Garan 百名伽藍

맵코드 098 949 1011
구글좌표 hyakuna garan

고품격 럭셔리 호텔이자 리조트다. 남부의 대표적인 비치 미이바루 비치新原ビーチ와 가깝다., 튀김이 맛있는 섬 오우지마와 이웃해 있으며, 오키나와 월드, 평화기념공원 같은 명소도 멀지 않다. 게다가 객실에서 바라보는 바다 풍경이 끝내준다. 동중국해와 맞닿아 있어 끝없이 펼쳐진 오키나와 남부의 바다를 조망할 수 있다. 4층 건물에 15개의 럭셔리한 객실이 있으며 무료 음료 서비스, 에어컨, WiFi, 욕조가 완비되어 있다. 모던하면서도 다다미 바닥으로 꾸며져 있어 일본적이다. 가든, 마사지와 스파 시설, 레스토랑 등을 잘 갖추고 있어 편히 쉬면서 휴양을 하기 좋다. 비지니스 고객, 연인, 가족 여행이나 레저 여행객에게 모두 어울리는 곳이다.

찾아가기 ❶ 나하공항에서 48번현도県道 경유하여 렌터카로 40분 ❷ 미이바루 비치에서 도보 6분 ❸ 오키나와월드에서 17번현도県道와 331번국도 경유하여 렌터카로 12분7km 주소 沖縄県南城市玉城 玉城百名山下原 1299-1 전화 098 949 1011 예산 90,000엔 안팎2인 기준 홈페이지 http://hyakunagaran.com

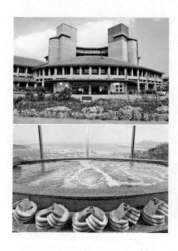

스파를 갖춘 최신 시설
유인치 호텔 난조 The Yuinchi Hotel Nanjo ユインチホテル南城

맵코드 098 947 0111 ｜ 구글좌표 26.165196, 127.768976

남부에서 가장 유명한 호텔 중 한 곳이다. 스파로 유명해 가족
단위 여행객이 많이 찾는다. 오키나와에는 화산이 없어 온천수
를 매우 소중하게 생각하는데, 이 호텔의 스파는 미네랄이 풍부
해 물이 좋기로 유명하다. 6층 건물에 53개 객실을 갖추고 있다.
전 객실에 TV, 에어컨, WiFi 등 편의시설을 갖추고 있다. 게임방,
테니스장, 실외 수영장 등도 갖추고 있는데, 2017년 오픈해 모
두 최신 시설이다. 비지니스 고객은 물론 레저 여행자나 가족 여
행자에게 모두 적합한 호텔이며, 남부의 명소 오키나와 월드와

세이화 우타키와도 가깝다. 찾아가기 ❶ 나하공항에서 토미구스쿠 히가시 도로豊見城東道路와 나하공항자동차도로那覇空港自
動車道(無料区間) 경유하여 렌터카로 40분19km ❷ 오키나와 월드에서 86번현도県道 경유하여 15분6.8km 주소 沖縄県南城市 佐敷字
新里 1688 전화 098 947 0111 예산 스탠다드 룸 11,000엔부터2인 기준 홈페이지 http://yuinchi.jp

케라마 제도의 호텔과 게스트하우스

보석 같은 해변을 품은   구글좌표 26.186376, 127.348490
토카시쿠 마린 빌리지 Tokashiku Marin Village とかしくマリンビレッジ 토카시쿠 마린 비렛지

토카시키 섬의 보물 같은 해변 토카시쿠 비치와 이웃
해 있다. 토카시쿠 비치는 산으로 둘러싸인 반달 모
양 비치로, 자연 그대로의 모습을 고스란히 간직하고
있어 더욱 아름답다. 토카시쿠 마린 빌리지에 머물면
바로 눈앞에서 토카시쿠 비치의 아름다움을 맘껏 누
릴 수 있다. 무료 WiFi, 레스토랑, 무료 전용 주차장 등
의 서비스를 받을 수 있다. 객실마다 평면 TV와 전용
욕실이 갖추어져 있다. 토카시키 항과 비치 사이를
운행하는 무료 셔틀 서비스도 제공해준다.

찾아가기 ❶ 도카시키 항구에서 렌터카로 8분 ❷ 토카시키 항에서 무료 셔틀 서비스 이용 주소 沖縄県島尻郡渡嘉敷村字渡嘉敷
1919-1 전화 098 987 2426 와이파이 무료 예산 2인 1실 16,000엔~20,520엔 홈페이지 www.tokashiku.com

배낭 여행자들에게 인기 좋은
케라마 백패커스 Kerama Backpackers ケラマバックパッカーズ

구글좌표 26.196315, 127.361739

토카시키 항구에서 걸어서 10분 거리에 있는 게스트 하우스다. 정원이 있으며, 전역에서 WiFi 이용이 가능하다. 예약하면 토카시키 항구에서 무료 픽업 서비스를 받을 수 있다. 각 객실에는 냉난방 시설, 안전 금고가 완비되어 있다. 욕실과 화장실, 주방, 라운지, 테라스는 공용이다. 토카시키 섬을 대표하는 아하렌 비치까지 무료 셔틀을 운행해 배낭 여행자들에게 인기가 좋다.

찾아가기 ❶ 토카시키 항구에서 도보 8분600m
❷ 토카시키 항에서 무료 픽업 서비스 이용예약시 주소 沖縄県島尻郡 渡嘉敷村字渡嘉敷 40番地 전화 098 987 2426
와이파이 무료 숙박요금 도미토리룸 2,300엔부터1인 기준 여성전용 도미토리룸 2,700엔1인 기준
홈페이지 kerama-backpackers.com/

자마미 섬을 여행하기 좋은
아사기 레스토 하우스 あさぎレストハウス

구글좌표 26.228475, 127.303026

자마미 항구에서 도보 3분 거리에 있는 숙소이다. 항구의 마을 안에 있다. 주변에 식당, 이자카야, 자전거 렌탈숍 등이 있어 이용하기 편리하다. 숙소에도 식당이 있는데 맛이 좋기로 유명하다. 자마미의 해산물을 이용한 정식의 인기가 좋다. 옥상에는 테라스가 있어서 쉬기 좋고, 방도 넓고 깨끗하다. 전실 욕조가 있는 것이 장점이다. 자마미 항구 마을은 섬 여행의 베이스 캠프 같은 곳이다. 아사기 레스토 하우스 말고도 민숙, 게스트 하우스가 몰려 있다.

찾아가기 자마미항에서 도보 3분220m 주소 沖縄県島尻郡座間味村座間味 108 전화 098 896 4135 예산 스탠다드 룸 10,000
엔부터2인기준

발코니에서 아름다운 바다를
미야코지마 토큐 리조트 Myakojima Tokyu Resorts

맵코드 098 076 2109
구글좌표 24.739596, 125.262216

미야코 섬에서 아름답기로 소문난 마에하마 비치에 있는 리조트이다. 뷰가 아름다운 5개의 레스토랑, 야외 수영장, 테니스 코트, 미니 골프장 등 다양한 편의시설이 있다. 무료 WiFi 사용이 가능하다. 모든 객실에 아름다운 바다를 바라볼 수 있는 전용 발코니가 있다. 호텔에서 아름다운 해변과 에메랄드빛 바다를 실컷 구경할 수 있다. 미야코 공항과 15분 거리에 있으며, 무료 셔틀 서비스를 받을 수 있다.

찾아가기 ❶ 미야코 공항에서 390번국도 경유하여 렌터카로 15분 ❷ 미야코 공항에서 무료 셔틀 이용예약시 ❸ 구리마 대교Kurima Bridge에서 도보로 25분2km, 렌터카로 5분 주소 沖縄県宮古島市下地字与那覇 914 전화 098 076 2109 와이파이 무료 예산 20,000엔 이상2인 기준 홈페이지 www.tokyuhotels.co.jp/ja/

최신식 게스트 하우스
미야코 섬 호스텔 게카 Myakojima Hostel Gecca 宮古島バックパッカーズホステルゲッカ

맵코드 080 6908 7708
구글좌표 24.806347, 125.279778

2017년에 문을 연 게스트 하우스로, 시설이 쾌적하고 최신식이다. 히피 분위기가 물씬 풍기는 주인장이 직접 인테리어를 꾸며 운영하고 있다. 하루 종일 레게음악이 흘러나오는 점도 흥미롭다. 미야코에서 편의시설이 가장 많은 미야코 시청 부근에 있고, 미야코 섬의 대표 비치인 마에하마 해변에서는 7km 떨어져 있다. 무료 WiFi를 제공하며, 자전거 대여 서비스도 해준다. 남녀가 구분된 공용 샤워실과 화장실, 공용 주방이 있고, 주차는 2대까지 가능하다.

찾아가기 ❶ 미야코 공항에서 78번현도県道 경유하여 렌터카로 15분4km ❷ 이라부 대교에서 렌터카로 11분5.6km ❸ 구리마 대교에서 390번국도 경유하여 렌터카로 22분10.5km 주소 沖縄県宮古島平良西里 182-3 전화 080 6908 7708 와이파이 무료 예산 도미토리룸 2,800엔부터 더블룸 6,600엔부터2인 기준 홈페이지 http://hostelgecca.com

객실이 8개 밖에 없는 프라이빗 리조트

콘페키 더 빌라 올 스위트 Konpeki the villa all suite

紺碧ザ・ヴィラオールスイート 콘페키 자 뷔라 오루스이토

맵코드 098 078 6000

구글좌표 24.806365, 125.210988

미야코 섬에서 아름다운 숙소로 꼽히는 곳으로, 미야코에서 두 번째로 큰 섬인 이라부 섬에 있다. 아이를 받지 않아 일본 신혼 여행객에게 인기가 좋은 프라이빗 리조트이며, 객실마다 작은 수영장이 있다. 이라부 바다는 때 묻지 않은 자연을 고스란히 간직하고 있다. 이처럼 아름다운 바다를 리조트 수영장에서 감상할 수 있어 좋다. 신축 건물이라 모든 객실이 쾌적하다. 덕분에 숙박비가 비싸지만, 객실이 8개 밖에 되지 않기 때문에 인기가 아주 좋다. 찾아가기 미야코 공항에서 252번현도県道 경유하여 렌터카로 20분 주소 沖縄県宮古島市伊良部池間添 字 1195-1 전화 098 078 6000 예산 30,000엔 이상(1인 기준) 홈페이지 http://konpeki.okinawa

해양 스포츠 즐기기 좋은
이시가키 시사이드 호텔 Ishigaki Seaside Hotel 石垣シーサイドホテル 구글좌표 24.472330, 124.125430

신이시가키 공항에서 북서쪽으로 차로 40분, 카비라 만에서 차로 10분 거리에 있다. 스쿠지 비치底地ビーチ가 바로 앞에 있어 이시가키 섬에서 인기가 좋은 호텔이다. 야외 수영장, 공중목욕탕 등이 있다. 수영장에서 바다의 멋진 뷰를 감상할 수 있으며, 스노클링과 제트 스키 프로그램을 운영하고 있다. 자전거 렌탈 서비스도 있고, 동전 투입식 세탁 시설과 편의점도 있어 편리하다. 레스토랑 음식이 맛있으며, 오키나와 전통 요리를 즐길 수 있다.

찾아가기 ❶ 신이시가키 공항에서 79번현도県道 경유하여 렌터카로 40분 ❷ 카비라 만에서 207번현도県道 경유하여 렌터카로 10분2.6km 주소 沖縄県石垣市川平 154-12 전화 098 088 2421 예산 스탠다드룸 22,000엔부터2인 기준 홈페이지 www.ishigaki-seasidehotel.com

맛 좋은 레스토랑, 멋진 뷰, 이국적인 분위기 구글좌표 24.359396, 124.121183
비치 호텔 선샤인 이시가키 Beach Hotel Sunshine Ishigaki ビーチホテル サンシャイン

이시가키 섬의 서쪽 해안에 있는 호텔로, 아름다운 바다를 감상할 수 있다. 야외 수영장 2개와 넓은 테라스, 음식 맛이 좋기로 유명한 레스토랑이 있다. 객실에서 야에야마 제도의 다케토미 섬과 이리오모테 섬의 이국적인 분위기가 한눈에 들어온다. 신이시가키 공항에서 차로 30분 거리이며, 호텔에서 이시가키섬 석회동굴까지는 차로 약 10분 정도 걸린다. 자전거 대여 서비스를 이용할 수 있으며, 숯불구이 꼬치 바비큐 식당과 일본 요리 및 서양 요리를 포함한 세계 각국의 요리를 맛볼 수 있는 뷔페 레스토랑도 있다. 찾아가기 ❶ 신이시가키 공항에서 390번국도 경유하여 렌터카로 서쪽으로 30분 ❷ 이시가키섬 석회동굴에서 렌터카로 서쪽으로 10분5km 주소 沖縄県石垣市新川 2484 전화 098 082 8616 와이파이 무료 예산 스탠다드 룸 20,000엔 이상2인 기준 홈페이지 www.ishigakijima-sunshine.net

오키나와 여행 기본 정보
항공권 구매부터 메뉴판 읽기까지

오키나와 여행 준비하기
알아두면 좋은 실속 여행 정보
상황별 여행일본어 | 기본만 알고 가세요
일본어 메뉴판 읽기

여행 계획 세우기→여권 만들기→항공권 구매→숙소 예약→환전하기→국제체크카드 만들기→여행자 보험 들기→짐 꾸리기→출국 수속하기→오키나와 여행 시작!

여행 계획 세우기 | 이미 설렘은 시작되었다

먼저, 오키나와 본섬만 여행할 것인지, 케라마 제도 등 섬까지 여행할 것인지 결정하자. 본섬은 3박 4일, 섬까지 여행 할 계획이면 5~8일이 적당하다. 여행하기 가장 좋은 계절은 가을11~12월과 겨울1~2월 중순이다. 여름 성수기가 지나 호텔과 리조트 호텔 가격이 떨어진다. 겨울엔 가을보다 더 낮아진다.

*오키나와의 에메랄드빛 바다는 너무 아름다워 바라만 봐도 위안이 된다. 하루쯤 바다 여행을 하며 스노클링 같은 해양 레포츠를 꼭 즐겨보자.

여권 만들기 | 유효 기간을 확인하세요

90일 동안 무비자 체류가 가능하다. 여권은 유효 기간이 최소 6개월은 남아 있어야 한다. 그렇지 않으면 출입국 심사에서 문제가 될 수 있다. 자세한 정보는 외교부 여권안내 홈페이지를 참고하자. www.passport.go.kr

항공권 구매 | 일찍 예매할수록 유리하다

항공권은 일찍 예매할수록 저렴하게 구입할 수 있다. 가격 비교 사이트를 이용하는 것을 잊지 말자. 항공사별로 할인 프로모션을 하는지도 꼼꼼하게 살펴보자. 항공권 구매 후 마일리지 적립도 잊지 말자. 인터넷으로 항공권을 예매하면 전자티켓이 이메일로 발송된다. 티켓을 출력하거나 핸드폰에 저장한 뒤 공항에서 사용하면 된다. 여권과 항공권의 영문 이름이 같아야 한다는 것도 기억해두자.

항공권 가격 비교 사이트

스카이스캐너 www.skyscanner.co.kr 카약 www.kayak.co.kr
인터파크투어 tour.interpark.com 하나프리 www.hanafree.com

나하공항 취항 항공사

대한항공 kr.koreanair.com 아시아나항공 flyasiana.com
진에어 www.jinair.com 제주항공 www.jejuair.net 티웨이항공 www.twayair.com 에어부산 www.airbusan.com

숙소는 어디가 좋을까? | 1박은 나하에서, 나머진 중북부에서

오키나와의 숙소는 호텔, 리조트호텔, 게스트하우스, 에어비엔비, 민박민수쿠이 일반적이다. 3일 묵을 예정이라면 하루는 나하에서 머물며 슈리성과 국제거리를 여행하고, 2일은 중부와 북부에 머물며 명소와 바다를 즐기길 권한다.

호텔 예약 사이트

부킹닷컴 www.booking.com 호텔스닷컴 www.kr.hotels.com
익스피디아 www.expedia.com 아고다 www.agoda.co.kr 호텔스컴바인 www.hotelscombined.co.kr

일본 숙박 예약 사이트

쟈란넷 www.jalan.net/kr 라쿠텐 트래블 travel.rakuten.co.kr 야도 니혼 www.ryokan.or.jp/kr 루루부 트래블 rurubu.travel

게스트하우스 예약 사이트

호스텔닷컴 www.hostels.com 호스텔월드 www.korean.hostelworld.com 에어비앤비 www.airbnb.co.kr

환전하기 | 국내가 유리하다

국내 은행에서 환전하는 게 가장 편리하고 이익도 크다. 주거래 은행을 이용하면 우대 서비스를 받을 수 있다.
일본의 통화 단위는 엔円, YEN이다. 지폐는 1,000, 2,000, 5,000, 10,000엔짜리, 동전은 1, 5, 10, 50, 100, 500
엔짜리가 있다. 지폐 단위 별로 골고루 준비하되 너무 작은 단위를 많이 가져갈 필요는 없다. 상점에선 보통
10,000엔짜리까지 사용할 수 있다. 급하게 지폐 단위를 바꾸거나 동전이 필요하면 편의점을 활용하면 된다.
*일본 세관 현금 반입 기준 100만 엔이 넘는 통화 혹은 그에 상당하는 수표나 유가증권 등을 지니고 있을 경
우에는 세관에 신고해야 한다.

여행자 보험 들기 | 5일 기준 1~3만원

패키지 여행의 경우 상품 안에 여행자 보험이 대부분 가입되어 있다. 자유여행을 준비한다면 반드시 여행자
보험을 직접 들어야 한다. 보험료는 5일 기준으로 1~3만원 정도이다. 여행 중 현지에서 문제가 발생시, 병원
에서는 진단서와 영수증을, 도난 및 분실물은 관할 경찰서에서 증명서를 받아와야 보장받을 수 있다. 공항에
서 들면 보험료가 비싸므로 가급적 미리 가입하자.

짐 꾸리기 | 적을수록 여행이 즐겁다

꼭 필요한 물건이 아니라면 미리 포기하자. 체크리스트를 활용하여 콤팩트하게 준비
하자. 라이터, 성냥, 100ml 초과 화장품 액체류, 가위나 손톱깎이 등은 기내로 반입이
금지되어 있다. 더 자세한 이용 규정은 해당 항공사 홈페이지를 통해 미리 살펴보자.
*수하물은 30kg이상이면 오버 차지를 내더라도 실을 수 없다.

짐 꾸리기 체크 리스트

준비물	비고	준비물	비고
여권	유효기간 6개월 이상	왁스	필요 시
여권 사본	여권 분실 시 필요	빗	
증명사진 2매	여권 분실 시 필요	드라이기	필요 시
비자	90일 무비자	고데기	필요 시
국제운전면허증	렌터카 이용 시 필요	면도기	
한국운전면허증		휴지와 물휴지	
항공권	왕복 항공권 필요	상비약	
현금	넉넉하게 준비	보조 배터리	
국제신용카드	예약시 사용한 카드	충전기	
현금체크카드	국제신용카드와 따로 관리	메모리카드	
예약 바우처	호텔, 교통편, 액티비티	멀티탭	
겉옷	계절에 따른 준비	110V 어댑터	주파수 50HZ(일명 돼지코)
속옷		카메라	
선글라스	사계절 필요	비닐 팩	
자외선 차단제	사계절 필요	지퍼 팩	
큰 가방	필요에 따라	우산	우의로 대체 가능
수영복	필요	음악	
화장품		수첩	
위생용품		필기구	
타올		가이드북	설렘 두바 오키나와
치약		샤워 용품	
칫솔			

*챙기지 못한 물품이 있어도 당황하지 말자. 웬만한 것은 편의점, 드럭 스토어 등에서 구할 수 있다.

빠른 출국을 위한 실속 팁 3가지

❶ 자동출입국 심사

자동출입국 심사를 미리 신청하면 별도의 게이트에서 약 12초만에 출입국 심사를 받을 수 있다. 미리 신청해 두면 해당 여권의 유효기간까지 매번 줄 서지 않고 출입국을 빠르게 할 수 있다.

신청 장소 인천국제공항 제1여객터미널 3층 체크인 카운터 F구역, 김해국제공항 국제선 2층 출국심사장 안,

삼성동 도심공항터미널 2층, 서울역 공항철도 지하 2층 서울역출장소 상세 안내 www.ses.go.kr

❷ 도심공항터미널 이용하기

대한항공 및 아시아나항공 이용시 서울역과 삼성동 코엑스 도심공항터미널을 이용하면 편리하다. 미리 짐 부치기, 체크인, 출국 심사까지 가능하다. 공항에선 전용 출입문을 통해 출국 심사장으로 들어갈 수 있다.

❸ 인천공항 패스트트랙

장애인, 노약자, 임산부, 7세 미만 유아 동반 2인까지 이용 가능한 전용 출국장 서비스이다. 인천국제공항 제1여객터미널 3층 1번, 6번 출국장 또는 2~5번 출국장 측문에 전용 출국장이 있다. 길게 줄 서지 않고 출국 심사장으로 들어갈 수 있다. 체크인 할 때 항공사 직원에게 요청하면 된다.

❷ 알아두면 좋은 실속 여행 정보

인터넷으로 맛집 예약하기

원하는 맛집 검색이나 예약·쿠폰 서비스를 이용하고 싶다면 아래 사이트를 이용하면 편리하다. 후기와 평점, 직접 찍은 사진도 올라와 있어 비교하기 좋다. 관광안내소, 호텔 프런트나 컨시어지 서비스 데스크에 맛집 추천을 의뢰하는 방법도 있다.

타베로그食べログ tabelog.com/kr/hokkaido HOT PEPPER www.hotpepper-gourmet.com/kr
구루나비ぐるなび gnavi.co.jp/kr/hokkaido 맛집 예약 대행 재패니언 www.japanian.kr

신용카드 안 받는 곳이 많다

오키나와는 신용카드를 받지 않는 곳이 많다. 공항, 백화점, 대형 쇼핑센터 외에는 현금을 받는 가게가 많다. 예산 대부분은 현금으로 준비하되, 현지 ATM 기기에서 인출이 가능한 국제체크카드나 국제 겸용 신용카드를 준비하자. 환전 가능한 ATM기는 공항, 편의점 등에 있다. 신용카드 결제 시 비밀번호를 입력해야 하는 경우가 있다. 비밀번호를 확인하고 가자.

오키나와 물가는? 교통비가 비싸다

❶ 항공료 과거에 비해 많이 저렴해졌다. 비성수기에는 왕복 20만원에 가능하다. 일찍 예약하면 왕복 15만원도 가능하다. 성수기엔 두 배 가까이 오른다.

❷ 숙박비 시기와 숙소 형태에 따라 가격 차이가 크다. 대체로 호텔은 10,000엔 안팎, 리조트 호텔은 20,000엔 내외, 게스트 하우스는 2,000~3,000엔이다.

❸ 교통비 택시와 버스 요금이 우리나라에 비해 훨씬 비싸다. 나하공항에서 추라우미 수족관까지 가는 버스 편도요금이 2,000엔이다. 3명 이상이면 렌터카를 적극 추천한다. 기름 값도 한국보다 저렴하다. 택시는 꼭

필요할 때 짧은 구간만 이용하는 게 좋다.

❹ **음식값** 서울 물가와 비슷하다. 소바는 5,000~9,000엔, 맥도날드 빅맥 세트는 670엔이다. 다만 술값은
우리보다 조금 비싼 편이다.

▌**일본의 소비세 이해하기**
일본에서는 물건 값과 별도로 8%의 소비세가 추가로 부과된다. 식당의 메뉴
나 상점 진열대의 가격을 자세히 보면 세전 가격과 세후 가격이 별도로 표시
되어 있는 것을 볼 수 있다.

일본의 주요 연휴 | 숙박비가 오른다

일본의 연휴는 봄, 여름, 겨울에 있다. 골든 위크4월 29일~5월 5일, 오봉야스미8월 13일~8월 15일, 우리의 한가위와 비슷하다.,
연말12월 29일~1월 3일이 그것인데, 이때는 본토에서 오키나와로 여행을 많이 간다. 이 무렵이면 숙박비가 많이
오르므로 가능하면 피하는 게 좋다.

전압 | 돼지코가 필요하다

일본의 전압은 우리나라와 달리 110v다. 핸드폰 충전을 하기 위해서는 110v용 어댑터, 소위 돼지코를 챙겨가
야 한다. 동네 전파사나 인터넷에서 몇 백 원이면 구입할 수 있다.

전화 걸기 | 현지에선 국가번호 뺀다

이 책의 전화번호는 국가번호를 제외하고 있다. 한국에서 오키나와로 전화를 걸 때는 001 등 국제전화 접속
번호와 일본 국가번호 81을 누른 다음 0을 건너뛰고 다음 숫자부터 누르면 된다. 현지에서 맛집, 명소에 전화
를 걸 때는 책에 나온 번호를 그대로 누르면 된다.
한국에서 걸 때 001(국제전화 접속 번호)-81(국가번호)-98-123-4567
오키나와 현지에서 맛집에 걸 때 098-123-4567

긴급 상황 및 여권 분실시 대처법

긴급 상황 발생시

성격에 따라 현지 경찰, 소방서, 후쿠오카 총영사관에 연락하여 도움을 받는다. 만약을 위해 외교부의 해외안
전여행 어플리케이션을 다운 받아가자. 경찰 110 화재·구급차 119

여권 분실시 대처법

먼저, 관할 지역 경찰서로 가서 여권분실 확인서를 발급받아야 한다. 그 다음이 문제이다. 오키나와에 영사
관이 없어서 긴급 여권인 여행증명서를 발급받으려면 후쿠오카까지 가야한다. 비용과 시간이 만만치 않다.
여권을 잘 관리하는 게 상책이다. 긴급 여권을 발행받기 위해서는 여권번호와 발행일을 알아야 한다. 만약을

위해 여권 복사본은 꼭 지참하자.

여권 분실 시 필요 서류

여권발급신청서 1매, 여권용 칼라사진(3.5 x 4.5cm, 얼굴 길이 2.5 x 3.5cm) 2매, 본인을 증명할 수 있는 증명서(주민등록증, 운전면허증, 호적등본 등), 여권분실확인서 1매(관할 경찰서 발행)

후쿠오카 총영사관 주소 810-0065 福岡市 中央區 地行浜 1-1-3 (1-1-3 Jigyohama Chuo-ku Fukuoka, Japan 810-0065)
전화 092-771-0461~2(근무 시간), 090-1367-3638(근무외 시간) 이메일 fukuoka@mofa.go.kr
홈페이지 http://jpn-fukuoka.mofa.go.kr
외교통상부 영사콜센터 010-800-2100-0404, 1304 www.0404.go.kr

③ 상황별 여행 일본어 | 기본만 알고 가세요

┃ 답답할 땐 번역 앱 활용하자
번역 앱이 똑똑해졌다. 문자 번역은 물론 상대방 언어로 음성 번역도 곧바로 해준다. 번역 앱에 로그인하면 자주 번역하는 번역문도 찾을 수 있다. 구글 번역 앱, 네이버 파파고 번역 앱을 많이 사용한다.

간단한 생활 회화

안녕하세요.아침 おはようございます。 오하요우고자이마스
안녕하세요.점심 こんにちは。 곤니치와
안녕하세요.저녁 こんばんは。 곤방와
안녕히 가세요.(헤어질 때) さようなら。 사요우나라
처음 뵙겠습니다. 만나서 반가워요. 初はじめまして。どうぞよろしく。 하지메마시떼 도우조요로시쿠
감사합니다. ありがとうございます 아리가또우고자이마스 (간단히) どうも。 도우모
정말 감사합니다. どうもありがとうございます。 도우모아리가또우고자이마스
죄송합니다. 실례합니다. すみません。 스미마셍
미안합니다. 죄송합니다. ごめんなさい。 고멘나사이
부탁합니다. ~お願いします。 / ~ください。 오네가이시마스 / 쿠다사이
네. はい。 하이
아니오. いいえ。 이이에
그렇지 않습니다. 違ちがいます。 치가이마스
좋습니다. いいです。 이이데스
그건 좀거절할 때. それはちょっと。。。 소레와 춋토……

상관없어요. かまいません。카마이마셍

안타깝네요. 유감입니다. 残ざん念ねんですね。잔넨데스네

~는 뭐예요? (~は)何なんですか。(~와)난데스까

~는 어디인가요? (~は)どこですか。(~와)도코데스까

~는 어디에 있나요? (~は)どこにありますか。(~와)도코니아리마스까

얼마인가요? いくらですか。이쿠라데스까

모르겠습니다. わかりません。와카리마셍

못합니다. できません。데키마셍

일본어 모릅니다. 日本語にほんご、わかりません。니홍고와카리마셍

日本語にほんごができません。니홍고가데키마셍

영어로 부탁합니다. 英えい語ごでお願ねがいします。에-고데오네가이시마스

한국어로 부탁합니다. 韓かん国こく語ごでお願ねがいします。칸코쿠고데오네가이시마스

천천히 말해주세요. ゆっくり言いってください。윳쿠리잇떼쿠다사이

한 번 더 말해주세요. もう一いち度どお願ねがいします。모우이치도오네가이시마스

(글씨로) 써주세요. 書かいてください。카이떼쿠다사이

저는 한국사람입니다. 私わたしは韓国人かんこくじんです。와따시와칸코쿠징데스

저는 외국사람입니다. 私わたしは外国人がいこくじんです。와따시와가이코쿠징데스

이름이 무엇인가요? お名な前まえは何なんですか。오나마에와난데스까

저는 ○○입니다. / 제 이름은 ○○○입니다. 私わたしは○○です。 / 私わたしの名前なまえは○○○です。와따시와○○
데스 / 와따시노나마에와○○데스

화장실은 어디인가요? トイレはどこですか。토이레와도코데스까

금연인가요? 禁煙きんえんですか。킨엔데스까

흡연석인가요? 喫煙席きつえんせきですか。키츠엔세키데스까

여행 중입니다. 旅りょ行こう中ちゅうです。료코우추우데스

지하철/역은 어디인가요? 地下鉄ちかてつ/駅えきはどこですか。지카테츠 / 에끼와 도꼬데스까

버스정류장은 어디인가요? バス停ていはどこですか。바스테이와 도꼬데스까

택시를 불러주세요. タクシーを呼よんでください。타쿠시-오 욘데쿠다사이

예약됩니까? 予約よやくできますか。요야쿠데키마스까

예약해주세요. 予約よやくお願(ねが)いします。요야쿠오네가이시마스

도와주세요. 手伝てつだってください。테츠닷떼쿠다사이

포장해주세요. ラッピングお願ねがいします。랍핑구 오네가이시마스

비닐봉투(종이봉투)에 넣어주세요. 袋ふくろ(紙かみ袋ぶくろ)に入れてください。후쿠로(카미부쿠로)니 이레떼쿠
다사이

영수증 부탁합니다. レシートお願ねがいします。레시-토 오네가이시마스

잔돈으로 바꿔주세요. 両りょう替がえお願ねがいします。 료우가에 오네가이시마스

가장 인기 있는 게 뭔가요? 一いち番ばん人にん気きなことは何なんですか。 이치방닝키나코토와 난데스까

추천해주세요. おすすめください。 / おすすめお願ねがいします。 오스스메쿠다사이 / 오스스메오네가이시마스

이걸로 될까요? これでいいですか。 코레데 이이데스까

오케이입니다. / 오케이입니까? (가능여부) オッケーです。/ オッケーですか。 옷케-데스 / 옷케-데스까

조금 서둘러주세요. ちょっと急いそいでください。 춋또 이소이데쿠다사이

알려주세요. 教おしえてください。 오시에떼 쿠다사이

~까지 얼마나 걸리나요? ~までどのぐらいかかりますか。 ~마데 도노구라이 카카리마스까

(~을) 설명해주세요 (~を)説せつ明めいしてください。 (~오)세츠메이 시떼쿠다사이

상황별 회화

음식점

어서오세요. 몇 분이신가요? いらっしゃいませ。何名様なんめいさまですか。 이랏샤이마세. 난메이사마데스까

혼자 / 두 명 / 세 명 / 네 명 / 다섯 명 입니다. 一人ひとり / 二人ふたり / 三人さんにん / 四人よにん / 五人ごにん)です。

히토리 / 후타리 / 산닝 / 요닝 / 고메이 데스

금연석 禁煙席きんえんせき 킨엔세키

흡연석으로 해주세요. 喫煙席きつえんせきでください。 키츠엔세키데 쿠다사이

어느 쪽이든 상관 없습니다. どちらでもいいです。 도치라데모이이데스

음료는 뭐로 하시겠어요? お飲のみ物ものは何なにしましょうか。 오노미모노와 나니니시마쇼우까

생맥주 / 콜라 / 주스 / 물 / 따뜻한 물 / 우롱차 주세요 生なまビール / コーラ / ジュース / お水みず / 温あたたかい水みず / ウロン茶ちゃ お願ねがいします。 나마비-루 / 코-라 / 쥬-스 / 오미즈 / 아따따까이미즈 / 우롱차 오네가이시마스

이걸로 주세요 これでお願ねがいします。 코레데 오네가이시마스

~는 빼고 주세요 ~無なしでください。 ~나시데쿠다사이

소스는 따로 주세요 ソースは別べつにお願ねがいします。 소-스와 베츠니오네가이시마스

메뉴를 추천해주세요 メニューをおすすめください。 메뉴-오 오스스메쿠다사이

리필 가능한가요? おかわりできますか。 오카와리데키마스까

리필 부탁합니다. おかわりください。 오카와리쿠다사이

메뉴판을 주세요 メニューお願ねがいします。 메뉴- 오네가이시마스

계산서 부탁합니다. お会かい計けいお願ねがいします。 오카이케이 오네가이시마스

레시-토(領収書りょうしゅうしょお願いします。 레시-토 (료우슈우쇼) 오네가이시마스

잘 먹겠습니다. いただきます。 이타다키마스

잘 먹었습니다. ごちそうさまでした。 고치소우사마데시다

젓가락 / 앞접시 / 재떨이 부탁합니다. お箸はし / 取とり皿ざら / 灰はい皿ざら お願ねがいします。 오하시 / 토리자라 / 하이자라 오네가이시마스

물건 살 때

○○○있나요 ○○○ありますか。 ○○○아리마스까

사이즈 ○○○있나요? サイズ○○○ありますか。 사이즈○○○아리마스까

택스프리 되나요? タックスフリーできますか。 타쿠스후리-데끼마스까

거스름 돈을 주세요 お釣りをお願ねがいします。 오츠리오 오네가이시마스

버스나 전차 탈 때

~까지 가나요? ~まで行いきますか。 ~마데 이키마스까

요금이 얼마죠? 料金りょうきんはいくらですか。 료우킹와 이쿠라데스까

~정거장에서 알려주시겠어요? ~で教おしえてください。 ~데 오시에테쿠다사이

잔돈으로 바꿔주세요 両りょう替がえお願ねがいします。 료우가에 오네가이시마스

단어

한정 限げん定てい 겐테이　　　　　　입구 入いッ口ぐち 이리구치

무제한 放ほう題だい 호우다이　　　　　출구 出で口ぐち 데구치

출발 出発しゅっぱつ 슛파츠　　　　　타는 곳 乗のり場ば 노리바

도착 到着とうちゃく 토우차쿠　　　　환승 乗のり換かえ 노리카에

숫자

1 一 이치	2 二 니	3 三 산	4 四 시/욘	5 五 고
6 六 로쿠	7 七 시치	8 八 하치	9 九 큐	10 十 쥬
100 百 햐쿠	1000 千 센	10000 一万 이치만		

물건 및 음식 개수

1개 ひとつ 히토츠	2개 ふたつ 후타츠	3개 みつ 미츠
4개 よっつ 욧츠	5개 いつつ 이츠츠	몇 개 何個 /いくつ 난코

주요 지시 대명사

이것 これ 코레	저것 あれ 아레	이쪽 こちら 고치라	저쪽 あちら 아치라
그것 それ 소레	어느것 どれ 도레	그쪽 そちら 소치라	어느쪽 どちら 도치라

방향

위 上 우에 　　　좌 左 히다리 　　　앞 前 마에 　　　옆 そば / 横 소바 / 요코

아래 下 시타 　　　우 右 미기 　　　뒤 裏 우라

날씨

날씨 天気 텡키 　　　흐림 曇り 쿠모리 　　　눈 雪 유키 　　　태풍 台風 타이후우

맑음 晴れ 하레 　　　비 雨 아메 　　　눈보라 吹雪 후부키

요일

일요일 日曜日 니치요우비 　　　월요일 月曜日 게츠요우비 　　　화요일 火曜日 카요우비

수요일 水曜日 스이요우비 　　　목요일 木曜日 모쿠요우비 　　　금요일 金曜日 킹요우비

토요일 土曜日 도요우비 　　　무슨 요일 何曜日 난요우비 　　　평일 平日 헤이지츠

주말 週末 슈우마츠

4 일본어 메뉴판 읽기

오키나와는 관광지이기 때문에 메뉴판에 사진이 있고 영어, 한글, 중국어 등 외국어 메뉴판을 구비하는 곳이 많다. 하지만 아직도 로컬 식당에서는 일본어 메뉴판이 많다. 주문하기 어렵지 않지만 그래도 간단한 단어는 숙지하는 게 좋다.

세트 메뉴

セットメニュー 세토메뉴(세트 메뉴) Settomenyu

定食セット 데쇼쿠 세또(정식세트) Teishoku setto

本日のおすすめ 혼지추 노 오수수메(오늘의 추천 요리) Honjitsu no osusume

スペシャルコンボセット 스페샤루 콘보세또(스페셜 콤보 세트) Supesharukonbosetto

スペシャルランチ 스페샤루 란치(스페셜 런치) Supesharu ranchi

소바

沖縄そば 오키나와 소바

イカ墨焼きそば 이카수미 야키소바(오징어 먹물 야키소바)

アーサそば 아사소바(해초 소바)

ソーキそば 소키소바(돼지갈비 소바)

皿そば 사라소바(접시 소바)

라멘과 오뎅

らーめん **라멘**

味噌ラーメン **미소라멘(된장라멘)**

醤油ラーメン **소이라멘(간장라멘)**

つけめん **츠케멘(따로 라멘)**

半熟玉子ラーメン **한주쿠 타마고 라멘(계란반숙 라면)**

おでん **덴푸라(오뎅)**

餃子 **교자(만두)**

초밥

寿司セット **스시세또(스시 세트)**

鮪赤身 **마구로 아카미 (참치 뱃살)**

イカ **이카(오징어)**

タコ **타코(문어)**

ヒラメ **히라메(광어)**

ヒラメ **사몬(연어)**

카레 및 외국 음식

カレー **카레**

オリジナルステーキ **오리지나루 스테키(오리지날 스테이크)**

トムヤムクン **양궁**

タコライス **타코라이스**

パスタ **파스타**

ピザ **피자**

전통 음식

ラフテー **라후테(삼겹살 조림)**

テビチ **테비치(족발)**

海ぶどう **우미부도(바다 포도)**

ジーマミー豆腐 **지마미도후(지마미 두부)**

アグーしゃぶしゃぶ **아그 샤브샤브(아구 샤브샤브)**

ポーク **포크(스팸)**

ポーク卵 **포크 타마고(에그 스크램볼)**

チャンプルー 찬푸르(야채 두부 돼지고기 볶음)

チキアギ 치키아기(어묵 튀김)

イラブー 이라부(바다뱀)

ジューシー 쥬시(돼지고기 야채 볶음밥)

염소 음식

山羊さしみ 야기사시미(염소 육회)

山羊汁 야기지루(염소탕)

아와모리(오키나와 전통 소주)

泡盛南部 아와모리 난부(남부에서 생산된 아와모리)

泡盛暖流 아와모리 단류(단류 양조장에서 만든 아와모리)

泡盛宮古島 아와모리 미야코지마(미야코 섬에서 만든 아와모리)

차와 빙수

ぜんざい 젠자이(빙수 단팥죽)

黒糖ぜんざい 코쿠토 젠자이(흑설탕 젠자이)

マンゴーかき氷 망고 가키고리(망고 빙수)

ぶくぶく茶 부쿠부쿠 차(오키나와 거품 차)